KB268917

하와이에 반하다

하와이에
반하다

초판 인쇄일 2017년 1월 23일
초판 발행일 2017년 1월 30일

지은이 Kerry Lee, Jinmi Kim, Vikki Jisook Ha Cramer
발행인 박정모
등록번호 제9-295호
발행처 도서출판 혜지원
주소 (10881) 경기도 파주시 회동길 445-4(문발동 638) 302호
전화 031) 955-9221~5 팩스 031) 955-9220
홈페이지 www.hyejiwon.co.kr

기획 · 진행 박혜지
디자인 김희진
영업마케팅 김남권, 황대일, 서지영
ISBN 978-89-8379-920-3
정가 16,000원

이 도서의 국립중앙도서관 출판시도서목록(CIP)은 서지정보유통지원시스템 홈페이지(http://seoji.nl.go.kr)와 국가
자료공동목록시스템(http://www.nl.go.kr/kolisnet)에서 이용하실 수 있습니다.(CIP제어번호 : CIP2016031601)

하와이에 반하다

혜지원

Contents

Part 4

하와이를 맛보다

Contents

하와이를
쇼핑하다

하와이를
즐기다

Contents

보너스 페이지

Part 1
하와이를
알다

Aloha, Hawaii!
알로하! 하와이

호놀룰루 공항에 내려서자마자 쏟아지는 따사로운 햇볕과 코끝을 간질이는 시원한 바람, 은은하게 풍겨오는 꽃과 나무의 향기와 더불어 가슴 속까지 시원해지는 맑은 공기는 '남태평양의 파라다이스'라는 수식어가 무색하지 않을 만큼 매력적으로 다가온다.

미국의 50번째 주로 엄연히 미국땅이지만, 마주치는 다양한 인종과 이국적인 풍경들은 마치 딴 세상에 온 것 마냥 신비롭다. 모든 휴양지들은 저마다 아름다운 자연을 뽐내고 있고 하와이만의 특별한 매력이 있다.

무엇보다 매력적인 것은 천혜의 자연이다. 자연 경관을 해치지 않기 위한 여러 법규로 지역별로 건물의 층수 제한, 산을 최대한 보존하기 위한 도로 공사 법규 등의 하와이 주민들의 노력으로 아름다운 휴양지의 오랜 명성을 유지하고 있으며, 대부분의 유명한 해변은 1년 내내 청명하고 맑은 하늘과 환상적인 빛깔로 방문객들의 사랑을 받고 숲이 우거진 지역은 비가 자주 내려 푸른 산세가 자연적으로 가꿔지고 있다.

곳곳에서 만날 수 있는 다양한 음식 문화도 하와이만의 독특한 매력이다. 이제는 세계 어느 곳을 가도 세계 각국의 음식을 맛볼 수 있는 시대이지만 오랫동안 각국의 이민자들이 자리 잡으며 만들어진 하와이만의 독특한 음식 문화는 이곳을 방문한 것에 단 한치의 후회도 들지 않게 한다. 양식, 중식, 일식 등과 더불어 동남아시아 음식들이 어우러진 퓨전 음식 문화는 미식가에게 즐거운 경험이 될 것이다.

산과 바다에서 즐길 수 있는 다양한 액티비티도 매년 여행 잡지들이 하와이를 최고의 휴양지로 꼽는 이유 중 하나다.

천국의 바다 카네오헤에서 즐기는 제트스키, 섬 북쪽의 때 묻지 않은 자연 경관을 가슴에 품을 수 있는 짜릿한 스카이다이빙, 푸른 숲 내음이 가득한 쿠알로아 목장에서의 사륜구동 오토바이 질주 등, 자연을 보는 것에서 그치지 않고 즐길 수 있는 다양한 프로그램들은 방문객의 마음을 빼앗기에 충분하다.

1시간 이내면 비행기로 색다른 아름다움으로 가득한 주변의 섬들을 둘러볼 수도 있다. 거대한 화산섬으로 유명한 빅아일랜드의 화산 국립공원, 구름 위를 차로 달려볼 수 있는 마우이 할레아

칼라 국립공원, 전체 섬의 20%밖에 개발되지 않은 순수한 자연을 품고 있는 카우아이의 미니 그랜드 캐니언 등에서 자연이 인간에게 선물한 아름다움을 마음껏 누릴 수 있다.

부드러운 우쿨렐레 선율에 맞춰 우아한 몸짓으로 환영하는 훌라 댄서들, 목에 걸린 화려한 레이에서 풍겨오는 수줍은 꽃 내음, 어느 곳을 바라봐도 그림처럼 마음에 담기는 아름다운 풍경들……

우리는 여기 하와이에 있다.

2 *Welcome, Hawaii!*

처음 만나는 하와이

위치	북태평양
공용어	영어, 하와이어
면적	28,311 km²(한반도의 약 7.5% 면적)
시차	한국과 19시간 차(한국 시간에서 5시간 더한 뒤 하루를 빼면 하와이 시간)
지리	총 8개의 주요 섬(하와이, 마우이, 오아후, 라나이, 몰로카이, 니하우, 카호올라베) 외 100여 개의 작은 섬
대표 꽃	하이비스커스 (Chinese Hibiscus - 무궁화 종류)
대표 나무	쿠쿠이나무 (Candelnut Tree)
대표 새	네네 (Nene - 하와이 기러기)
주요 도시	호놀룰루 (Honolulu)

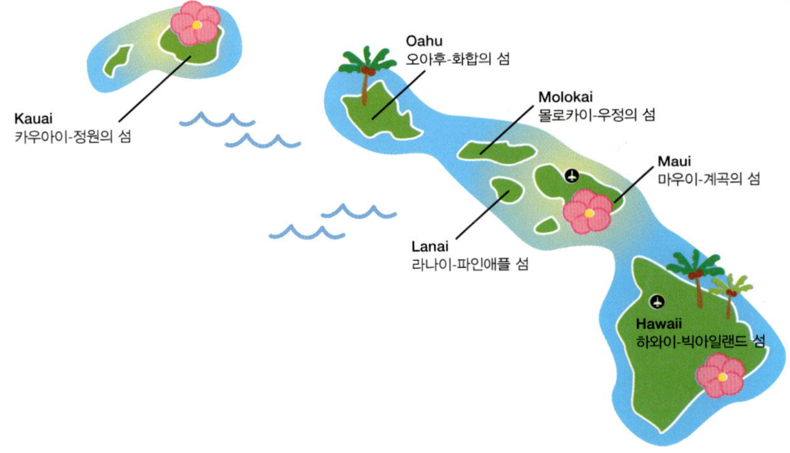

하와이 제도는 제임스 쿡 선장의 긴 탐험 여정 중 세 번째 항해인 1778년에 발견되었다. 1795년 카메하메하 1세에 의해 세워진 하와이 왕국은 1887년 칼라카우아 왕이 미국에 진주만을 해군 기지로 주면서 하와이를 미국 영토로 만들 빌미를 주었으며 1893년 일어난 혁명에서 릴리우오칼라니 여왕을 퇴위시키며 공화국으로서 명맥을 유지한지 5년만에 미국의 영토로 편입된다. 현재의 괌과 사이판과 같이 군사적 요지로, 단순한 미국 영토에서 인구 증가로 주

승격 요구가 강해지면서 1959년 미국의 50번째 주로 승격되었다.

하와이 왕국 몰락의 결정적 역할은 미국에게 진주만을 군기지로 사용할 수 있도록 내어주며 비극이 시작된다. 미국의 철저한 계산 아래 계획된 왕국의 몰락은 문화의 몰락으로 이어져 언어, 풍습 등 대부분의 생활 양식이 서구화되는 아픔을 겪는다. 현재 하와이는 원주민이 영토의 40%를 소유하고 있으며, 카메하메하 재단 및 비숍 재단을 통해 원주민 혈통을 지키고 문화를 살리는데 애쓰고 있다.

우리나라 역사의 아픔도 하와이에서 찾아볼 수 있는데 20세기 초 한국계 미국인 1세대가 하와이의 사탕수수나 파인애플 농장의 노동자로 힘겨운 이민자의 삶을 살았으며, 4.19 자유당 정권이 붕괴된 후 대한민국 초대 대통령인 이승만 대통령이 망명한 곳이자 서거한 곳이기도 하다.

하와이를 방문한 누구든 이곳이 미국령인지 의심케 할 만큼 동양인 비율이 인구 절반 이상을 차지하는데, 이는 플랜테이션 농업 인력으로 동양인이 대거 이주하면서 시작되었다. 하와이의 현재 문화는 전 세계 모든 문화가 어우러져 독특한 문화로 형성되며 언어 또한 'Pidgeon 피젼'이라는 하와이 섬 안에서 통용되는 사투리를 사용한다. 마치 제주도의 사투리처럼 본토 미국인들 조차 의미를 알 수 없는 단어들로 어리둥절해 하기도 한다. 대부분의 단어는 필리핀어, 포루투갈어, 일본어, 중국어 등 여러 언어가 뒤섞여 하나의 언어로 종결된다.

하와이 제도는 총 8개의 주요 섬과 100개 이상의 작은 섬으로 구성되어 있다. 빅아일랜드라고 불리는 하와이 섬은 가장 젊은 섬이자 큰 섬으로 다섯 차례의 화산 분화로 만들어졌으며, 이중 휴화산인 마우나케아가 전 세계 관광객들에게 가장 사랑받고 있다.

마우이는 하와이 섬에 이어 두 번째 큰 섬으로 화산 용암으로 형성된 두 개의 섬이 하나로 연결된 화산섬이다. 이웃 섬인 몰로카이 섬과 라나이 섬, 카호올라베 섬을 관할하는 마우이 군 자치 정부가 있는 곳으로, 고래 사냥으로 유명한 라하이나 마을은 하와이 왕국 시절 하와이 제도의 주도였다.

오아후 섬은 하와이 제도에서 세 번째

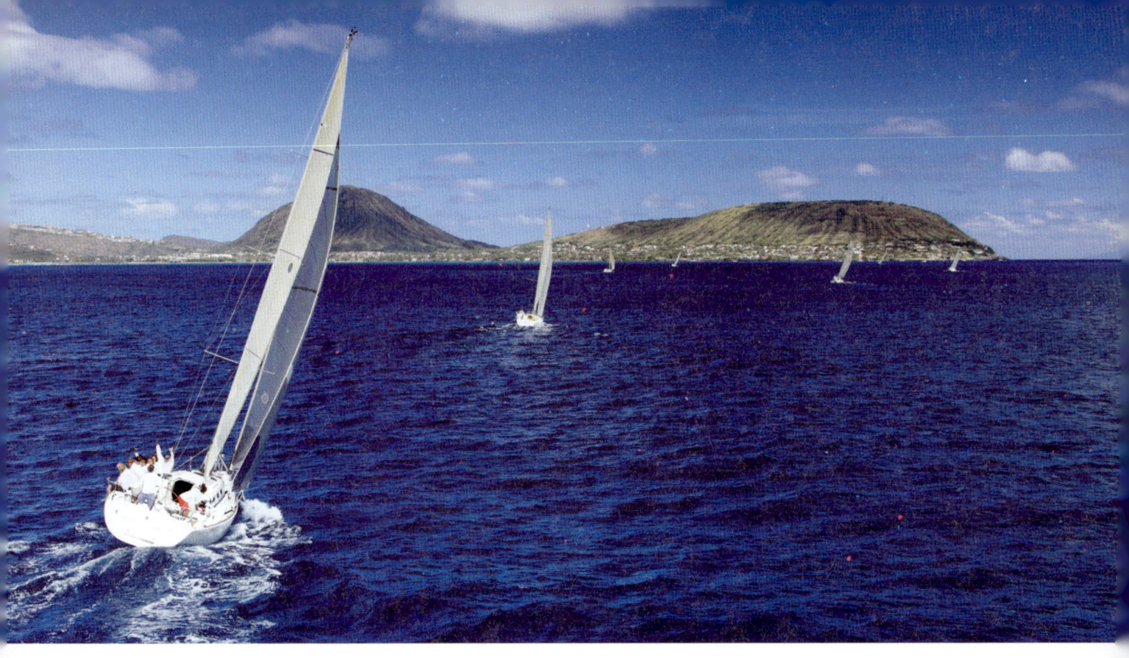

큰 섬으로 하와이 주 인구의 3분의 2 이상이 밀집해 있다. 이 섬은 최첨단 도시와 천혜의 자연, 하와이 왕국의 역사가 숨쉬는 왕궁, 박물관 등이 어우러진 완벽한 관광지의 조건을 갖추고 있다.

카우아이는 오아후 섬에 이어 네 번째 큰 섬으로 20%밖에 개발되지 않아 푸르른 밀림과 변화무쌍한 해변에서 자연의 순수함에 경외심이 들게 하는 신비로운 섬으로 알려져 세계적인 영화인들과 예술가들의 사랑을 독차지하는 섬이다.

몰로카이 섬은 다섯 번째 큰 섬으로 로마 카톨릭 선교사 진 다미엔 신부가 한센인들을 돌본 곳으로 우리나라로 치면 소록도와 같은 곳이다. 오아후에서 가까운 섬이라 날씨가 좋은 날은 오아후 동부에서 육안으로도 볼 수 있다.

이외에도 유명 회사인 Dole Company가 이곳 땅을 사들여 파인애플 농장을 구축하면서 파인애플 섬으로 알려진 라나이 섬은 세계 부호들이 사랑하는 휴양지로 손꼽히며, 금지된 섬으로 알려진 니하우 섬은 개인이 소유한 섬으로 섬 소유자인 헬렌 싱클레어 로빈슨 가족의 초청을 받아야만 방문이 가능한 섬이다. 마지막 카호올라베 섬은 미군이 폭탄 실험을 하는 등 군사지역으로 이용되어 왔으며 현재는 다시 아름다운 자연으로 복귀시키려는 노력이 계속되고 있다.

Part 2
하와이
자유여행을
준비하다

3 *Hawaii Tour Q & A*
하와이 여행 궁금증

패키지 vs 자유 여행
어떤 것이 좋을까?

패키지가 일반화되어 있는 동남아 여행과 다르게 하와이는 개별 여행이 더 저렴하기 때문에 조금만 시간과 노력을 들이면 더 저렴하고 원하는 스케줄의 자유 여행이 가능하다.

패키지 여행의 경우 여행사에서 알아서 해주는 장점은 있으나 일정이 한정적이며 가격 또한 개별로 준비했을 때보다 비싸다.

꼭 가봐야 할 섬은 어디일까?

세계인들의 로망 와이키키 해변이 있는 하와이 대표 섬 오아후가 관광객이 가장 많이 찾는 섬이다. 옆 섬의 경우 항공편으로 이동해야 하므로 일정이 길지 않다면 한 섬에 머물며 최대한 즐기는 것이 좋다. 오아후는 휴양, 쇼핑, 액티비티 등 다양하게 즐길 수 있다는 장점이 있어 가장 많이 찾는 섬이라 그만큼 관광객이 많다.

여유가 된다면 오아후에 머물면서 연인의 섬이라 불리는 아름다운 마우이와 화산 활동이 있는 제일 큰 웅장한 섬 빅 아일랜드, 자연 그대로의 모습을 간직한 카우아이 섬까지 당일 가이드 투어로 다녀올 수 있다.

여행 일정이 허락되고 멀리 온 김에 오아후와 완전히 다른 매력적인 섬을 여유롭게 둘러보고 싶다면 2박 정도 옆 섬 하나를 선택해서 다녀오는 것도 좋다.

하와이 여행 기간, 얼마가 적당할까?

짧게는 4박 5일부터 옆 섬까지 고려하면 일주일 이상 기간이 필요하다. 오아후 섬에만 머물러도 쇼핑부터 다양한 해양 스포츠와 자연 속 액티비티, 각종 쇼까지 바쁘게 움직여도 일주일이 짧다.

하와이 여행 예산은?

기본 항공권 외에 호텔 성급, 액티비티 등에 따라 예산은 다양하다. 물론 시즌의 영향을 많이 받기도 한다. 비수기 기준으로 항공권 약 2인 300만 원, 호텔 2인 5박 약 100만 원, 액티비티 약 100만

원, 식사 및 쇼핑 약 100만 원으로, 2인 기준 약 600만 원 정도로 가능하다. 물론 호텔 성급, 액티비티 여부에 따라 가격은 더 저렴거나 더 비싸지기도 한다.

꼭 해봐야 하는 액티비티가 있다면?

액티비티의 천국이라 불리는 하와이, 그만큼 다양한 즐길거리가 가득하다. 에메랄드 빛 바다 속 형형색색의 열대어를 만날 수 있는 해양스포츠가 인기 있는 액티비티로 스노클링, 서핑, 수중스쿠터, 잠수함 투어, 스쿠버다이빙, 낚시, 상어와 돌고래 체험 투어 등 취향별로 즐길 수 있다. 아름다운 섬을 만끽하는 또 다른 방법은 하이킹, 섬 일주 드라이브, 크루즈에서 선셋 보기, 탄탈라스 언덕에서 야경 즐기기, 하늘에서 하와이를 품는 스카이다이빙과 헬기 투어 등이 있다. 가족과 여행을 고려한다면 테마파크도 둘러 볼 만하다. 하와이 문화체험 폴리네시아 문화센터, 대자연 속 신나는 액티비티 쿠알로아 목장, 해양생물을 가까이서 보는 씨라이프 파크, 더위를 날려줄 워터파크까지!

저녁에도 지루할 틈이 없다. 와이키키 매직쇼, 하와이 전통 쇼와 디너를 즐길 수 있는 각종 루아우, 훌라와 락의 만남 레전드 인 콘서트까지 매일 저녁이 즐겁다.

물론 쇼핑을 빼놓고 하와이 여행을 논할 수 없다. 와이켈레 아울렛, 와이키키 비치워크, 알라모아나 쇼핑센터는 스트레스를 팍팍 날려준다.

꼭 먹어야 할 음식이 있다면?

하와이는 다양한 인종만큼이나 다양한 음식 문화가 공존하는 곳이다. 하와이의 특별한 퓨전요리는 관광객에게 꾸준히 사랑받는데, 유명한 쉐프들의 요리인 만큼 가격은 조금 비싸지만 한 번쯤 분위기 있는 레스토랑에서 최고의 서비스를 받으며 현지의 싱싱한 음식을 만끽하는 것도 좋다. 로이스(Roy's), 앨런 윙스 레스토랑(Alan Wong's), 쉐프 마브로(Chef Mavro) 외에도 카할라, 쉐라톤 등 유명 호텔마다 메인 다이닝도 맛볼 수 있다.

간단하면서 맛있는 플레이트 런치도 빼놓을 수 없다. 플레이트 런치는 밥과 반찬을 한 그릇에 담은 하와이식 도시락이다. 현지 음식 중 가장 사랑받는 로코모코는 밥 위에 햄버거 패티와 계란 프라이가 올라가서 든든하다. 하와이에서도 인정받은 한식 갈비 플레이트 런치는 그릴에 구운 맛있는 갈비와 밥, 반찬도 고를 수 있다. 데리야끼 치킨과 마카로니 샐러드 플레이트 런치, 씨푸드 콤보 등 자신만의 플레이트 런치를 골라보자.

여행 중 출출함은 하와이 인기 간식 아사이 볼(하와이 빙수), 마라사다(도너츠), 수제버거(두툼한 패티에 아보카도를 곁들인 버거), 스팸 무수비(주먹밥)로 해결하자.

하와이 훌라쇼를 보면서 전통 음식을 맛보는 루아우도 즐겨보고, 여행의 피로는 와이키키 뷰를 바라보며 비치바에서 칵테일을 음미하면서 풀 수 있다. 하와이에서 가장 많이 마시는 칵테일 마이타이, 하와이식 피나콜라다 인 치치, 붉은 용암이 흘러내리는 듯한 라바 플로우, 하와이를 닮은 예쁜 색깔의 블루 하와이, 무알콜 트로피컬 브리즈까지, 낭만이 넘치는 칵테일을 즐겨보자.

차량 렌트는 할 필요가 있을까?

액티비티를 예약할 경우 대부분 와이키키에 위치한 호텔로 왕복 교통이 제공된다. 공항 픽업/샌딩 서비스를 별도 예약하고 와이키키에 머물면서 액티비티를 즐길 계획이라면 차량 렌트는 필수 사항이 아니다. 다만 오아후 섬 드라이브를 직접 즐기고 싶다면 하루 정도 렌트해서 여유롭게 둘러보는 것도 좋다.

렌트 관련 사항은 뒷부분에서 자세히 다룬다.

하와이 여행 시기는 언제가 좋을까?

보통 여름, 겨울 방학 시즌에는 가족 단위의 방문객이 많으며, 따뜻한 섬이니 겨울 시즌에 추위를 피해 관광을 즐기려는 아시아, 유럽, 미국 본토 사람들로 붐빈다. 여름은 햇볕이 강하고 겨울에는 비가 자주 오므로 여행하기 좋은 계절은 선선한 봄이나 가을이다. 그러나 여름밖에 시간이 안 된다면 괜찮다. 아침 저녁으로 기분 좋은 선선한 바람이 분다.

하와이 여행
기본 다지기

🍃 말로만 듣던 하와이, 대체 어디에 있지?

미국의 50번째 주인 하와이는 태평양 하와이 제도에 위치해 있다. 한국에서 약 8시간 비행 시간이 소요되며(한국으로 올 때는 약 10시간) 한국과의 시차는 -19시간, 한국 현재 시간에서 5시간을 더하고 하루를 빼면 하와이 시간이다.

🍃 하와이를 즐기는 4가지 방법 : 여행의 테마를 정하면 여행이 더 즐거워 진다!

❶ 쇼핑의 천국
와이키키 명품 거리와 와이켈레 프리미엄 아울렛, 세계 최대 규모의 야외 쇼핑센터 알라모아나 쇼핑센터까지 하루 종일 걸어도 즐겁다!

❷ 휴양의 천국
하와이의 따뜻한 햇살과 시원한 바람! 조용한 해변에서 쾌적한 날씨를 맘껏 느껴보자. '자연 치유'라는 말을 깊이 공감할 것이다.

❸ 액티비티의 천국
다양한 해양스포츠, 골프, 하와이안 쇼, 하늘 투어, 해안도로 드라이브, 자연 속의 하이킹 등 테마별 다양한 액티비티를 즐겨보자.

❹ 미식가들의 천국
하와이안식, 양식, 중식, 한식, 일식, 퍼시픽 림 등 너무나 다양한 음식문화가 공존하며, 입만 아니라 눈까지 즐거운 레스토랑들이 즐비하다. 바닷가의 레스토랑은 아름다운 자연이 맛에 멋까지 더한다.

🍃 하와이 여행의 첫걸음, 항공과 호텔 예약하기

한국에서 하와이로!

인천국제공항에서 출발, 하와이 오아후섬 호놀룰루 도착 기준으로 하와이안 에어라인, 대한항공, 아시아나항공, 진

에어 모두 직항으로 운항된다. 다른 경유지가 있거나 좀 더 저렴하게 이용을 원한다면 일본 잘(JAL), 미국 유나이티드 에어라인(UA) 등 경유편을 이용해도 좋다. 직항 기준으로 하와이에 갈 때는 약 7시간 40분, 한국으로 올 때는 항로와 바람 등의 영향으로 약 9시간 40분 정도 소요된다. 비행편은 되도록 미리 구매하거나 특가로 제공되는 편이 저렴하며, 가격을 실시간 비교할 수 있는 사이트를 참고하는 것이 좋다.

- 와이페이 모어(한국어 지원 사이트) :
  www.whypaymore.co.kr
- 스카이 스캐너(한국어 지원 사이트) :
  www.skyscanner.kr
- 카약(한국어 지원 사이트) :
  www.kayak.co.kr/flights

🍂 하와이 섬 내에서 다른 섬으로 이동할 때!

기본적으로 항공편으로 이동하며 주요 국내선으로는 하와이안 에어라인, 저가 항공사로는 아일랜드 에어와 모쿠렐레가 있다. 가까운 섬은 호놀룰루 공항 출발 20분에서 먼 섬도 50분 내로 이동 가능하다. 일찍 출발해서 늦게 돌아오는

일정으로 구성하면 좀 더 저렴하게 예약할 수 있다.

- 하와이안 에어라인(한국어 지원 사이트) :
  www.hawaiianairlines.co.kr
- **저가항공편** :
  아일랜드에어(영어 사이트)
  www.islandair.com
  모쿠렐레(영어 사이트)
  www.mokuleleairlines.com

🍂 편안한 여행을 위한 숙소 선택!

하와이 첫 여행의 경우 와이키키 근처 호텔을 선호하며 호텔들도 대부분 그 근처에 밀집해 있다. 그 외에 알라모아나 쇼핑센터 근처의 호텔들도 인기이며 조용한 곳을 선호한다면 카할라나 오아후 섬 서쪽 코올리나 지역 호텔들도 인기가 많다.

신혼여행의 경우 대부분 4성급 이상을 선호하므로 가격이 좀 비싼 편이다.

가족여행의 경우 취사 가능한 3성급 이상의 콘도형을 선호하며, 친구와 액티비티나 쇼핑 목적의 여행이라면 와이키키 2성급 호텔도 가격대비 괜찮다. 하와이 여행을 좀 길게 생각한다면 호텔보다 스튜디오 단기 렌트도 고려해볼 만 하다.

---

❶ 호텔 전문 리뷰 & 예약 사이트에서 꼼꼼하게 비교하기!

- 트립어드바이저(한국어 지원 사이트) :
  tripadvisor.co.kr
- 익스피디아(한국어 지원 사이트) :
  expedia.co.kr
- 호텔닷컴(한국어 지원 사이트) :
  kr.hotels.com

❷ 현지 호스트가 맞이하는 특별한 숙소, AirBnB 민박, 펜션 등 기호에 맞게 선택 가능

- 에어비앤비(한국어 지원 사이트) :
  airbnb.co.kr/s/하와이—미국

❸ 단기 또는 장기 렌탈을 원할 경우(스튜디오부터 2베드룸까지)

- 현지 숙소 렌탈 업체(영어 사이트) :
  tcrhawaii.com

❹ 행운을 믿는다면, 프라이스라인으로 호텔 비딩 도전하기!

- 프라이스라인(영어 사이트) :
  priceline.com

호텔에서는 남아있는 방을 저렴하게, 여행자들은 최대 60%까지 할인된 가격으로 이용할 수 있는 호텔 비딩 시스템이 자유여행객 사이에서 인기다. 비딩에 성공하면 호텔 예산을 최대 반 이상까지 절약할 수 있으며 비딩 실패 시 72시간 후 재도전도 가능하다.

호텔 비딩에 앞서 미리 리뷰와 가격을 확인하는 것이 비딩의 1단계이다. 검색을 통해 비딩에 성공한 블로거들의 리뷰도 꼼꼼히 확인해보자. 오아후 섬의 경우는 와이키키보다는 알라모아나 부근의 호텔들인 5성급 호텔 리뷰, 4성급 하와이 프린스 호텔이 비교적 비딩률이 높다. 그러나 여러 가지 변수가 작용하므로 최종 결정은 운에 맡겨보자.

주의할 점은 입찰자 이름과(카드 결제자) 입실자 이름이 일치해야 한다는 것이다. 예약 이후 취소, 변경은 100% 불가하다.

알뜰 여행객을 위한 센스 있는 팁!

❶ 여행이 더 즐거워지는 시간 Happy Hour

붐비는 식사 시간을 피하면 동일한 식사나 음료를 최대 50% 할인된 가격으로 맛볼 수 있다. 보통 평일 붐비지 않는 시간에 제공되는 서비스이므로 주말 이용을 원할 경우 미리 확인이 필요하며, 레스토랑에서 해피아워는 바 자리에 앉아야만 이용 가능한 경우가 있으니 테이블에 앉기 전 미리 확인하자. 미국 최고 인지도를 가진 지역 정보 전문사이트 Yelp.com에서 Best Happy Hour Honolulu를 검색해보자!

❷ 할인 받는 재미가 있는 다양한 쿠폰

하와이는 최대 관광지답게 레스토랑, 쇼핑, 투어 등 쿠폰을 제공하는 업체들이 많다. 와이키키 대로변에 늘어선 인포메이션 부스에서도 쿠폰북을 어렵지 않게 구할 수 있으며, 주로 일어와 영어로 제공되지만 최근 한국어로 발행되는 소형 잡지도 부록으로 쿠폰을 제공하니 도움이 될 만한 혜택이 없는지 확인해보자. 그 외에 미리 인터넷을 통해 제공받을 수 있는 쿠폰이 있는지 확인하자.

- 그루폰 하와이(매일 그날의 특가 할인 제공/영어 사이트) :
  www.groupon.com/honolulu
- 하와이사랑 다음카페(하와이 여행정보 및 쿠폰 제공):
  cafe.daum.net/hawaiilove
- 현지 여행사 가자하와이 블로그(하와이 여행정보 및 이벤트 제공) :
  blog.naver.com/gajahawaii

❸ 신용카드 활용법

해외에서 신용카드 이용을 하려면 VISA, MASTER, AMEX 등 해외 결제가 가능한 카드여야 한다. 카드 앞면을 보면 어렵지 않게 확인 가능하며 국내 전환 카드의 경우 해외용 카드로 교체 발급 신청하면 된다.

그럼 카드사 별로 제공하는 하와이 여행 무료 서비스를 적극 활용해보자. JCB 카드는 와이키키에서 알라모아나 쇼핑센터까지 핑크라인 트롤리를 무료로 이용할 수 있다(본인 포함 동승 어른 1인, 어린이 2인까지). JCB 카드 소지 회원 누구나 이용 가능하다. 별도 등록 절차 없이 탑승 시 제시하면 된다.

- 발급 안내 홈페이지 : www.jcbcard.kr

해외 여행 중 신용 카드 분실에 대비해 카드 번호, 유효기간 등을 기재해 두고, 분실신고센터 전화번호도 메모해 둔다. 카드 결제 시 본인 확인을 위해 아이디 제시가 요구될 수 있으니 여권과 영문 이름이 다르지 않은지 미리 확인하자.

하와이 여행 전 준비해야 할 것

기본적으로 전자여권을 준비해야 한다. 하와이는 2008년부터 비자 없이 90일까지 여행이 가능하다. 단, 전자여행 허가 승인을 받아야 한다. ESTA 홈페이

지(esta.cbp.dhs.gov)를 통해 손쉽게 가능하며, 번거로울 경우 여행사에 의뢰하면 약
간의 수수료로 가능하다. 만약 렌트를 할 계획이라면 한국면허증과 국제면허증 발급
도 준비한다. 주거지에서 가까운 경찰서에서도 쉽게 국제면허증 발급이 가능하다.
(준비물 : 발급수수료 약 8,500원, 여권, 운전면허증, 여권용 사진) 대리인 발급도 가
능하며 그 경우 위임장과 대리인 신분증을 추가 지참해야 한다.
여행자보험은 여행 중 발생할 수 있는 도난, 상해나 질병, 교통사고 등에 대한 손해
배상을 해주는 종합보험으로 범위에 따라 차이가 있으나 짧은 여행의 경우 보험 가격
이 크지 않으니 미리 확인하자.

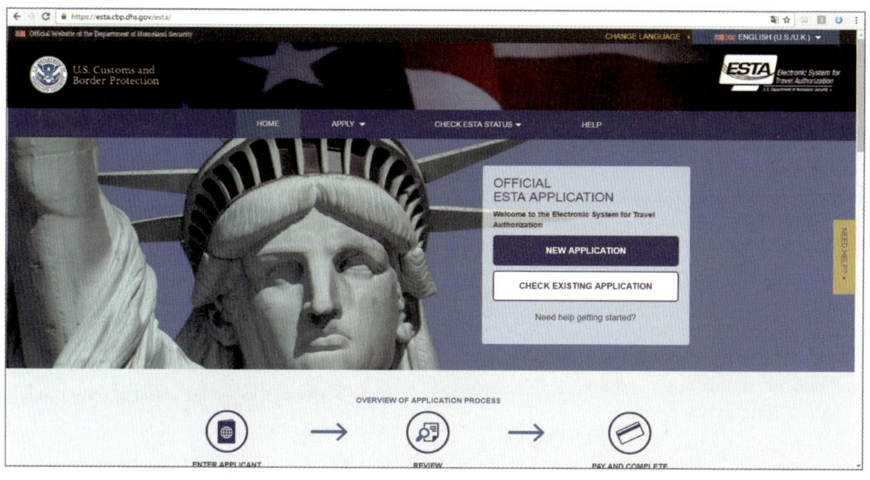

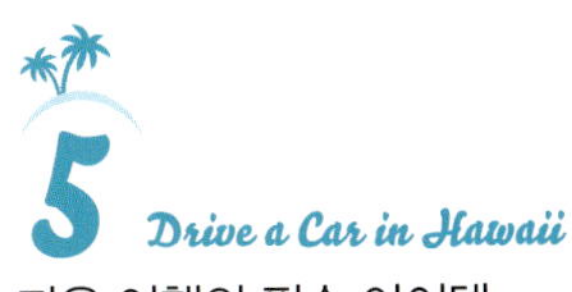

5 *Drive a Car in Hawaii*

자유 여행의 필수 아이템

렌터카 예약부터 사용까지!

미국 모든 지역을 통틀어 하와이의 버스 시스템은 좋은 편이나, 한국 버스 시스템에 비하면 긴 배차 시간 및 정류장 찾기의 불편함으로 효율은 다소 떨어져 렌터카 이용이 일반적이다. 본인의 여행 목적 및 일행의 성향에 따라 결정할 것을 권한다.

예를 들어 아이 또는 어르신을 동반한 가족 여행의 경우 대중교통 이용이 힘든 편이라 렌트 하는 것이 일반적이고, 쇼핑 위주의 여행객들의 경우도 보통 빈 트렁크를 준비해 대량 쇼핑하는 일이 많은데 대중교통 중 일반 버스에서는 트렁크를 소지하고 탑승하는 것을 거절하는 경우가 많아 렌트를 추천한다. 또한 와이키키 및 다운타운 지역을 벗어나 여행할 계획이 있는 경우에도 렌트가 편리할 수 있다.

🍃 렌트를 위한 여행 전 준비물 :
국제운전면허증, 한국 운전면허증

국제운전면허증

국제운전면허증은 자국 면허증과 함께 소지해야 하며 두 면허증 모두 유효기간이 유효해야 한다. 국제운전면허증은 발급 후 1년간 유효하다. 또한 해외에서 운전하려면 위의 두 면허증과 함께 여권도 소지해야 한다.

- **국제운전면허증 발급처 :** 경찰서 또는 도로 교통공단 운전면허시험장
- **국제운전면허증 발급 시 준비물 :** 여권(사본 가능), 운전면허증, 칼라 반명함판 또는 여권사진 1장, 수수료 8,500원

민원24 홈페이지(minwon.go.kr)에 발급 방법이 안내되어 있으며, 본인 또는 대리인이 직접 가서 신청 후 당일 수령 가능하다. 대리인의 경우 대리인의 신분증과 위임장을 위의 준비물과 함께 지참 후 방문해야 한다.

🍃 렌터카 이용 계획

❶ 오아후

오아후 방문 시 와이키키에 묵는 경우가 대부분이며 여행 계획에 따라 렌트 여부를 결정하는 것이 좋다. 예를 들어 와이키키 및 알라모아나 지역 위주로 관광할 때 렌터카 이용은 필요치 않다. 투어 참가가 많은 경우도 와이키키 지역은 대부분 교통편이 무·유료로 제공되므로 참가할 투어의 교통편 이용이 용이하다.

❷ 이웃 섬(마우이, 빅아일랜드, 라나이, 몰로카이)

대중교통이 발달해 있지 않아 렌터카 이용이 일반적이다. 이 경우는 미리 예약한 차량을 공항 내 렌터카 업체에서 수령하고 반납하게 된다. 이웃섬에서 렌터카 이용 시 렌트 제한 사항을 잘 살펴보아야 한다. 예를 들어, 빅아일랜드는 마우나케아 비지터 센터 이상 올라가는 오프로드 주행 시 사고가 난다면 풀 보험 계약 시에도 보상을 해주지 않는다. 또한 빅아일랜드처럼 힐로 공항과 코나 공항으로 두 개의 공항이 있는 경우 힐로 공항에서 차량 수령 후 코나 공항에 반납하거나 반대일 때도 추가요금이 $60~$80 정도 부과되므로 주의해야 한다.

🍃 렌터카 예약

렌터카 예약은 미리 예약하는 경우와 현지에서 바로 예약하는 경우가 있다. 특히 신혼여행객이 많은 시즌이거나, 미국의 휴일 등에는 여행객들이 많아 차량을 구할 수 없을 수 있으므로 미리 예약하는 것이 좋다.

❶ 인터넷 예약

인터넷 예약은 포함 내역을 잘 살펴보

는 것이 중요하다. 너무 저렴한 가격이라면 보험 비용이 포함되지 않은 가격인 경우가 많아 추후에 추가 요금이 많이 발생되므로 주의해야 한다. 또한 소형차, 중형차, 대형 세단, 지프 등과 같이 차종 선택만 가능하며 색상 및 브랜드는 선택의 여지가 없을 수 있는 점도 고려하자. 미국 내에서 운전 중 사고가 날 경우 보상 금액이 매우 커질 수 있으므로 풀보험으로 이용하는 것을 권한다. 각종 렌터카 업체의 웹사이트로 예약 가능하며 현지 한국여행사 웹사이트 등에는 풀보험 패키지 등이 잘 마련되어 있어 쉽게 예약할 수 있다.

❷ 현지 예약

와이키키 내에는 다양한 렌터카 업체들이 있어 렌트를 현지에서 결정한 다음 방문 또는 전화로 예약하면 된다. 보통

와이키키 내 렌터카 업체

달러 렌터카 Dollar Rent A Car

주소	2002 Kalakaua Ave, Honolulu, HI 96815
전화	(808) 952-4264
영업시간	월~일 07:00~20:00

알라모 렌터카 Alamo Rent A Car

주소	151 Kaiulani Ave, Honolulu, HI 96815
전화	(808) 926-1891
영업시간	월~일 07:00~20:00

허츠 렌터카 Hertz Rent A Car

주소	2424 Kalakaua Avenue, Oahu, HI 96815
전화	(808) 971-3535
영업시간	월~일 07:00~15:00

버짓 렌터카 Budget Rent A Car

주소	2424 Kalakaua Ave, Honolulu, HI 96815
전화	(808) 921-5808
영업시간	월~일 07:00~21:45

한국인직영 렌터카(가자하와이 여행사)

주소	307 Lewers St, Honolulu, HI 96815
전화	(808) 931-6073
영업시간	월~일 08:00~20:00

※ 영업시간은 업체 사정으로 변경될 수 있다.

전화로 예약하면 렌터카 업체의 셔틀을 요청하여 이용 가능하다.

주의할 점은 유아나 아동을 동반하는 경우 카시트 이용은 법으로 규정되어 있다. 카시트는 2가지 종류로 유아용 베이비 시트와 아동용 부스터 시트가 있으며, 만 7세 이하 어린이는 모두 카시트에 앉히게 되어 있다. 대부분의 렌터카 업체에서는 카시트 렌탈이 가능하며 차량 예약 시 함께 예약하는 것이 일반적이다.

렌터카 이용

❶ 도로주행

하와이는 한국과 도로 사정이 조금 다르다. 일방통행이 많고 속도 규정이 마일(mile)로 표기되어 있다. 최근 들어 안전벨트 미착용에 대한 단속이 강화되고 있으며, 뒷좌석을 포함하여 차량 내 모든 인원의 안전벨트 착용이 의무화되어 있다. 도로 주행 시, 주변에 카메라 설치는 많지 않으나 곳곳에 교통경찰들이 있으니 주의해야 한다. 법규 위반으로 경찰이 갓길 정차를 요구하면 적당한 곳에 주차 후 창문을 열고 핸들에 두 손을 모두 올려놓고 경찰을 기다린다. 미국은 총기 소지가 가능한 곳이므로 차량에서 내리거나 너무 큰 움직임을 보이면 경찰이 위협을 느낄 수 있으니 주의하자. 교통위반 티켓을 받을 때는 여권, 국제면허증, 운전면허증을 제시하고 렌터카임을 밝히면 된다. 티켓 지불 방법은 티켓 뒷면의 웹사이트를 통해 신용카드로 지불 가능하다.

❷ 주차

주차 시에는 여러 가지 주의 사항이 많다. 주차 공간에 'Reserved'라고 쓰여 있거나 번호 표기가 있다면 누군가가 정기적으로 사용하는 공간이므로 주차하지 않도록 하며, 도로 상 주차의 경우 소화전 근처 및 주차선이 없는 공간에는 주차하지 않도록 한다. 쇼핑몰 등에도 시간 별 주차시간 제한이 있으니 주변을 잘 살펴보고 코인 주차 이용 시 최대 주차 시간이 도로마다 다르니 주의해야 한다. 평균적으로 2시간 이상 코인 주입이 안 된다.

※ 차량이 견인되었을 경우

차량이 견인되었을 경우 차량이 있던 곳에 아무런 표식이 없어 당황할 수 있다. 견인 시 별도의 통지는 없다. 보통 911에 전화하여 문의해야 하며, 이때 차량 번호(보통 알파벳 3자리, 숫자 3자리), 차종, 차량 색상 등을 알려야 하므로 차량 수령 시 만일을 대비하여 미리 메모해 두자. 견인한 견인 회사의 전화번호를 알려주며 이곳으로 전화하여 위치 및 차량 수령 비용을 미리 문의하여 준비한다.

기본 상식이긴 하나, 장애인 주차구역에 주차 시 엄청난 벌금이 있으므로 역시 주의하자. 간혹 밤에 야외 주차 시 장애인 주차 표시를 놓쳐 낭패를 보는 경우도 있다.

---

❸ 반납

차량 반납 시에는 차량 인도 시의 양과 같은 양으로 주유 후 반납해야 하며, 그렇지 않을 경우 일반 비용보다 비싼 추가금을 지불해야 한다. 차량 인도 시 기름은 가득 찬 상태에서 받는 것이 좋으며, 보통 풀 보험 차량으로 예약할 경우 유류 비용도 포함되어 있는 경우가 많으니 잘 확인하자. 이 경우에는 반납 시 주유하지 않고 반납이 가능하여 편리하다. 반납 후에는 호텔로 돌아가는 셔틀버스를 요청하면 무료로 제공되며 공항 지점일 경우 반납 후 탑승하고자 하는 항공사를 알려주고 셔틀을 요청하면 해당 탑승구로 이동할 수 있다.

테마별로 즐기는
하와이 여행 일정

아이들과 함께 떠나는
여유로운 가족여행

	D-1	D-2	D-3	D-4	D-5
7:00			아침 : 푸드팬트리 테이크아웃(65)		
8:00					
9:00	하와이 도착 렌터카 픽업(5)	하나우마 베이 스노클링(9)	오아후 섬 투어(79) – 해안도로 드라이브	아침 : 무수비(29)	아침 : 맥 24/7(18)
10:00	다운타운 관광, 이올라니 궁전. 카메하메하 동상 (78)		– 차이나맨스 햇 – 지오바니 새우트럭	호오말루히아 보태니컬 가든(86)	
11:00					
12:00	점심 : 지피스(60)	점심 : 산토우카 라멘(26)	– 테드스 베이커리 – 라니케아 해변	점심 : 마우이 파이어 로스트 치킨(28)	
13:00		휴식	– 할레이바 타운 – 돌 플랜테이션		씨라이프 파크(83)
14:00				휴식	
15:00	호텔 체크인	와이키키 아쿠아리움 & 카피올라니 파크 (81)			
16:00			와이켈레 아울렛 쇼핑(62)	파라다이스코브 루아우(72)	
17:00	저녁 : 치즈케이크 팩토리(35)				월마트, 로스 쇼핑 (63)
18:00		저녁 : 마루카메 우동(23)			저녁 : 야미 코리안 바비큐(58)
19:00	와이키키 산책(6)				
20:00			저녁 : 치즈버거 인 파라다이스(36)		
21:00					
22:00					

~~~ *Day 1* ~~~

09:00
하와이 도착! 알로하, 아름다운 하와이에 도착.

09:30
렌터카 픽업. 공항에서 짐을 찾고 렌터카 셔틀 표지판을 따라 나가면 5~10분 간격으로 운영되는 무료 셔틀을 이용할 수 있다. 렌터카는 사전 예약하는 편이 안전하고 저렴하다. 달러, 알라모, 엔터프라이즈, 티리프티 등 다양한 회사가 있으며 렌터카를 예약한 회사의 셔틀을 이용하면 된다.

> **TiP** 차량 렌트 시 필요한 서류: 한국운전면허증, 국제면허증(교통사고 시 필요), 미국 내에서 결제 가능한 운전자 본인 신용카드, 렌터카 예약번호

10:00
다운타운 관광. 공항에서 와이키키로 돌아오는 길에 위치한 역사적인 장소들을 방문해보자. 미국 유일의 궁전인 이올라니 궁전과 하와이 제도를 통일한 카메하메하 1세 동상 앞에서 인증샷도 잊지 말자.

12:00
지피스에서 간단한 테이크아웃 스타일로 하와이 현지 음식을 즐겨보자.

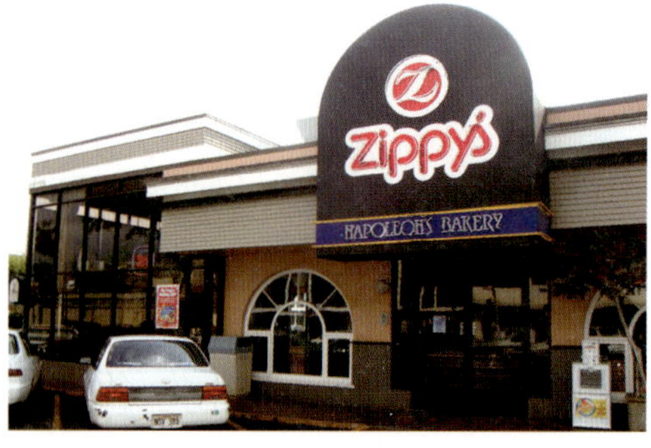

13:00 호텔 체크인 후 휴식. 와이키키 내에 위치한 호텔은 보통 오후 3시에 체크인을 할 수 있다.

> **TiP** 만약 아이들이 밤새 비행기를 타고 와 피곤하다면 호텔 데스크에서 얼리 체크인 (Early Check in)을 문의해보자.

17:30 치즈케이크 팩토리. 와이키키 인기 맛집인 치즈케이크 팩토리는 식사도 맛있지만 디저트가 맛있기로 유명하다.

> **TiP** 늘 붐비기 때문에 식사 시간 때보다 조금 일찍 방문해 대기시간을 줄이자.

19:00 와이키키 산책. 긴 비행시간에 피곤했을 아이들을 위해 첫날은 가볍게 와이키키에서 산책을 하며 여유롭게 보내자.

~~ *Day 2* ~~

07:20 하나우마 베이 스노클링. 열대어의 천국 하나우마 베이는 하와이 인기 관광지인 만큼 항상 방문객들로 붐빈다.

> **TiP** 성수기에는 오전 8시 이후에 방문하게 되며 주차장이 만차일 경우가 많으니 와이키키에서 최소 오전 7시 20분에는 출발하는 것이 좋다. 아침식사는 간단한 테이크아웃 음식을 추천한다. 하나우마 베이의 스낵바가 있다.

12:00 산토후카 라멘에서 추운 물놀이 후 따뜻한 라멘 국물 한 숟가락으로 몸을 녹이자.

13:00 휴식

> **TiP** 스노클링도 어느 정도 체력을 요하므로 호텔로 돌아와 잠시 휴식을 취하자.

15:00 와이키키 아쿠아리움 & 카피올라니 파크. 와이키키 해변 근처에 있는 와이키키 아쿠아리움은 아이들에게 좋은 추억을 남겨줄 곳이다. 아쿠아리움 관람 후 바로 건너편에 위치한 카피올라니 파크에서 마음껏 뛰어놀아 보자.

18:00 가격도 저렴하고 맛도 좋은 와이키키 맛집 마루카메 우동에서 부담 없이 즐겨보자.

～ Day 3 ～

07:30 오늘은 갈 길이 멀다! 아침은 간단하게 푸드 팬트리에서 테이크아웃 샌드위치와 도시락으로 해결하자.

08:00 느긋한 마음으로 오아후 섬을 천천히 둘러보자. 기분 좋은 바람과 드라이브 중 만나게 되는 아름다운 절경에 하와이를 사랑하지 않을 수 없게 된다.

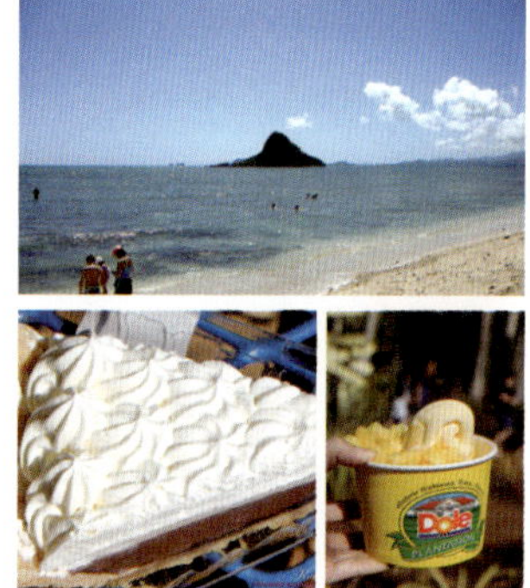

1 해안도로 드라이브–한국인 지도마을, 할로나 블로우 홀, 마카푸 포인트
2 차이나맨스 햇
3 지오바니 새우 트럭
4 테드스 베이커리(코코넛 파이)
5 라니케아 해변(거북이 해변)
6 할레이바 타운(마츠모토 쉐이브 아이스, 커피갤러리)
7 돌 플랜테이션

15:00 돌 플랜테이션에서 와이키키 방향으로 차로 약 30분 거리에 있는 오아후 섬 유일의 와이켈레 아울렛은 유명 브랜드를 저렴하게 구입할 수 있는 실속 있는 쇼핑몰이다. 오후 4시～6시 사이에는 극심한 교통체중이 있으므로 아울렛에서 6시 이후에 출발하는 것이 좋다.

19:00 수제버거 체인점으로 파인애플 버거가 맛있는 치즈버거 인 파라다이스에서 맛있는 저녁식사를 하자.

～Day 4～

09:00 하와이 대표 음식 스팸무수비로 간단하게 아침 식사를 해결하자.

- 판매처: 세븐일레븐, ABC STORE, IYASUME MUSUBI CAFE

09:30 호오말루히아 보태니컬 가든. 자녀와 함께 방문하기 좋은 호오말루히아 보태니컬 가든에서 무료로 제공되는 낚시대로 호숫가 낚시 체험과 맑은 공기를 마시며 가든 산책을 해보자.

- 낚시 무료 체험시간 10:00~14:00 (토~일)

12:00 카일루아에 위치한 마우이 파이어 로스트 치킨에서 하와이식 직화구이 통닭으로 점심 식사 후 카일루아 타운 드라이브도 잊지 말자.

14:00 휴식

> **TiP** 저녁 스케줄인 파라다이스 코브 루아우를 위해 호텔로 돌아와 휴식을 취하는 것이 좋다.

15:30 훌라 공연과 하와이 전통음식을 맛볼 수 있는 파라다이스 코브 루아우는 하루 일정인 폴리네시안 컬처럴 센터와 달리 오후 일정으로만 짜인 비교적 짧은 투어로 어린 자녀와 함께하는 여행에 적합하다.

- 투어 체크인 시 필요한 서류 : 예약번호가 기재되어 있는 바우처

~ *Day 5* ~

09:00   맥 24/7에서 아침을 해결하자.

11:00   씨라이프 파크는 해양 테마파크로 각종 해양동물 쇼와 체험 프로그램들이 마련되어 있다.

- 점심식사 : 씨라이프 파크 푸드코트 이용
- 투어 체크인 시 필요한 서류 : 예약번호가 기재되어 있는 바우처

17:00   하와이 기념품을 가장 저렴하게 구입할 수 있는 월마트에서 필요한 물품과 선물을 구입하자. 시간이 여유롭다면 월마트 바로 건너편에 위치한 로스도 잠시 들러보자.

18:00   한국 음식이 생각난다면 빠르고 저렴하게 즐길 수 있는 야미 코리안 바비큐에서 해결하자.

친구와 함께 떠나는
다이나믹 자유여행

	D-1	D-2	D-3	D-4	D-5
7:00					구피 카페 앤 다인 (16)
8:00					
9:00	하와이 도착 렌터카 픽업(5)	해양스포츠(69)	스카이다이빙(71)	쿠알로아 목장(70)	서핑(69)
10:00					
11:00					호놀룰루 커피(47)
12:00	오아후 섬 일주(79) - 해안도로 드라이브 - 카일루아 해변 - 차이나맨스 햇 - 샥스코브 해변 - 마츠모토 쉐이브 - 돌 플렌테이션 - 저녁 : 새우 트럭				쇼어버드 레스토랑 (37)
13:00		알라모아나 센터 쇼핑(61) 점심 : 시로키야 (몰 내)	마루카메 우동(23)		비숍 뮤지엄(82)
14:00			와이키키 산책 및 칼라카우아 애비뉴 쇼핑(6)	하나우마 베이(9)	
15:00					
16:00					
17:00					
18:00	비치바(48)	저녁 : 로마노스 마카로니 그릴(40)	루스 크리스 스테이크 하우스 (32)	와이키키 매직쇼 (73)	고든 비어쉬 브루어리(52)
19:00					
20:00		디앤비(52)	하드 락 카페(50)		
21:00					
22:00					

Day 1

09:00

하와이 도착 및 공항 렌터카 픽업
Aloha! 아름다운 하와이에 도착.
공항에서 미리 예약해둔 렌터카 차량을 인도받고 바로 하와이 섬 일주 시작!

> **TiP** 공항에서 짐을 찾고 셔틀 표지판을 따라 나가면 10분 간격으로 운영되는 무료 셔틀을 이용할 수 있다. 달러, 알라모, 엔터프라이즈, 트리프티 등 다양한 회사가 있으므로 사전 예약해둔 렌터카 회사의 셔틀을 이용하면 된다. 한국면허증, 국제면허증, 미국 내 결제 가능한 본인 명의의 신용카드, 렌터카 예약번호를 지참하자.

11:00

따스한 햇살과 시원한 바람을 만끽하며 섬 일주 시작!
드라이브 중 만나는 아름다운 풍경을 가슴과 사진에 담아보자.

1 해안도로 드라이브(한국인 지도마을, 할로나 블로우 홀, 마카푸 포인트)
2 카일루아 해변(모래가 곱고 사진 찍으면 정말 아름답게 나온다.)
3 점심은 카일루아 해변 근처 홀 푸드 마켓에서 테이크아웃.
4 차이나맨스 햇
5 라니아케아 해변
6 샥스코브 해변
7 마츠모토 쉐이브
8 명물 새우 트럭 요리 맛보기
9 돌 플랜테이션에서 하와이 파인애플 맛보기. 너무 달다!

19:00

와이키키로 돌아와 비치바에서 여유롭게 하와이를 닮은 칵테일을 마시며 하루 마무리!

> **TiP** 와이키키 비치에 쭉 늘어선 호텔들은 대부분 비치뷰 바를 제공하는데, 모아나 서프라이더와 할레쿨라니의 하우스 위드아웃 어 키가 유명하다. 비치바 별로 차이가 있으나 대부분 라이브 연주도 제공된다.

〰 *Day 2* 〰

07:00

해양스포츠
에메랄드빛 바다에서 즐기는 짜릿한 스포츠!
수중스쿠터, 패러세일링, 서핑, 돌고래 스노클링 등 원하는 액티비티를 고르면 된다.

TiP 서핑은 와이키키에서 간단하게 즐길 수 있으며(2시간 코스 개인 또는 그룹 강습 가능) 수중스쿠터는 동쪽 하와이 카이에서, 돌고래 스노클링은 서쪽 마카하 지역에서 이용 가능하다. 수영복, 타올, 선크림, 선글라스, 모자, 갈아입을 옷, 수중카메라 등을 준비하자.

13:00

오후에는 쇼핑 타임. 세계 최대 규모의 쇼핑센터 알라모아나 쇼핑센터는 290여 개의 점포와 70여 개의 레스토랑이 자리잡고 있어 쇼핑족들에겐 필수 코스이다. 점심은 시로키야에서 눈과 입이 즐거운 도시락으로 한 끼를 해결하자.

TiP 알라모아나 쇼핑센터는 다양한 신상을 만날 수 있지만 가격은 저렴한 편이 아니다. 알뜰한 쇼핑을 원한다면 와이키키에서 차로 약 1시간 거리에 있는 와이켈레 아울렛을 추천한다.

18:00

저녁은 알라모아나 쇼핑센터 내 로마노스 마카로니 그릴에서 맛있게 먹자.

20:00

알라모아나에서 3블럭 정도 떨어진 워드센터의 디앤비에서 재미있는 게임과 맛있는 맥주를 즐기며 아쉬운 하루를 보내자.

~~ *Day 3* ~~

08:00

아름다운 하와이를 가슴에 품는 스카이다이빙. 짜릿하고 아름답다. 경험이 없어도 강사와 함께 다이빙하는 탠덤이므로 걱정은 접어두자.

TiP 이동시간, 대기시간, 비행기 탑승 및 다이빙까지 약 5시간 정도 소요된다. 18세 이상만 가능하다.

13:00

점심은 와이키키로 돌아와서 쫄깃한 면발의 마루카메 우동으로 해결하자. 맛도 가격도 착해서 항상 붐빈다.

14:00

소화도 시킬 겸 와이키키 산책 및 칼라카우아 대로변 쇼핑. 와이키키 메인 거리인 칼라카우아 애비뉴에서는 예쁜 숍들과 다양한 길거리 공연도 즐길 수 있다. 하와이 전통문화를 체험하고 싶다면 훌라나 우쿨렐레 미니 강습도 참여해보자. 미니 강습은 사전 예약이 필요 없으나 스케줄은 미리 확인하자.

와이키키 내에서도 No TAX 면세점인 DFS 갤러리아가 있어 세금 걱정 없다.(하와이 주 세금은 약 4.8%)

18:00

맛있는 스테이크를 먹고 싶다면 루스 크리스 스테이크를 추천한다. 알로하 셔츠나 드레스로 한층 멋을 내고 우아한 저녁을 즐기자.

20:00

재미있는 락 뮤지엄 하드 락 카페에서 맥주 한 잔으로 하루를 마무리해보자.

Day 4

07:00

각종 영화 촬영지로 유명한 쿠알로아 목장에서 신나는 액티비티. 승마, 사륜구동, 영화마을 투어, 시크릿 비치 체험 등을 선택할 수 있다. 반나절 투어를 예약할 경우 뷔페 스타일의 점심이 제공된다.

TiP 사전예약 필요. 승마나 사륜구동 투어 참여 시 긴 바지와 편한 운동화를 착용하자.

14:00

오후는 따사로운 햇살 아래 스노클링을 즐기자. 하나우마 베이는 오아후의 제일 유명한 스노클링 스팟 중 하나로 형형색색의 물고기를 만날 수 있다.

TiP 화요일 이용 불가이며, 스낵바, 야외샤워장 이용 가능하다. 주차장이 있지만 성수기엔 만차인 경우가 많다. 주차 걱정이 된다면 새벽같이 가거나 아예 오후에 방문하는 것도 좋은 방법이다.

17:00

호텔로 돌아와 샤워 후 저녁 먹을 준비

18:00

마지막 저녁은 신비로운 매직쇼와 폴리네시안 전통쇼인 매직 오브 폴리네시아를 관람해보자. 멀리 갈 필요 없이 와이키키에서 간단하게 볼 수 있어 더 좋다. 아름다운 훌라 공연과 헬기가 눈앞에서 사라지는 신비한 경험을 할 수 있다. 마술쇼에 흥미가 없다면 와이키키 로얄 하와이안 센터에서 야심차게 선보이는 락 어 훌라 공연도 흥겹고 좋다. 팝 전설들의 무대와 경쾌한 훌라를 동시에 즐길 수 있다.

Day 5

07:30 구피 앤 다인에서 아일랜드풍 브런치 즐겨보자.

09:00 하와이 파도를 가르는 서핑 체험을 해보자.

> TiP 수영복 타올 선크림 지참. 별도 구명조끼는 제공되지 않으며 서핑 보드 끈을 발목에 묶어준다.

11:00 와이키키 로얄 하와이안 센터에 위치한 호놀룰루 커피에서 여유로운 차 한잔과 함께 잠깐 휴식하자.

> TiP 피베리 커피는 정말 맛있다. 출출할 경우 하와이 명물 아사이 볼도 함께 맛보자.

12:30 오늘 점심은 비치뷰 오픈 레스토랑 쇼어버드에서!

14:00 비숍 뮤지엄으로 문화 나들이.

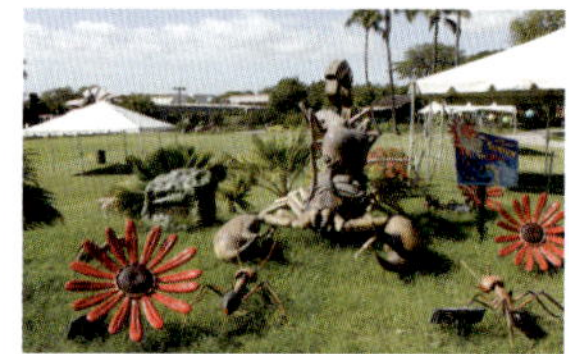

16:00 저녁은 알로하 타워에 위치한 고든 비어쉬 브루어리에서 맥주 한 잔으로 마무리!

잊지 못할

로맨틱한 신혼여행

	D-1	D-2	D-3	D-4	D-5
7:00			아침-푸드 팬트리 테이크아웃(65)		
8:00				아침-에그스 앤 띵스(16)	
9:00	하와이 도착 렌터카 픽업(5)	하나우마 베이 스노클링(9)	오아후 섬 투어(79) – 해안도로 드라이브	와이키키 해변 산책	
10:00	다운타운 관광, 이올라니 궁전,		– 차이나맨스 햇		
11:00	카메하메하 동상 (78)		– 지오바니 새우 트럭		
12:00	점심-릴리하 베이커리(20)	점심-홋카이도 라멘(26)	– 테드스 베이커리 – 라니케아 해변		
13:00	월마트, 로스 쇼핑 (63)	휴식	– 할레이바 타운 – 돌 플랜테이션		옆 섬 투어(96)
14:00					
15:00	호텔 체크인				
16:00		다이아몬드 헤드 하이킹(87)		폴리네시안 컬처럴 센터(72)	
17:00	저녁-디너 크루즈 (74)		와이켈레 아울렛 쇼핑(62)		
18:00		저녁-치즈케이크 팩토리(35)			
19:00					
20:00		와이키키 산책(칼라카우아 애비뉴) (64)	저녁-하드 락 카페 (50)		저녁-푸드코트 (22)
21:00					
22:00					

～ Day 1 ～

09:00 Aloha! 아름다운 하와이에 도착!

09:30 렌터카 픽업. 공항에서 짐을 찾고 렌터카 셔틀 표지판을 따라 나가면 5～10분 간격으로 운영되는 무료 셔틀을 이용할 수 있다. 렌터카는 사전 예약하는 편이 안전하고 저렴하다. 달러, 알라모, 엔터프라이즈, 티리프티 등 다양한 회사가 있으며 렌터카를 예약한 회사의 셔틀을 이용하면 된다.

> **TiP** 차량 렌트 시 필요한 서류: 한국운전면허증, 국제면허증(교통사고 시 필요), 미국 내에서 결제 가능한 운전자 본인 신용카드, 렌터카 예약번호.

10:00 다운타운 관광. 공항에서 와이키키로 돌아오는 길에 위치한 역사적인 장소들을 방문해보자. 미국 유일의 궁전인 이올라니 궁전과 하와이 제도를 통일한 카메하메하 1세 동상 앞에서 인증샷도 잊지 말자.

12:00 하와이에서의 첫 번째 식사는 하와이 인기 맛집인 릴리하 베이커리에서 시작해보자.

13:00

식사 후 소화도 시킬 겸 즐거운 쇼핑 타임을 가져보자. 하와이 기념품과 선물용 마카다미아 넛, 초콜릿, 코나 커피 등을 저렴하게 구입할 수 있는 월마트를 들러보자. 시간이 된다면 월마트 키아모쿠 길 건너편에 위치한 로스도 잊지 말자. 다양한 이월 브랜드 상품을 저렴하게 만날 수 있다.

15:00

호텔 체크인을 하고 짐을 풀자.

TiP 호텔 체크인 시 필요한 서류 : 신분증(여권), 본인 신용카드, 예약번호

16:00

디너크루즈. 하와이 현지 여행사를 이용해 예약한 경우는 오후 4시경 부터 호텔 픽업이 이루어진다. 렌터카를 이용할 경우 적어도 출항 시간 30분 전까지 알로하 타워에 도착해야 한다.

～ Day 2 ～

07:20 하나우마 베이 스노클링. 열대어의 천국 하나우마 베이는 하와이 인기 관광지인만큼 항상 방문객들로 붐빈다.
성수기에는 오전 8시 이후에 방문하게 되며, 주차장이 만차일 경우가 많으니 와이키키에서 최소 오전 7시 20분에는 출발하는 것이 좋다. 아침식사는 간단한 테이크아웃 음식을 추천한다. 하나우마 베이에 스낵바가 있다.

12:00 홋카이도 라멘에서 추운 물놀이 후 따뜻한 라멘 국물 한 숟가락으로 몸을 녹이자.

13:20 휴식

TiP 스노클링도 어느 정도 체력을 요하므로 호텔로 돌아와 잠시 휴식을 취하자.

14:30 다이아몬드 헤드 하이킹. 아름다운 와이키키 해변을 한눈에 바라볼 수 있다. 하와이에서 아름다운 경치를 마음껏 감상해보자.

17:30 치즈케이크 팩토리. 와이키키 인기 맛집인 치즈케이크 팩토리는 식사도 맛있지만 디저트가 맛있기로 유명하다.

TiP 늘 붐비므로 식사 시간 때보다 조금 일찍 방문해 대기시간을 줄여 보자.

19:00 와이키키 메인거리인 칼라카우아 애비뉴에서는 다양한 길거리 공연이 펼쳐진다.

~ *Day 3* ~

07:30

오늘은 갈 길이 멀다! 아침은 간단하게 푸드 팬트리에서 테이크아웃 샌드위치와 도시락으로 해결하자.

08:00

느긋한 마음으로 오아후 섬을 천천히 둘러보자. 기분 좋은 바람과 드라이브 중 만나게 되는 아름다운 절경에 하와이를 사랑하지 않을 수 없게 된다.

1 해안도로 드라이브–한국인 지도마을,
　할로나 블로우 홀, 마카푸 포인트
2 차이나맨스 햇
3 지오바니 새우 트럭
4 테드스 베이커리(코코넛 파이)
5 라니케아 해변(거북이 해변)
6 할레이바 타운(마츠모토 쉐이브 아이스, 커피 갤러리)
7 돌 플랜테이션

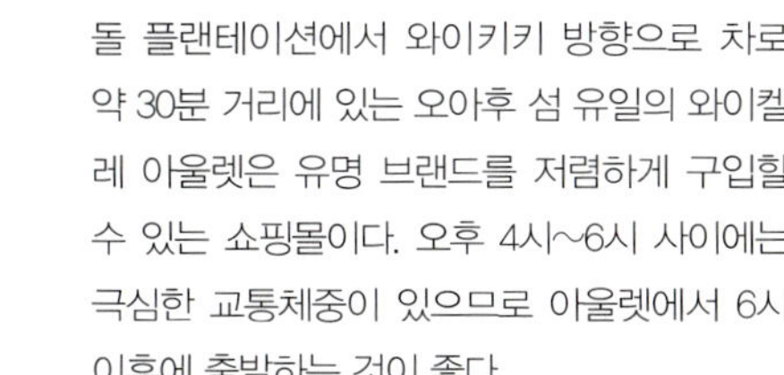

15:00

돌 플랜테이션에서 와이키키 방향으로 차로 약 30분 거리에 있는 오아후 섬 유일의 와이켈레 아울렛은 유명 브랜드를 저렴하게 구입할 수 있는 쇼핑몰이다. 오후 4시~6시 사이에는 극심한 교통체중이 있으므로 아울렛에서 6시 이후에 출발하는 것이 좋다.

20:00

늦은 시간까지 오픈하는 하드 락 카페에서 달콤한 칵테일 한 잔과 맛있는 미국식 저녁식사로 하루의 피로를 날려보자.

Day 4

08:00

마카다미아 팬케이크와 구아바 주스를 맛볼 수 있는 곳. 와이키키 유명 팬케이크 전문점 에그스 앤 띵스에서 맛있는 아침식사를 즐기자.

09:30

햇살 좋은 오전, 맨발로 와이키키 해변 모래사장을 걸어보는 건 어떨까? 하와이 서핑의 전설 듀크 카하나모쿠 동상 앞에서 기념촬영도 찰칵!

12:00

폴리네시안 컬처럴 센터는 하와이 최대 규모와 역사를 자랑하는 테마파크로 각기 다른 민속마을을 둘러보며 각종 쇼, 전통체험 및 루아우와 이어지는 대형 야외 무대 공연까지 온종일 볼거리와 즐길거리가 가득하다. 와이키키에서 약 1시간 20분 거리에 위치해 있어 와이키키에서 오전 11시 전에는 출발할 것을 권한다.

TiP 입장 : 오전 입장 12시 이후/오후 입장 4시 이후

Day 5

07:00

여행 일정이 5일 이상이라면 하루 코스로 옆 섬 1일 관광을 추천한다. 오아후 섬에서는 느낄 수 없는 다이나믹하고 색다른 관광을 즐길 수 있다. 비행기를 탑승해야 하므로 적어도 2~3일 전에는 미리 예약을 해야 한다.

TiP 투어 체크인 시 필요한 서류 : 모든 탑승객의 여권

1 **마우이** : 낭만적이고 아름다운 연인의 섬
2 **카우아이** : 자연 그대로 아름답게 보존된 정원의 섬
3 **빅아일랜드** : 하와이 섬 중 가장 크고 웅장한 느낌의 화산 섬, 화산국립공원이 인기가 높은 섬

TiP 할인 혜택받기(쿠폰 p.439)

20:00

와이키키 내에 위치한 푸드코트에서 간단하고 저렴하게 저녁식사를 해보자.

오아후

88 터틀 베이 골프
Turtle Bay Go

Kawela Bay
Kulima Golf Course
Kahu
25

Waiale'E Beach Park
Pupukea
44 테드스 베이커리
Ted's Bakery

10 샥스코브 해변
Shark's Cove
Pupukea-Paum-alu Forest Reserve

선셋 비치
Sunset Beach
13 와이메아 베이
Waimea Bay

90 라니아케아 해변
Laniakea Beach

71 스카이다이브 하와이
Skydive Hawaii

89 히든비치
Hidden Beach

할레이바 타운
Haleiwa Town

Mokuleia
Waialua

Ka
Forest R

Kuaokala Forest Reserve / Kuaokala Game Management
Dillingham Airfield

North Shore

92 카에나 포인트
Kaena Point

45 파아라아카이 베이커리
Paalaa Kai Bakery

84 돌 플랜테이션
Dole Plantation

Kaena Point State Natural Area Reserve

Mokuleia Forest Reserve

Whitmore Village

Schofield Barracks Forest Reserve

Schofield Barracks
Wahiawa

Makua Kea'au Forest Reserve

Leillehuta Golf Course

Wheeler Army Air Field

M
-La

Makaha Resort Golf Club

Waianae Kali Forest Reserve

Waipio Acres

Makaha

Mililani Golf Course
Mililani

69 돌핀 익스커전
Dolphine Excursion

Waianae

Oahu

Maili

Waipio

와이켈레 프리미엄 아울렛
Waikele Premium Outlets
62
88 와이켈레 컨트리
Waikele Count

Nanakuli

Nanakuli Forest Reserve

마라사다 트럭
(와이켈레 쇼핑센터)
42
H1 Waipahu

Makalena Golf Course

East Loch

Middle Loch

West Loch

진주만
Pearl Harbor

Sou

33 로이스(코올리나 지점)
Roys

Makakilo City

Ewa Villages

88 코올리나 골프 클럽
Ko Olina Golf Club

H1

Kapolei
Ewa Gentry

Iroquois Point

Hickam

72 파라다이스 코브
Paradise Cove

27 소시베이
Sushi Bay

93 아울라니 디즈니 리조트 앤 스파
Aulani, A Disney Resort & Spa in Ko Olina

11 코올리나 해변
Ko Olina Beach

코랄 크릭 골프 코스
Coral Creek Golf Course
88

88 하와이 프린스 골프 클럽
Hawaii Prince Golf Clu

하와이 워터파크
Wet n Wild Hawaii Water Park

78 알로하타워
Aloha Tower

Mamaia Bay

Kalaeloa Airport

52 고든 비어쉬 브루어리
Gordon Biersch

74 스타 오브 호놀룰루
Star of Honolulu

74 알라이카이
Ali'I Kai Catamaran

74 나바텍
Navatek

85 혹등고래 런치 크루즈

N
0km 2km

Kaonohi
Playground
78 알로하타워 Aloha Tower
74 알라이카이 Ali'I Kai Catamaran
52 고든 비어쉬 브루어리 Gordon Biersch
74 나바텍 Navatek
74 스타 오브 호놀룰루 Star of Honolulu
85 혹등고래 런치 크루즈 Whale watching Cruise
East Loch
Halawa
Southeast Loch
Moanalua
30 빅 카후나 피자 Big Kahuna's Pizza
Honolulu Watershed Forest Reserve
Aliamanu- Salt Lakes- Foster Village
Hickam AFB
82 비숍 박물관 Bishop Museum
포 흐엉란 56 Pho Huong-lan
탄탈루스 드라이브 Tantalus Drive
호놀룰루 국제공항 Honolulu International Airport
57 레전드 씨푸드 Legend Seafood
카메하메하 베이커리 Kamehameha Bakery 46
릴리하 베이커리(니미츠 지점) 20 Liliha Bakery
다운타운 Downtown
20 릴리하 베이커리(칼리이 지점) Liliha Bakery
력(카후쿠 지점) imp Truck
폴리네시안 컬처럴 센터 Polynesian Cultural Center
코스트코 (다운타운 지점) 63 Costco
차이나타운 China Town
호놀룰루 Honolulu
78
알라 모아나 Ala Moana
와이키키 Waikiki
카할라 Kahala
마루카메 우동 (다운타운 지점) 23 Marukame Udon
카메하메하 동상 78 Kamehameha Statue
이올라니 궁전 Iolani Palace
다이아몬드 헤드 Diamond Head
다이아몬드 87 헤드 하이킹 Diamond Head Hiking
Punaluu
ula Forest erve
cred Falls ate Park
Kaaawa
Ahupua'a O Kahana State Park
Waikane
80 차이나맨스 햇 Chinaman's Hat
70 쿠알로아 목장 Kualoa Ranch
Waiahole Forest Reserve
Kahaluu
Ahuimanu
Heeia State Park
86 호오말루히아 보태니컬 가든 Hoomaluhia Botanical Garden
Marine Corps Air Station Kaneohe Bay
Heeia
Ewa Forest Reserve
55 프레시 캐치(카네오헤 지점) Fresh Catch
카네오헤 Kaneohe
Kaliua Bay
카일루아 Kailua
알로하 스타디움 Aloha Stadium
hi ound
애리조나 기념관 USS Arizona Memorial
Kawainui Swamp
Mid Pacific Country Club
wa
43 버비스(와이우아 지점) Bubbies
Koolau Golf Club
Maunawili
88 루아나 힐스 골프 코스 Luana Hills Golf Course
Moanalua
팔리 전망대 Nuuanu Pali Lookout
liamanu- alt Lakes- ter Village
Honolulu Watershed Forest Reserve
Waimanalo
Waimanalo Bay State Recreation Area
82 비숍 박물관 Bishop Museum
호놀룰루 국제공항 Honolulu International Airport
Liliha-Kapalama
탄탈루스 드라이브 Tantalus Drive
Waimanalo Beach
Kulliouou Forest Reserve
다운타운 Downtown
56 할레 베트남 Hale Vietnam
알라 모아나 Ala Moana
차이나타운 78 China Town
호놀룰루 Honolulu
78 카메하메하 동상 Kamehameha Statue
이올라니 궁전 Iolani Palace
와이키키 Waikiki
카할라 Kahala
다이아몬드 헤드 Diamond Head
87 다이아몬드 헤드 하이킹 Diamond Head Hiking
Waialae Country Club
68 홀 푸드 마켓 Whole Food
39 호쿠스 Hoku's
하와이 카이 Hawaii Kai
Kuapa Pond
오아후 이스트 Oahu East
60 지피스(코코마리나 지점) Zippy's Koko Marina
9 하나우마 베이 Hanauma Bay
다운타운 중심부 확대

Ala Moana Regional Park
Ala Moana State Recreation Area
Ala Moana Blvd
7 알라모아나 해변
와이키키
N
0 100m
Aia Wai Blvd
Aia Wai Blvd
Hobron Ln
Lipeepee St
Katoo Dr
Hotomoana St
Ala Moana Blvd
Mccullu St
Kalakaua Ave
Hawa Intern Col
36 치즈버거 인 파라다이스
Cheese Burger in Paradise
18 와일라나 커피하우스
Wailana Coffee House
Ala Moana Blvd
Ena Rd
Namahana St
Olohana St
Kalaim
16 구피 카페 앤 다인
Goopy Cafe & Dine
와이키키 게이트웨이 호텔
Waikiki Gateway Hotel 93
11 힐튼 하와이안 빌리지 라군
Hilton Hawaiian Village Lagoon
Hilton Lagoon
Ainahau Triangle
93 힐튼 하와이안 빌리지
Hilton Hawaiian Village
이야
익스
Iyasu
32 루스 크리스 스테이크 하우스
Ruth's Chris Steak House
빌즈 시드니
Bills Sydney
와이키키 중심부 혹대
Font Derussy Beach Park
Saratoga Rd
Beachwalk
17
Lewers St
Kalia Rd
Helumoa Rd
16 에그스 앤 띵스 (와이키키 지점)
Egg's N Things
51 라이벌스
Rivals
91 스파 퓨어
Spa Pure
50 하드 락 카페
Hardrock Cafe
93 아쿠아 아일랜드 콜로니
Aqua Island Colony
Ala Wai Blvd
64 DFS 갤러리아
DFS Galleria
Kalakaua Ave
Seaside Ave
Nohonani St
58 야미 코리안 바바큐 (와이키키 지점)
Yummy Korean BBQ
37 쇼어버드 레스토랑
Shore Bird Restaurant & Beach Bar
36 치즈버거 인 파라다이스
Cheese Burger in Paradise
63 로스 (와이키키 지점)
Ross
23 마루카메 우동
Marukame Udon
64
와이키키 비치워크 Beach Walk
Dukes Lnt
73 매직 오브 폴리네시아
Magic of Polynesia
65 푸드 팬트리
Food Pantry
Ala Wai Blvd
93 엠버시 스위트
Embassy Suites by Hilton
33 로이스(와이키키 지점)
Roy's
인터내셔널 마켓 플레이스
International Market Place
64
93 쉐라톤 프린세스 카이울라니
Sheraton Princess Kaiulani
Kaiulani Ave
Tusulala St
Cleghorn St
93 할레쿨라니 호텔
Halekulani Hotel
32 하우스 위드아웃 어 키
House Without a Key
듀크스
Duke's 49
47 호놀룰루 커피
Honolulu Coffee
58 탑트 Topped
93 쉐라톤 와이키키
Sheraton Waikiki
93 하얏트 리젠시 와이키키
Hyatt Regency Waikiki
Kuhio Ave
Liliuokalani Ave
6 와이키키 해변
Waikiki Beach Park
93
93 와이키키 리조트 호텔
Waikiki Resort Hotel
64 로얄 하와이안 센터
Royal Hawaiian Center
모아나 서프라이더 웨스틴 리조트 앤 스파
Moana Surfrider, A Westin Resort & Spa
Uluniu Ave
Koa Ave
18 맥 24/7
Mac 24/7
22 파이나 라나이
Paina Lanai
31 울프강 스테이크 하우스
Wolfgang's Steakhouse
48 모아나 서프라이더 비치바
Moana Surfrider Beach Bar
Kuhio Beach Park
애스톤
Aston 93
34 도라쿠 스시
Doraku Sushi
와이키키 비치 타워
Aston Waikiki Beach Tower
35 치즈케이크 팩토리
The Cheesecake Factory
47 아일랜드 빈티지 커피(와이키키 지점)
Island Vintage Coffee
36 치즈버거 인 파라다이스
Cheese Burger in Paradise
75 훌라 배우기
Hula
76 우쿨렐레 레슨
Ukulele
와이키키 비치 메리어트
Waikiki Beach Marriott 93
66 ABC 스토어
ABC Store
Paoakalani Ave
Kuhio Ave
Cartwright Rd

Nakookoo St
Coolidge St
Isenberg St
Hausten St
University Ave
Date St
Kamoku St
Kaaha St
Kuilei St
Prince Jonah Kuhio Elementary School
S King St
Kapiolani Blvd
Wauakae Ave
Lunalilo Fwy
(약 500m 위로) 프로스트 시티
43 Frost City
(약 500m 오른쪽으로) 지피스 카이무키 지점
60 Zippy's Kaimuki
1st Ave
Waialae Ave
Kapiolani Blvd
17 카페 카일라 Cafe Kaila
Kaimuki Ave
Kihei Pl
프레시 캐치 (카이무키 지점)
55 Fresh Catch
3rd Ave
Harding Ave
Lunalilo Fwy
University Ave
Mahiai St
Date St
Iolani School
Kaimuki Community Schol-Adult
Crane Playground
Laiatona Ave
Kapahulu Ave
42 레오나즈 베이커리 Leonard's Bakery
Charles St
Lincoln Ave
Hihiwai St
Olokele Ave
Lukepane Ave
Ekela Ave
Date St
Makaleka Ave
Oiu St
Mokihana St
Kaimuki Ave
Ala Wai Blvd
Aloha Dr
Manukai St
Kuhio Ave
16 헤븐리 Heavenly
Ala Wai Golf Course
Palani Ave
54 하일리스 Haili's
Hunter St
Willams St
Paliuli St
6th Ave
Nohonani St
Walina St
Kanekapolei St
Ala Wai Blvd
Mootheau Ave
Hoolulu St
29 아야스메 무수비 익스프레스 지점2 Iyasume Musubi
Tusitala St
Ala Wai Golf Course
Martha St
60 지피스(카파훌루 지점) Zippy's
Kuhio Ave
Cleghorn St
Herbert St
Castle St
이야스메 무수비
29 Iyasume Musubi
Kalakaua Ave
Koa Ave
Brokaw St
Catherine St
Kapahulu Ave
21 레인보우 드라이브 인 Rainbow Drive-In
Duval St
Liliuokalani Ave
Kealohilani Ave
Wat Nani Way
Ainakea Way
Kanaina Ave
Esther St
Winam Ave
Campbell Ave
Francis St
Ohua Ave
Paoakalani Ave
Cartwright Rd
Kuhio Rd
Hollinger St
George St
Hayden St
69 한스 히드만 서프 스쿨 Hans Hedemann Surf School
93 애스톤 와이키키 비치호텔 Aston Waikiki Beach Hotel
티키 그릴 & 바
53 Tiki's Grill & Bar
Kapahulu Ave
Paki Playground
Lakimau St
Hinano St
24 테디스 비거 버거 Teddy's Bogger Burger
Kaina St
Makini St
Paki Community Park
81 호놀룰루 동물원 Honolulu Zoo
Leahi Ave
Kaunoa St
Kalakaua Ave
Monsarrat Ave
Paki Ave
Kanaina Ave
Campbell Ave
Sans Souci State Recreational Park
Waikiki Shell
보가츠 카페 & 에스프레소 바
19 Bogart's Cafe & Espresso Bar
Kapiolani Park
Animation Art Gallery
81 와이키키 아쿠아리움 Waikiki Aquarium
Paki Ave
Kapiolani Regional Park

Emily St
Curtis St
Young St
S King St
알라모아나, 키아모쿠
Kawaiahao St
Waimanu St
Queen St
Alohi Wa
Iianiwai St
Kamani St
McKinley
High School
Pensacola St
Ahui St
Halekauwila St
Laulai Way
Kamani St
Ward Ave
Queen St
Kawaiahao St
Waimanu St
Kapiolani Blvd
Hoolai St
도라쿠 스시(카카아코 지점)
34 Doraku Sush
Kamaile St
디앤비
52 Dave & Buster's
Auahi St
Kamakee St
Kapiolani Blvd
Hopaka St
푸켓 타이
59 Phuket Thai
Ward Ave
Waimanu St
Kona St
Queen St
16
도원
58 Do Won
에그스 앤 띵스
(알라모아나 지점
Egg's N Thing
Piikoi St
노드스트롬 랙
63 Nordstrom Rack
야간 상어낚시
71 Sashimi Fun Fishing
티제이 맥스
T. J. Maxx
Ala
Ala Moana Blvd
Ala Moana Park Dr
알라 모아나 해변
7 Ala Moana Beach Park

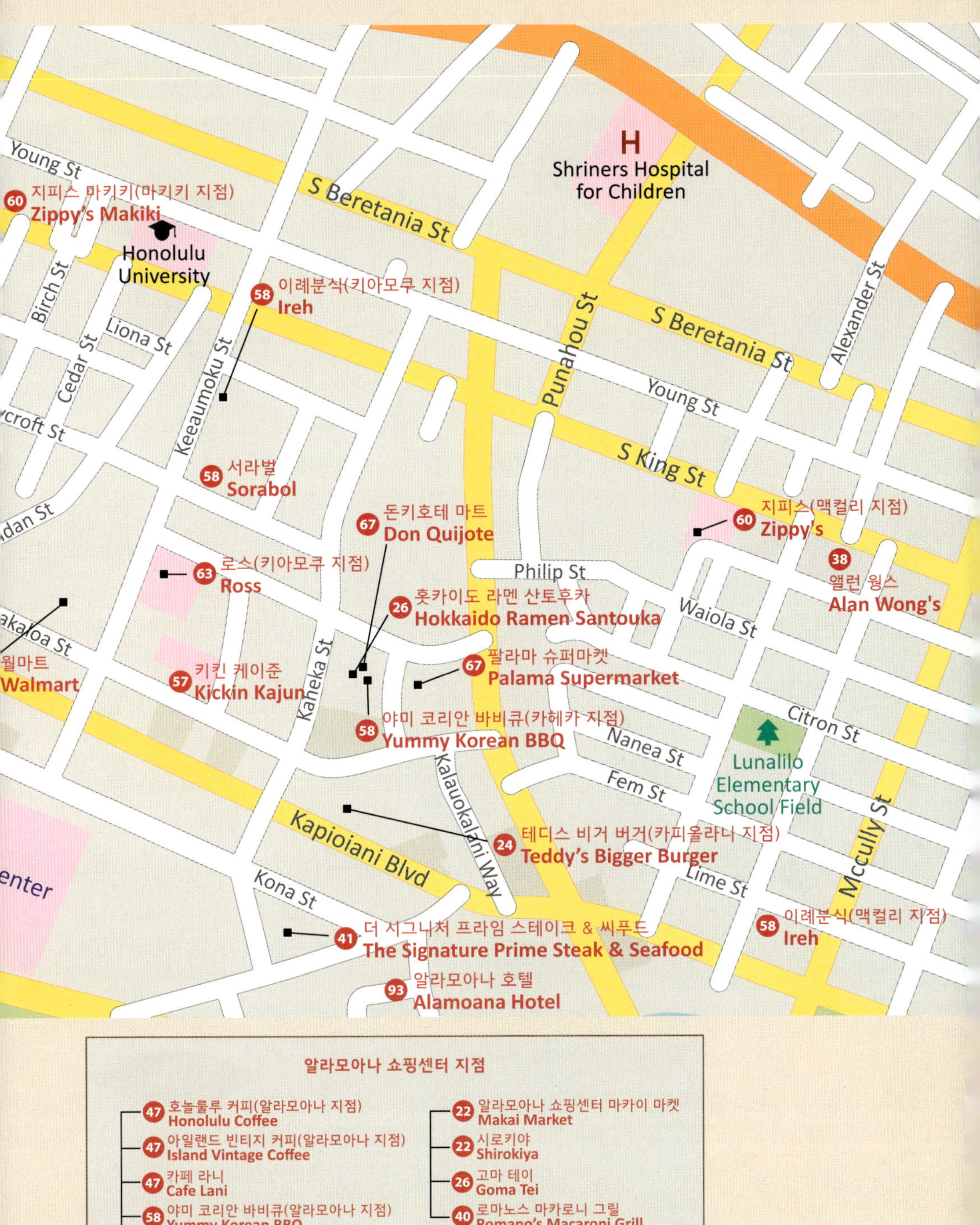

Young St
S Beretania St
S Beretania St
Shriners Hospital for Children
Birch St
Liona St
Cedar St
Keeaumoku St
ycroft St
dan St
akaloa St
Punahou St
Alexander St
Young St
S King St
Waiola St
Philip St
Mccully St
Citron St
Nanea St
Fem St
Lime St
Kaheka St
Kalauokalahi Way
Kapioiani Blvd
Kona St
Center
월마트
Walmart
60 지피스 마키키(마키키 지점)
Zippy's Makiki
Honolulu University
58 이례분식(키아모쿠 지점)
Ireh
58 서라벌
Sorabol
67 돈키호테 마트
Don Quijote
63 로스(키아모쿠 지점)
Ross
26 홋카이도 라멘 산토후카
Hokkaido Ramen Santouka
67 팔라마 슈퍼마켓
Palama Supermarket
57 키킨 케이준
Kickin Kajun
58 야미 코리안 바비큐(카헤카 지점)
Yummy Korean BBQ
60 지피스(맥컬리 지점)
Zippy's
38 앨런 윙스
Alan Wong's
Lunalilo Elementary School Field
24 테디스 비거 버거(카피올라니 지점)
Teddy's Bigger Burger
58 이례분식(맥컬리 지점)
Ireh
41 더 시그니처 프라임 스테이크 & 씨푸드
The Signature Prime Steak & Seafood
93 알라모아나 호텔
Alamoana Hotel

알라모아나 쇼핑센터 지점
47 호놀룰루 커피(알라모아나 지점)
Honolulu Coffee
47 아일랜드 빈티지 커피(알라모아나 지점)
Island Vintage Coffee
47 카페 라니
Cafe Lani
58 야미 코리안 바비큐(알라모아나 지점)
Yummy Korean BBQ
61 알라모아나 쇼핑센터
Ala Moana Shopping Center
22 알라모아나 쇼핑센터 마카이 마켓
Makai Market
22 시로키야
Shirokiya
26 고마 테이
Goma Tei
40 로마노스 마카로니 그릴
Romano's Macaroni Grill

Kuliouou Forest Reserve
와이마날로 해변 79 Waimanalo Beach
씨라이프 파크 83 Sea Life Park
79 마카푸 룩 아웃 Makapuu Lookout
Kalama Iki Neighborhood Park
Skate Board Park
Kalama Valley Park
마카푸 포인트 Makapu Point
Kuli'Ou'Ou Park
Hawaii Kai Recreation Center
Kamiloi ki Elementary School
코스트코 (하와이 카이 지점) 63 Costco
오아후 이스트
Kuapa Pond
Koko Crater Botanical Gardens
Kalanianaole Hwy
12 샌디 해변 Sandy Beach
Paiko Lagoon
로이스 33 (하와이 카이 지점) Roy's
69 Bob's 하와이 어드벤처 Bob's Hawaii Adventure
79 할로나 블로우 홀 Halona Blow Hole
43 버비스 Bubbies
79 한국 지도 마을 Marina Ridge
차이나 월스 15 China Walls
9 하나우마 베이 Hanauma Bay
Lunaliio Home Rd
N
0 1km

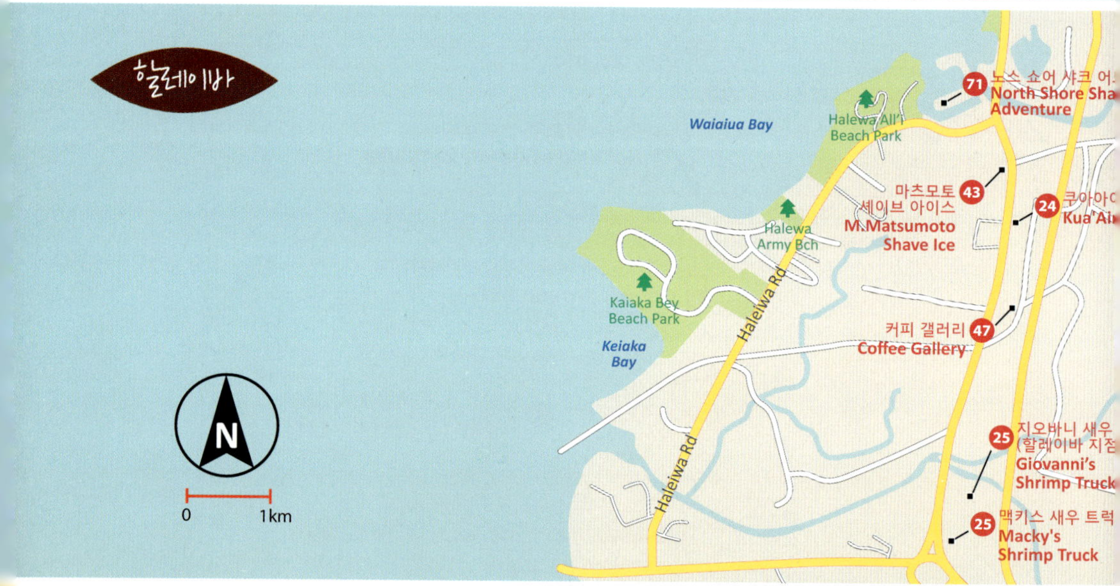

할레이바
71 노스 쇼어 샤크 어드벤처 North Shore Shark Adventure
Waiaiua Bay
Halewa Ali'i Beach Park
마츠모토 셰이브 아이스 43 M.Matsumoto Shave Ice
24 쿠아아이 Kua'Ai
Halewa Army Bch
Kaiaka Bey Beach Park
Keiaka Bay
Haleiwa Rd
커피 갤러리 47 Coffee Gallery
25 지오바니 새우 (할레이바 지점) Giovanni's Shrimp Truck
25 맥키스 새우 트럭 Macky's Shrimp Truck
N
0 1km

8 카일루아 해변 Kailua Beach
카일루아
Oneawa St
60 지피스 카일루아(카일루아 지점) Zippy's Kailua
Kailua District Park
14 라니카이 해변 Lanikai Beach Park
Pohakupu Park
모크스 브래드 & 베이커리 17 Moke's Bread & Breakfast
Kawainui Swamp
68 홀푸드 (카일루아 지점) Whole Food
Hamakua Dr
Kailua Rd
Keolu Dr
Ka'elepulu Pond
라니카이 필박스 트레일 Lanikai Pillboxes
Aalaoapa Dr
14 마우이 마이크스 파이어 로스트 치킨 Maui Mike's Fire-roasted Chicken
N
0 500m

Part 3
하와이
해변에
반하다

Section 01
세계인에게 사랑받는
하와이 해변

6 *Waikiki Beach*

도심 한가운데서 즐기는 태평양

와이키키 해변

하와이를 생각하면 가장 먼저 떠오르는 곳 중 하나인 와이키키 해변은 오아후 섬 남쪽에 있다. 하와이어로 '용솟음 치는 샘물'이란 뜻인 와이키키는 섬의 내륙과는 달리 물이 풍부해 19세기경 하와이 왕족들이 지금의 서핑과 비슷한 롱보드를 즐기기 위해 자주 찾았다고 한다. 총 길이가 500여 미터에 달하며 여러 개의 작은 해변들로 나누어져 있지만 보통 이 일대의 모든 해변을 포괄적으로 와이키키 해변이라 부른다.

와이키키 해변은 수면 아래 바위가 많아 파도가 높은 편이며, 그 때문에 서핑을 즐기기 위해 모여든 관광객들로 항상 붐빈다. 인근에 설치된 인공 방파제 덕분에 바닷가에서는 파도의 방해 없이 안전하게 물놀이를 즐길 수 있어 아이들을 동반한 가족 여행객들에게도 인기가 많은 곳이다.

아름다운 바다와 더불어 와이키키 해변이 유명한 이유는 최적의 위치와 해변 접근성 때문이다. 대부분의 유명 호텔들이 와이키키 해변을 중심으로 자리 잡고 있기 때문에 해변으로의 접근이 용이하다.

와이키키 해변의 또 다른 특징은 해변을 중심으로 명품 샵들을 비롯한 각종 유명 매장과 식당들이 들어서 있어 해수욕 뿐만 아니라 쇼핑, 식사와 같이 여행 중 필요한 모든 것을 한 곳에서 즐길 수 있다는 점이다. 낮에는 뜨거운 햇살 아래 해수욕과 일광욕

을 즐기고, 선선한 오후에는 해변을 따라 들어선 상점에서 쇼핑을 즐기며 저녁에는 해안가 식당에서 바다 위 석양과 달빛을 감상하며 고급스런 저녁 식사를 즐길 수 있는 곳, 바로 하와이의 중심지이자 세계적인 휴양지 와이키키 해변이다.

여행 TIP

- 입장(무료), 공중화장실(유), 야외샤워장(유), 매점(유), 안전요원(유)
- 해변 근처 카피올라니 공원과 동물원에 유료 주차가 가능하다. ($1/1h) 코인 주차는 지폐 이용이 어려우므로 25센트 동전을 준비하자.
- 서핑보드 렌탈과 서핑 레슨이 가능하다.(유료)
- 저녁시간 와이키키 해변에서는 아름다운 노을을 볼 수 있다.
- 매주 금요일 저녁 7시 45분부터 약 10분간 와이키키 하늘을 화려하게 수 놓는 불꽃놀이도 감상해보자. (불꽃놀이는 힐튼 하와이안 빌리지에서 진행)
- 해변 근처에는 많은 맛집들이 있어 이용이 편리하다.

좋아요	언제든지 편하게 방문할 수 있다.
아쉬워요	많은 관광객으로 인해 다소 복잡하다.
추천	신혼/친구/아이와/가족/홀로

주소	Waikiki Beach Honolulu, HI 96815

1일 투어 코스

스팸 무수비 테이크아웃 (29) → 와이키키 해변 물놀이 → 와이키키 동물원 (81) → 저녁은 와이키키 치즈케이크 (35)

7
Ala Moana Beach

가족과 연인을 위한 조용한 휴식지
알라모아나 해변

알라모아나 해변은 세계적으로 유명한 알라모아나 쇼핑센터 바로 앞에 있으며 다운타운 중심에서 가까워 관광객은 물론 현지 주민들에게도 사랑받는 해변이

다. 일명 '매직 아일랜드'라고 불리는 이 해변의 가장 큰 특징은 가족 중심의 바다 공원이라는 점이다. 이곳은 수심이 낮고 파도가 잔잔해 어린 아이들이 물놀이를 하기에 안전하고 넓은 잔디밭과 나무 그늘이 많아 바비큐를 즐기기에도 안성맞춤이다.

넓은 무료 주차 공간까지 확보하고 있어 편리하며, 비치 파크인 만큼 해변과 잔디밭으로의 접근도 쉽다. 이러한 이유로 주중은 물론 주말이면 물놀이와

바비큐를 즐기기 위한 가족 단위의 방문객들로 늘 북적인다.

오아후 섬 내 주민들에게 사랑받는 대표적인 공원답게 알라모아나 해변에서는 각종 크고 작은 행사가 자주 열린다. 현지 가수의 콘서트나 중·고등학생 축구 대회, 단체 카누 대회와 같은 큰 규모의 행사는 물론 어린아이들 생일 파티나 가족 모임과 같이 개인적인 행사들도 일년 내내 꾸준히 열린다. 또한,

매년 7월 4일 독립기념일과 1월 1일 새해 첫날(혹은 12월 31일 12시)에는 대규모 불꽃놀이가 화려하게 펼쳐지는데 쇼를 보기 위해 몰려든 인파로 인산인해를 이룬다. 최근에는 일본이나 한국에서 많은 사람들이 웨딩 촬영을 위해 알라모아나 해변을 찾기도 한다.

- 주차공간이 넓긴 하나 큰 행사가 있을 경우 주차공간이 부족할 수 있다.
- 잔디밭 위에 몇 개의 테이블이 배치되어 있어 피크닉이나 바비큐 파티를 즐기기에 좋다.
- 해질 무렵이면 알라모아나 해변에서는 아름다운 노을을 볼 수 있다.
- 커플 스냅사진이나 결혼사진 장소로 인기가 많다.

좋아요	넓은 잔디밭과 아름다운 해변으로 바비큐 파티를 즐기기에 좋다.
아쉬워요	주말은 하와이 현지인들로 주중보다 더 붐비는 편이다.
추천	신혼/친구/아이와/가족/홀로
주소	1201 Ala Moana Blvd. Honolulu, HI 96814 (와이키키에서 도보 15분, 알라모아나 쇼핑센터 바로 앞)

1일 투어 코스

와일라나 커피 하우스 브런치 (18) → 알라모아나 비치 파크 물놀이 → 점심은 알라모아나 쇼핑센터 내 푸드코트 시로키야 (22) → 휴식 후 저녁은 하와이 스타일바 듀크스 (49)

8 *Kailua Beach*

찍기만 하면 작품이 되는 천국의 해변 **카일루아 해변**

와이키키에서 동쪽 방향, 차로 약 45분 거리에 있는 카일루아 타운을 지나 해변 쪽으로 조금 더 들어가면 카일루아 해변을 만날 수 있다. 에메랄드빛의 눈부시게 아름다운 카일루아 해변은 미국에서 가장 아름다운 해변 중 하나로 선정된 바 있으며, 오바마 대통령의 별장이 있는 곳으로도 유명하다. 조금은 복잡한 와이키키 해변과 달리 한적한 카일루아 해변은 편안히 자연 속에서 휴식을 원하는 사람들에게 그야말로 천국의 해변이다.

카일루아 해변은 강한 바람으로 인해 파도가 높은 편이라 스노클링보다는 카누, 카약, 윈드 서핑 등 파도를 타고 즐길 수 있는 해양스포츠가 적합하다. 그 중에서 특히 초보자도 쉽게 즐길 수 있는 카약이 인기가 많은데, 해변 주위에 카약 대여점들이 즐비해 있어 어렵지 않게 카약을 빌릴 수 있다. 실제로 카약만을 하기 위해 이곳을 방문하는 사람도 많을 정도로 카일루아 해변에서 즐기는 카약은 참으로 인기가 많다.

카일루아 해변은 취사가 허용되어 넓고 깨끗한 잔디밭에서 가족이나 친구들과 함께 여유로운 시간을 보낼 수 있는 곳이다. 아이들은 수영을 하며 즐거운 시간을 보내고 어른들은 고기를 구우며 도란도란 얘기하는 모습이 이곳에서 쉽게 볼 수 있는 주말 풍경이다.

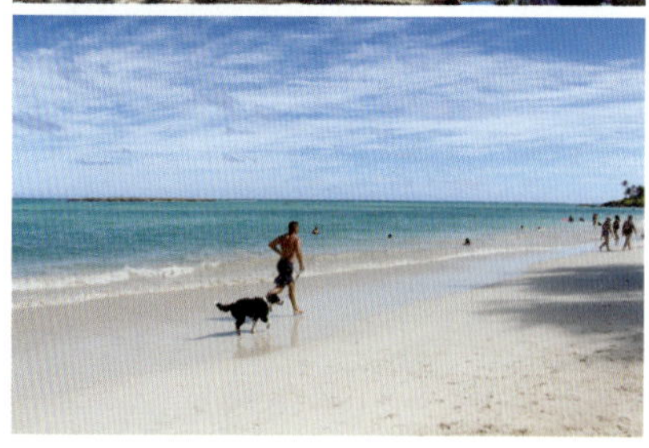

여행 TIP

- 입장(무료), 주차(무료), 공중화장실(유), 야외샤워장(유), 매점(무), 안전요원(유)
- 고운 모래밭을 맨발로 산책해보자. 기분까지 상쾌해진다.
- 맛집이 즐비해 있는 카일루아 타운에서 점심을 테이크아웃해 해변에 앉아 멋진 점심시간을 가져보자.
- 바람이 많이 부는 날에는 파도가 높아 카약을 처음 경험하는 초보자에게는 다소 어려울 수 있다.
- 잔디밭 위에 몇 개의 테이블이 있어 피크닉이나 바비큐 파티를 즐기기에 좋다.
- 매년 6월부터 9월 사이는 해파리의 공격을 받을 수 있으니 해변의 안내 게시판에 따라 주의해야 한다.

좋아요　　에메랄드빛의 아름다운 해변에서 카약을 즐기기 좋다.

아쉬워요　바람이 좀 거세다.

추천　　　신혼/친구와/아이와/가족/홀로

개장시간　05:00~22:00

주소　　　526 Kawailoa Rd. Kailua Honolulu, HI 96734
（와이키키에서 차로 약 30분 소요）

1일 투어 코스

브런치 에그스 앤 띵스 (16) → 홀 푸드 카일루아 쇼핑 및 점심 테이크아웃 (68) → 카일루아 비치 → 저녁은 와이키키 치즈케이크 팩토리 (35)

Section 02
스노클링이 유명한
해변

9
Hanauma Bay

하와이 열대어들과의 만남
하나우마 베이

하와이 여행의 즐거움 중 빼놓을 수 없는 것이 바로 해양스포츠이다. 그중에서도 푸른 바닷속을 직접 눈으로 보며 수영을 즐기는 스노클링은 특별한 장비나 사전 교육없이 남녀노소 누구나 즐길 수 있어 인기가 좋다. 바닷물이 맑기로 유명한 하와이 해변 중 스노클링으로 유명한 해변이 여러 곳 있는데, 그 중 으뜸은 하나우마 베이이다.

하와이 말로 '굽은 형상'을 뜻하는 하나우마 베이는 원래 화산 분화구였는데 침식작용으로 인해 한쪽 면으로 바닷물이 들어옴으로써 지금과 같은 말굽형상의 해변이 되었다. 이러한 하나우마 베이만의 독특한 자연환경이 이곳을 스노클링의 천국으로 만들었다.

과거 분화구였던 지형이 지금은 파도를 막아주는 방파제 역할을 하며, 파도를 항상 스노클링하기에 적당한 수준으로 유지해주고 과거 화산활동으로 형성된 지형이 바닷속에 잠겨 현재는 산호초를 형성했으며 이는 다시 많은 열대어에게 서식지를 제공하고 있다. 이러한 천혜의 자연환경 덕분에 먼 바다까지 수영해 나가지 않더라도 얕은 수심에서 알록달록 예쁜 열대어들을 많이 관찰할 수 있다. 또한, 하나우마 베이에서는 바다거북을 종종 만나는 행운도 누릴 수 있다. 그 옛날 하와이 왕족들의 휴양지였던 하나우마 베이는 하와이에서 꼭 가봐야 할 관광명소로 자리 잡고 있다.

입장료　1인 $7.50 (만12세 이하는 무료)

개장시간　06:00~19:00
(매주 화요일은 휴무, 시즌에 따라 개장시간이 변동될 수 있다.)

주소　7455 Kalanianaole Hwy. Southeast
(와이키키에서 차로 약 25분 소요)

전화번호　(808) 396-4229

주차　주차비 $1

1일 투어 코스

스팸 무수비 테이크아웃 (29) → 하나우마 베이 → 씨 라이프 파크 (83) → 하루의 피로는 하와이 로미로미 마사지로 마무리 (91)

- 입장권을 구입하고 이용 전 주의사항 비디오를 시청해야 한다. (소요시간 약 20분)
- 스노클링 장비는 유료로 대여 가능하며 개인 장비를 지참할 수도 있다.
- 오후 시간대보다 비교적 오전 시간대에 열대어를 많이 볼 수 있다.
- 08:00~12:00 시간대에는 주차장이 만차인 경우가 있으니 되도록 일찍 서두르는 게 좋다.
- 200미터 가량의 언덕을 내려가야 해변에 도달할 수 있으니 짐은 간단히 준비하자.
- 비디오 관람 후 입구에서 해변까지 유료 트램을 이용할 수 있다. (1인 편도 1달러 내외)
- 매표소 근처에 작은 스낵바가 마련되어 있어 음료 외 샌드위치 등 간단한 한 끼 해결이 가능하다. 단 가격은 좀 비싼 편이니 테이크아웃 도시락을 준비하는 것도 좋다.
- 야외 샤워시설이 마련되어 있어 간단한 샤워는 가능하다.

좋아요　오아후에서 스노클링으로 가장 유명한 곳으로 날씨가 좋으면 바다거북을 볼 수 있다.

아쉬워요　항상 관광객들이 붐벼 주차가 어려우며 환경 보호 지정 구역으로 입장 인원수를 제한하고 있어 입장 대기시간이 길 수 있다.

추천　신혼/친구/아이와/가족/홀로

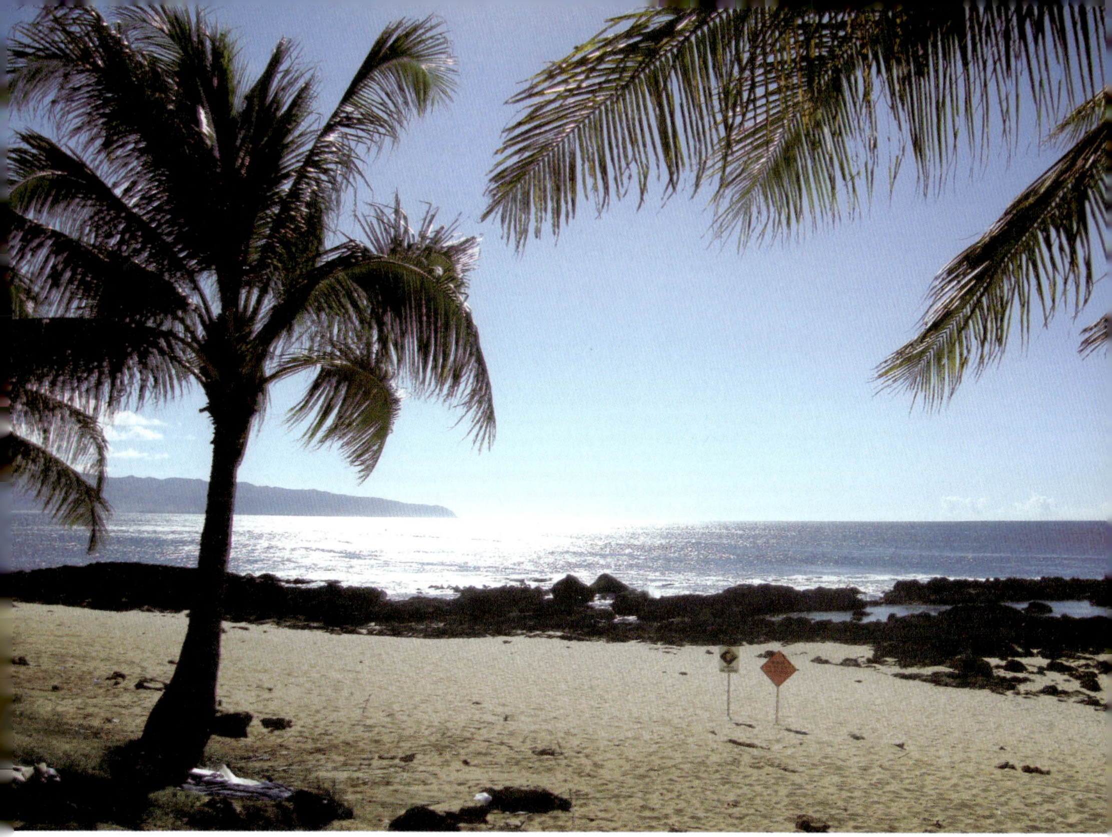

10 Shark's Cove Beach

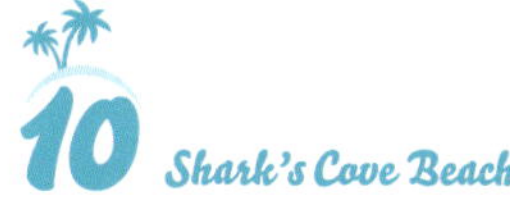

다양한 물고기들과의 만남 **샥스코브 해변**

오아후 섬의 북쪽 노스 쇼어(North Shore) 지역의 해안도로를 따라 드라이브를 하다 보면 눈부시게 아름다운 해변을 많이 만날 수 있다. 그 중 샥스코브는 물이 맑고 깨끗해 스노클링을 즐기기에 적합한 조건의 해변으로 많은 하와이 주민들이 주말에 들러 가족이나 친구들과 함께 시간을 보내는 곳이다.

샥스코브는 직역하면 '상어 만'이란 뜻이어서 혹시나 상어가 출몰하는 해변이 아닌지 의문을 갖지만, 사실 이 명칭은 파도를 막고 있는 바위 틈 사이로 물이

흐르는 모습이 상어와 닮았다 하여 붙여진 이름이다.

샥스코브는 파도가 잔잔하며 수심이 얕고 바닷물이 따뜻해 하나우마 베이와 더불어 오아후 내에서도 스노클링 하기 좋은 해변으로 유명하다. 파도가 잔잔하고 수심이 얕은 이유는 해변 자체가 크고 작은 바위들로 둘러 싸여져 있어 큰 파도를 막아주기 때문이다. 또 물살의 이동이 심하지 않아 항상 일정 수준의 온도를 유지하기 때문에 바닷물이 따뜻하다.

샥스코브 해변은 스노클링을 처음 경험하는 사람들이나 수영에 능숙하지 않은 사람들도 쉽게 스노클링을 즐길 수 있으며, 무엇보다 어린아이들이 안전하게 물놀이를 할 수 있다.

또 바닷물이 굉장히 투명하고 맑아 스노클링 장비 없이도 물 위에서 열대어들을 쉽게 볼 수 있다. 떼를 지어 다니는 은빛의 물고기들과 노란색을 띠는 귀엽고 앙증맞은 열대어도 자주 만날 수 있다. 흔한 경우는 아니지만 샥스코브에서도 가끔 바다거북을 만날 수 있다. 와이키키에서 차로 약 1시간 30분 정도 떨어진 비교적 먼 거리에 있지만 오아후 섬 1일 투어 중 잠깐 쉬면서 물놀이를 할 수 있는 중간 지점으로 선택하기에는 샥스코브가 제격이다.

여행 TIP

- 입장(무료), 주차(무료), 공중화장실(유), 야외샤워장(유), 매점(무), 안전요원(무)
- 해변 바로 건너편에 하와이 현지 음식을 판매하는 작은 스낵바와 큰 마트가 있다.
- 주차장이 비교적 넓은 편이다.
- 준비물(수중카메라, 수영복, 스노클링 장비, 미니 돗자리, 선크림, 선글라스, 모자)

좋아요	파도가 잔잔하고 바닷물이 깨끗해 스노클링을 하기 적합하다.
아쉬워요	안전요원이 없다.
추천	신혼/친구/아이와/가족/홀로
주소	59-712 Kamehameha Hwy. Haleiwa, HI 96712

1일 투어 코스

해안도로 드라이브 (79) → 샥스코브 → 할레이바 타운 구경 및 새우 트럭 (25) → 돌 플랜테이션 관광 (84)

Hilton Hawaiian Village Lagoon Beach / Ko Olina Beach

자녀들과 스노클링 하기 좋은 **하와이의 라군들**

힐튼 하와이안 빌리지 라군

Hilton Hawaiian Village Lagoon Beach

힐튼 하와이안 빌리지 내의 여러 호텔 중 하나인 레인보우 타워 바로 뒤편에 자리 잡고 있는 '라군'은 바닷물을 끌어와 돌담으로 막은 후 주변에 모래사장을 만들어 호텔에 머무는 손님들이 안전하게 물놀이를 즐길 수 있도록 만든 아름다운 인공 해변이다.

바다와 분리되어 있기 때문에 파도가 없이 잔잔하며 수심도 얕아 부담 없이 수영을 즐기려는 이들에게 인기가 많은 장소이다. 특히 어린아이들을 동반한 가족들이 편안하고 안전하게 물놀이를

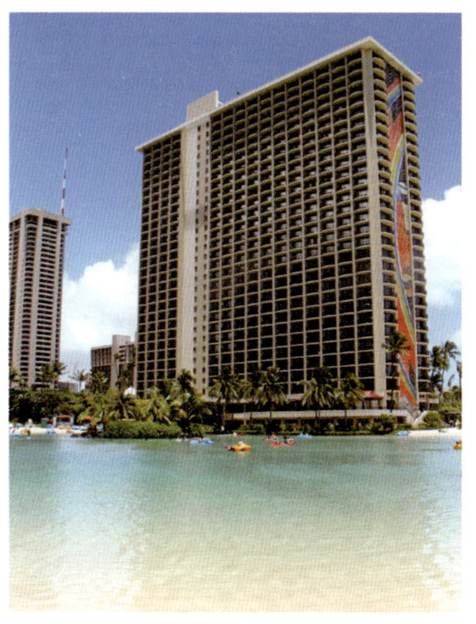

즐기기에 좋다.

라군에서 즐길 수 있는 대표적인 액티비티로는 스노클링과 스탠드업 서핑보드이다. 수심이 낮고 조류의 흐름이 약한 인공 해변이기 때문에 비록 알록달록한 열대어들을 볼 수는 없지만 라군 생성 과정 바다에서 유입된 작은 물고기들이 떼를 지어 다니므로 어린 아이들이 스노클링을 하기에는 충분히 신나는 곳이다. 파도가 거의 없기 때문에 커다란 서핑보드 위에 중심을 잡고 서서 노를 저어가며 물살을 즐기는 스탠드업 서핑보드를 타기에도 제격이다.

라군 한쪽에 따로 마련되어 있는 안내 데스크에서 스노클링 장비와 스탠드업 서핑보드를 유료로 대여해주며 그 밖에 비치 우산과 비치 의자 같은 용품들도 대여 가능하다.

여행 TIP

- 입장(무료), 주차(코인 파킹), 공중화장실(유), 매점(유), 안전요원(무)
- 해변 주위에 넓은 잔디밭이 있어 조용하고 여유롭다.
- 야외 샤워실은 힐튼에 머무는 투숙객만 이용 가능하다. (입구 키 요청)

좋아요	파도가 잔잔하고 물이 맑아 어린아이들의 물놀이 장소로 최적이다.
아쉬워요	파도를 즐기는 액티비티를 할 수 없다.
추천	신혼/친구/아이와/가족/홀로
주소	2005 Kalia Rd, Honolulu, Oahu, HI 96815-1917

1일 투어 코스

브런치 구피 카페 앤 다인 (16) → 힐튼 하와이안 라군에서 여유로운 한나절 → 알라모아나 센터 쇼핑 (61)

코올리나 해변 Ko Olina Beach

와이키키에서 H1 고속도로를 타고 와이켈레 아울렛을 지나 조금 더 서쪽으로 달리면 메리어트 코올리나 비치 클

럽(Marriott's Ko Olina Beach Club)에 도착한다. 메리어트 코올리나 비치 클럽 안쪽에 위치한 코올리나 해변은 호텔에 머무는 투숙객이 아니어도 누구나 입장이 가능하다. 드라마 〈신이라 불리운 사나이〉의 촬영지로도 잘 알려진 깨끗하고 조용한 해변이다. 총 4개의 라군으로 이루어진 코올리나 해변은 사람들이 붐비는 와이키키 해변과는 달리 한가롭고 여유로운 분위기에서 편안하게 휴식을 즐기고 싶은 이들에게 특히 인기가 많다.

코올리나 해변의 특징은 수면으로 솟은 크고 작은 바위들과 인공 방파제 덕분에 파도가 거의 없으며 바닷물이 맑고 따뜻해 스노클링을 즐기기에 적합하다는 점이다. 스노클링 장비를 착용하고 20미터 정도 나가다 보면 알록달록한 예쁜 열대어들을 많이 볼 수 있다. 해변이 깨끗하고 안전해 어린 자녀와 함께

즐거운 물놀이 시간을 가질 수 있으며,
연인이나 친구들과 함께 모래밭에 누워
선탠을 즐기기에도 좋다.

여행 TIP

- 입장(무료), 주차(유료), 공중화장실(유), 야외샤
  워장(유), 매점(무), 안전요원(무)
- 총 4개의 라군으로 이루어져 있으며 라군마다
  소규모 주차공간을 보유하고 있다. 하지만 항
  상 주차공간이 부족해 대기 시간을 충분히 감
  안해야 한다.
- 와이켈레 아울렛에서 차로 약 15분 소요되는
  거리에 있어 같은 날 코올리나 해변 방문 후 쇼
  핑을 하는 스케줄이 가능하다.
- 메리어트 코올리나 비치 클럽 입장 시 정문 안
  내원에게 코올리나 비치 방문이라고 말하면
  된다.
- 서쪽에 위치해 있어 노을을 감상하기 좋은 해
  변이다.

좋아요	한적하고 여유로운 분위기의 해변으로 파도가 잔잔해 안전하게 스노클링을 즐길 수 있다.
아쉬워요	와이키키에서 비교적 먼 거리에 있어 대중교통으로 이동이 어렵다.
추천	신혼/친구/아이와/가족/홀로

주소	92-106 Waialii Place, Kapolei (와이키키에서 차로 약 45분 소요)
전화번호	(808) 469-3584

1일 투어 코스
코올리나 라군 → 와이켈레 아울렛 쇼핑 (62)

Section 03
백만불짜리
하와이 해변

12 *Sandy Beach*

부기보드로 유명한 **샌디 해변**

하나우마 베이를 지나 동쪽으로 약 5분
간 운전해 가다 보면 넓은 백사장에 파도
가 높은 샌디 해변을 만나게 된다. 샌디
해변은 그 이름에서 알 수 있듯이 백사장
의 모래가 곱고 길이가 긴 것으로 유명한
곳이다. 하와이의 여러 유명 해변들 중에

서도 손꼽힐 정도로 모래가 고와 맨발로
백사장을 걷거나 모래 위에 누워 일광욕
을 즐기는 사람이 많은 곳이다.
넓고 고운 백사장만큼이나 샌디 해변을
유명하게 만드는 것이 바로 부기보드이
다. 사람 키 만한 보드 위에 서서 파도를

즐기는 서핑과 달리 부기보드는 어른 상반신 크기의 작은 보드 위에 누워서 파도를 즐기는 해양스포츠로 서핑에 비해 가격이 저렴할 뿐만 아니라 배우기도 쉬워 특히 청소년들에게 인기가 많다.

샌디 해변이 부기보더들에게 사랑받는 이유는 강한 바람과 높은 파도, 거기에 파도가 해안과 비교적 가까운 곳에서 일기 때문에 먼 바다까지 나갈 필요가 없다는 점이다. 부기보드는 바다 먼 곳에서 시작하여 해안 쪽으로 파도를 타고 들어오는 서핑과 달리 백사장과 가까운 곳에서 이는 파도를 짧고 빠르게 탈 때 그 재미를 제대로 느낄 수 있는 해양스포츠이다. 초보자들이 샌디 해변에서 부기보드를 즐길 때 유의할 점이 하나 있는데, 바로 쇼어브레이크(Shorebreak)이다. 쇼어브레이크란 높은 파도가 백사장 부근에서 갑자기 부서지는 현상으로 자칫 이 안에 갇히게 되면 부서지는 파도의 힘에 의해 심각한 골절상을 입을 수 있으므로 초보자들은 유의해야 한다.

- 입장(무료), 주차(무료), 공중화장실(유), 야외샤워장(유), 매점(무), 안전요원(유)
- 스노클링보다는 파도를 타고 놀 수 있는 부기보드와 서핑을 추천한다.
- 파도가 높은 날에는 안전을 위해 수영을 삼가는 것이 좋다.

좋아요	파도가 높아 부기보드를 즐기기에 최적의 장소이다.
아쉬워요	어린아이들은 물놀이를 삼가는 것이 좋다.
추천	신혼/친구/가족/홀로
주소	Sandy Beach Park, 8801 Kalanianaole Hwy. Honolulu, HI

1일 투어 코스
샌디 해변 → 라니카이 해변 (14) → 카일루아 비치 사진 촬영 (8) → 홀 푸드 마켓 카일루아 지점 구경 (68) → 저녁은 와이키키 매직 디너쇼 (73)

13 *Waimea Bay*

수면 위로 솟은 바위에서 점프!

와이메아 베이

오아후 섬 북쪽의 노스 쇼어 지역에서 호놀룰루 방면으로 해안도로를 따라 가다 보면 어느 순간 확 트인 모래사장과 햇빛에 반사되어 유난히 반짝거리는 멋

진 해변과 마주치게 되는데, 이곳이 바로 와이메아 베이다. 노스 쇼어의 많은 해변들 중에서도 가장 아름다운 곳 중 하나로 꼽히는 와이메아 베이는 1년 내내 일정한 모습을 보이는 오아후 섬 내의 다른 해변들과 달리 여름과 겨울, 시즌에 따라 그 모습이 확연히 달라지는 독특한 해변이다. 가령 5월부터 9월까지 계속되는 여름에는 파도가 잔잔하고 물이 따뜻해 수영하기에 적합하며 물속

이 깨끗하여 스노클링을 하기에 좋다. 이 기간 중에는 햇살도 무척 따뜻하여 넓은 백사장에서 일광욕을 즐기기에도 좋다.

반면 10월부터 2월까지 지속되는 겨울에는 여름과 달리 바람이 강하게 불어 파도가 굉장히 높아진다. 이 기간에는 해변 곳곳에 빨간색 깃발이 꽂혀 있는 걸 자주 볼 수 있는데, 이는 파도가 높아 위험하니 수영을 자제하라는 의미의 경고 깃발이다. 파도가 높기 때문에 겨울에는 인적이 드물 것이라는 예상과 달리 여름 못지 않게 많은 인파들로 북적이는데, 이는 높은 파도와 강한 바람을 즐기기 위해 세계 각국에서 모여든 서핑객들 때문이다.

계절마다 다른 바다 상태와 더불어 와이메아 베이를 유명하게 만드는 것은 바로 '점프 락(Jump Rock)'이다. 점프 락이란 해변 왼편에 자리 잡은 돌기둥을 일컫는 말로 사람들이 이곳에서 바닷속으로 점프를 하면서 붙여진 말이다. 이 돌기둥의 높이는 약 10미터 정도로 하와이에서 잊지 못할 추억을 만들고 싶다면 한 번쯤 도전해 볼 만하다.

- 입장(무료), 주차(무료), 공중화장실(유), 야외샤워장(유), 매점(무)
- 많은 방문객들로 항상 주차공간이 부족하며 길 건너 편에 유료 주차시설이 있다. ($5 내외)
- 그늘진 곳이 많지 않고 모래사장이 넓어 선크림, 선글라스, 비치 우산을 따로 준비하는 것이 좋다.

좋아요	맑은 바닷물과 트인 전망이 아름다운 곳이다.
아쉬워요	뜨겁고 넓은 모래사장으로 이동거리가 멀다.
추천	신혼/친구/가족/홀로

주소	Waimea Bay, Pupukea (와이키키에서 차로 약 1시간 소요)

1일 투어 코스

하와이 다운타운 (78) → 와이메아 베이 → 폴리네시안 컬처럴 센터 (72) 문화체험 및 쇼 관람

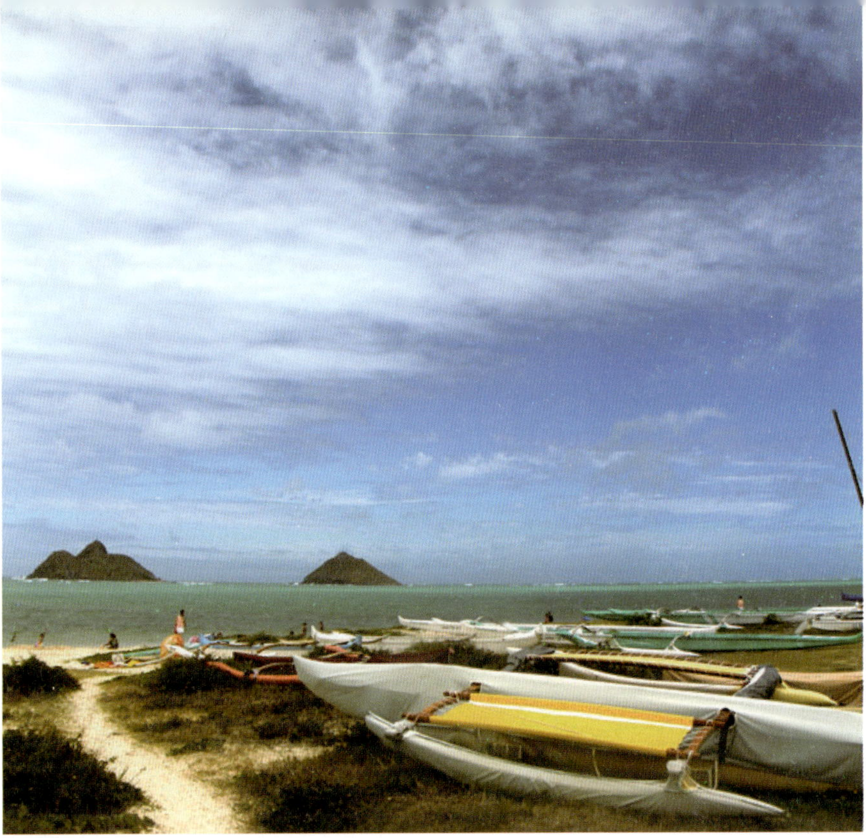

전 세계 언론이 인정한 명품 해변

라니카이 해변

카일루아 해변 바로 옆에 위치한 라니
카이 해변은 마치 물감을 뿌려 놓은 듯
아름다운 에메랄드빛 바다와 설탕같이
고운 백사장이 유명한 곳으로, 관광객
보다는 하와이 현지인들에게 인기가 많
은 해변 중 하나이다. 총 길이 약 800미
터의 라니카이 해변은 관광객들로 늘
붐비는 카일루아 해변과는 달리 다소
여유로운 느낌의 휴식처 같은 곳이다.
이곳을 찾는 많은 이들은 비치타월을
깔고 모래사장에 누워 일광욕과 독서를
즐기거나 귀여운 애완견과 함께 해변
을 따라 산책하곤 한다. 또한 젊은 여인
들은 이곳에서 한가로이 수영을 즐기기

도 한다. 라니카이 해변은 파도가 낮고 물살이 잔잔해 부기보드나 카약과 같은 해양스포츠를 즐기기에도 좋다. 비록 주택가 사이에 위치해 주차공간이 매우 제한적이며, 다른 유명 해변에 비해 접근성이 떨어진다는 단점이 있긴 하지만 한가로이 휴식을 취하기에는 제격인 해변이다.

여행 TIP

- 입장(무료), 주차(무료), 공중화장실(무), 야외샤워장(무), 매점(무), 안전요원(무)

- 주차공간이 따로 마련되어 있지 않아 해변 근처 주택가에 길거리 주차를 해야 한다.

- 모래가 곱고 부드러워 가벼운 산책을 하기에 좋다.

- 스노클링보다는 부기보드를 추천한다.

- 표지판이나 입구가 따로 없고 주택가에 위치해 있다. 내비게이션에 주소를 입력하면 주택단지 내에 도착하게 되어 초행길에는 방문이 어려울 수 있으니 방문 전 위치를 미리 확인하자.

- 해변 뒤편에 위치한 '라니카이 트레일(Lanikai Trail)'은 왕복 1시간 정도의 하이킹 코스로 정상에서 카일루아 해변과 라니카이 해변을 한눈에 볼 수 있다.

좋아요   한적하고 여유로운 분위기의 조용한 휴식처 같은 해변이다.

아쉬워요   정확한 입구와 표지판이 없고 주택가에 있어 초행길에는 찾기 어려울 수 있다.

추천   신혼/친구/아이와/가족/홀로

주소   1256 Mokolua Dr. Kailua
(라니카이 해변 바로 앞에 위치한 주택가 주소로 찾아도 된다.)

1일 투어 코스

하나우마 베이 전망대 (9) → 씨라이프 파크 (83) → 라니카이 해변 → 카일루아 해변 (8)

Section 04
현지인들에게 사랑
받는 숨은 뷰 포인트

15 China Walls

시원한 절벽의 경치가 멋진

차이나 월스

차이나 월스는 내비게이션으로도 찾기 어려운 주택가 사이에 위치한 숨은 뷰 포인트 & 히든 비치로 아직 많은 사람에게 알려지지 않은 신비한 장소이다. 해변가 입구에 Koko Kai Mini Beach Park 표지판을 확인한 후에 좁은 나뭇길을 걸어 내려가면 나도 모르게 '와!' 하고 감탄사가 흘러나올 정도로 멋진 경치가 한눈에 펼쳐진다. 주택가 사이에 어떻게 이런 환상적인 장소가 숨어 있었나 싶을 정도로 놀라움을 느끼게 되는 곳이다. 거센 파도가 몰아치면서 자연스럽게 형성된 차이나 월스는 절벽에는 거대한 지층, 절벽 밑으로는 높고 강하게 몰아치는 파도의 움직임이 장관을 이룬다. 주말이면 절벽 다이빙을 비롯해 이곳에서 수영을 즐기려는 젊은이들에게 특히 인기가 많은 장소이다. 하지만 파도가 강한 편이라 수영이 미숙한 사람들에게는 물놀이 보다는 멋진 사진을 남기기에 더 적합한 장소이다. 햇빛에 반짝이는 아름다운 해안 절벽과 앞이 탁 트인 시원함을 맛볼 수 있는 차이나 월스는 오아후에서 꼭 한번 들러볼 만한 명소이다.

여행 TIP

- 바위가 상당히 미끄러우니 주의해야 한다.
- 구글에 안내되는 주소가 따로 없으니 방문 전 주의하자.
- 스노클링과 다이빙, 수영은 상당한 실력자들에게만 추천한다.

좋아요	방문객이 많지 않은 이곳은 나만의 공간으로 조용하게 해변을 즐길 수 있다.
아쉬워요	주택 사이 좁은 골목길에 있어 처음 방문 시 찾기가 어렵다.
추천	신혼/친구/아이와/가족/홀로

주소 12 Hanapepe Place, Honolulu, HI
(차이나 월스 입구 바로 앞에 위치한 집 주소)

주차 차이나 월스는 주택가 사이에 있어 처음 방문 시 찾기가 어렵다. 입구 바로 앞에 있는 집 주소가 안내되었으며, 지도에 길거리 주차라고 표시된 곳에 주차를 하고 'B'까지 걸어내려 가야 한다.
입구에서 Koko Kai Mini Beach Park 표지판을 확인하고 작은 나뭇길을 지나면 차이나 월스에 도착할 수 있다.

차이나 월스 지도

1일 투어 코스
차이나 월스 → 하나우마 베이 (9) → 해안도로 드라이브 (79)

Part 4
하와이를
맛보다

Section 01
브런치

16 *Heavenly / Goofy Cafe & Dine / Egg's N Things*

하와이의 핫 한 브런치 총집합!

헤븐리 Heavenly

벽에 걸린 서핑보드와 비치 사인보드, 하와이다운 분위기의 아침을 제공하는 헤븐리에서 아일랜드 스타일의 브런치를 즐겨보자. 규모는 작지만 와이키키 바다를 연상케 하는 인테리어와 건강한 하와이 로컬 음식을 즐길 수 있다. 풀 바에서 제공하는 구아바, 망고, 릴리코이 미모사를 브런치에 곁들인다면 말 그대로 천국이 따로 없다.

좋아요	사랑스럽고 예쁜 브런치 레스토랑이다.
아쉬워요	인기에 비해 좌석이 적다.
추천	신혼/친구/아이와/가족/홀로

가격	1인 $11〜 (1인 기준, 세금 및 팁 별도)
추천메뉴	로코모코(Loco Moco), 퀴노아&케일 샐러드(Quinoa Kale Salad), 아사이 볼(Acai Bowl), 베리 프렌치 토스트(Very French Toast) 등
주소	Shoreline Hotel Waikiki 342 Seaside Ave Honolulu, HI 96815 (씨사이드 로스 매장 맞은편)
전화번호	(808) 923-1100
홈페이지	heavenly-waikiki.com
영업시간	월〜일 07:00~24:00
의상	캐주얼

1일 투어 코스

헤븐리 브런치 → 와이키키 해변 산책 (6) → 하와이 문화체험, 훌라 또는 우쿨렐레 (75, 76)

구피 카페 앤 다인 Goopy Cafe & Dine

사방이 넓은 창으로 둘러싸인 아일랜드 풍의 카페. 하와이의 따사로운 햇빛과 시원한 바람이 기분까지 설레게 하는 날, 구피 카페에서 브런치를 즐겨보면 어떨까?

좋아요	맛있는 건강식을 제공한다.
아쉬워요	Walk-In만 가능하고 예약은 불가하다.
추천	신혼/친구/아이와/가족/홀로

가격	1인 $11~ (1인 기준, 세금 및 팁 별도)
추천메뉴	포크밸리 에그 베네딕트(Pork Belly Eggs Benedict), 타로 머핀과 오믈렛(Taro English Muffin and Omelette), 빅아일랜드 허니 프렌치 토스트(Big Island Honey French Toast)
주소	1831 Ala Moana Blvd Ste 201 Honolulu, HI 96815
전화번호	(808) 943-0077
홈페이지	goofy-honolulu.com
영업시간	월~일 07:00~23:00
의상	캐주얼

1일 투어 코스

구피 카페 앤 다인 브런치 → 알라모아나 비치 파크 (7) → 알라모아나 쇼핑센터 (61) → 마무리는 실속있게 월마트 쇼핑으로 (63)

에그스 앤 띵스 Egg's N Things

호텔 조식 뷔페가 지겨워졌다면 와이키키에서 브런치로 제일 유명한 맛집, 에그스 앤 띵스를 찾아보자. 40년 가까이 알로하 정신을 이어오고 있는 이 레스토랑은 이름 그대로 달걀을 주재료로 한 다양한 음식들로 팬케이크, 와플, 크레이프 등을 제공한다. 신선한 재료와 합리적인 가격이 이 레스토랑의 장수 비결이다. 맛도 맛이지만 먹기 아까울 정도로 예쁜 팬케이크를 보는 것도 큰 즐거움 중 하나이다.

좋아요	주문하는 음식이 다 맛있다.
아쉬워요	최소 30분 대기는 기본이다.
추천	신혼/친구/아이와/가족/홀로

가격	1인 $15~ (1인 기준, 세금 및 팁 별도)
추천메뉴	블루베리 와플(Blueberry Waffles), 마카다미아 넛 팬케이크(Macadamia Nut Pancakes), 포르투기스 소시지(Portuguese Sausage)
홈페이지	eggsnthings.com

1일 투어 코스

에그스 앤 띵스 브런치 → 힐튼 하와이안 빌리지 라군 (11) → 점심 마루카메 우동 (23) → 와이키키 동물원 (81) → 저녁은 와이키키 도라쿠 스시 (34)

와이키키 본점

주소	343 Saratoga Road Honolulu, HI 96815-1826
전화번호	(808) 923-3447
영업시간	월~일 06:00~14:00 / 16:00~22:00

와이키키 비치점

주소	2464 kalakaua ave honolulu HI 96815
전화번호	(808) 926-3477
영업시간	월~일 06:00~14:00 / 16:00~22:00

알라모아나 지점

주소	451 Piikoi st, Honolulu, HI 96814
전화번호	(808) 538-3447
영업시간	월~일 06:00~22:00 (금~토 24:00까지)

* 와이키키와 다르게 주차 가능. 주류는 오후 4시부터 이용 가능

17 *Cafe Kaila / Moke's Bread & Breakfast / Bills Sydney*

맛있는 팬케이크 총집합!

카페 카일라 Cafe Kaila

타운 내에 위치한 카페 카일라는 새콤달콤 신선한 과일을 푸짐하게 토핑으로 얹어 먹는 팬케이크 전문점으로, 하와이 현지인들은 물론 관광객들에게도 인기 있는 브런치 맛집이다. 그 인기를 반영하듯 영업시간 내내 긴 줄을 기다려야만 테이블을 안내 받을 수 있을 정도로 항상 많은 사람으로 북적인다. 알록달록하고 신선한 생과일 팬케이크는 젊은 여성들에게 인기가 많다. 아침 메뉴는 영업시간 내내 주문 가능하며 점심은 오전 11시부터 주문할 수 있다. 플레

된다. 이 외에 오믈렛, 스테이크, 샌드위치, 파스타 등 다양한 메뉴가 준비되어 있다.

- 팬케이크 주문 시 캐러멜 애플을 제외한 모든 토핑을 선택하자. 싱싱하고 상큼한 과일향이 일품이다.
- 넉넉한 양으로 성인 4명이 식사할 때 3인분만 주문해도 좋다.
- 음식점 문 앞에 걸려있는 대기자 명단에 이름을 적고 순서를 기다려야 한다.

좋아요	팬케이크, 와플, 프렌치 토스트 등 다양한 브런치 메뉴를 즐길 수 있다.
아쉬워요	식사 시간대에는 손님들로 붐벼 대기하는 시간이 길어진다.
추천	신혼/친구/아이와/가족/홀로

가격	$11~14 (1인 기준)
추천메뉴	버터밀크 팬케이크(Buttermilk Pancakes) $7.95
토핑 추가	Pancakes: Banana($2), Blueberries($2.50), Strawberries($2.50)
주소	2919 kapiolani blvd. #2 Honolulu, HI 96826-3503 Market City Shopping Ctr.
전화번호	(808) 732-3330
홈페이지	cafe-kaila-hawaii.com
영업시간	월~화 07:00~15:00 수~금 07:00~20:00 토~일 07:00~15:30
주차	쇼핑센터 내 무료 주차

1일 투어 코스
카페 카일라 → 동쪽 해안도로 드라이브 (79)

인 팬케이크를 주문하면 자신이 원하는 과일 토핑을 선택해 추가할 수 있다. 선택할 수 있는 과일로는 딸기, 블루베리, 바나나, 캐러멜 애플 등이 있으며 토핑 하나 추가 시 추가 가격을 내야 한다. 빵은 팬케이크 뿐만 아니라 토스트나 와플로도 선택이 가능하다. 생과일 팬케이크를 주문하면 부드러운 팬케이크와 푸짐하고 신선한 과일 토핑은 물론 달콤한 시럽과 생크림이 사이드로 제공

모크스 브래드 & 베이커리
Moke's Bread & Breakfast

카일루아 타운에 위치한 모크스 브래드 & 베이커리는 하와이식 브런치를 판매하는 곳으로 이미 일본 관광객들 사이에도 알려진 유명한 맛집이다. 음식점에 들어서면 파란색 인테리어가 빈티지한 실내 분위기를 연출해 하와이 시골 마을의 느낌이 물씬 난다.

이곳의 대표 메뉴인 릴리코이 팬케이크는 하와이 열대과일로 만든 상큼한 릴리코이 크림이 가득 올려져 나와 큰 인기를 얻고 있다. 보통은 릴리코이는 주스로 맛보지만 이곳에서는 과즙의 상큼한 향을 그대로 살려 달콤하면서 부드러운 색다른 팬케이크로 판매한다.

또 다른 인기메뉴인 해쉬 브라운은 잘게 채 썬 감자를 투박하게 반죽해 기름에 바짝 튀겨 겉은 바삭하고 속은 부드러워 새콤한 케첩에 찍어먹기 좋은 사이드 메뉴이다.

- 아침식사는 올데이 주문 가능, 점심식사는 11시~2시 사이에 주문 가능하다.
- 릴리코이 팬케이크는 2조각 $7.50, 3조각 $9.50에 주문할 수 있다.
- 둘이서 방문할 경우 팬케이크와 오믈렛, 그리고 해쉬 브라운을 추천한다.
- 카일루아 타운 투어 시 아침식사나 점심식사 장소로 적합하다.

좋아요	하와이에서만 맛볼 수 있는 특별한 팬케이크이다.
아쉬워요	항상 손님들로 붐빈다.
추천	신혼/친구/아이와/가족/홀로

가격	$11~$14 (1인 기준)
추천메뉴	릴리코이 팬케이크(Lilikoi Pancakes) $9.50
주소	27 Hoolai St Kailua, HI 96734
전화번호	(808) 261-5565
홈페이지	mokeskailua.com
영업시간	06:30~14:00 (화요일 휴무)
주차	길거리 코인 주차

1일 투어 코스

모크스 브래드 & 베이커리 → 카일루아 해변 (8) or 라니카이 해변 (14)

빌즈 시드니 Bills Sydney

호주에서 시작된 빌즈 시드니는 2015년 하와이에도 오픈을 해 큰 인기를 얻고 있다. 2층으로 이루어진 이곳은 1층에서 체크인을 한 후에 2층으로 올라가면 높은 천장에 세련된 인테리어가 여성들의 브런치 장소로 적합하다. 이곳의 대표 메뉴인 라코타 핫케이크는 한 입 베어무는 순간 너무나 부드러운 느낌에 나도 모르게 감탄사가 나온다. 이곳만의 특별한 레시피의 핫케이크 반죽으로 만들어 입 안에 넣는 순간 마치 아이스크림처럼 샤르르 녹아내리는 듯한 느낌이 든다. 홈메이드 허니컴(벌집) 버터(Honeycomb Butter)와 곁들어 먹는다면 더욱 맛이 좋다.

여행 TIP

- 1층에서 체크인 후 2층 다이닝으로 이동하면 된다.
- 올가닉 브런치 메뉴가 다양하게 준비되어 있다.
- 인테리어가 고급스럽고 여성들의 브런치 약속 장소로 추천한다.
- 아침, 점심, 저녁 메뉴가 따로 준비되어 있다.

좋아요	입에서 녹는듯한 부드러운 팬케이크가 일품이다.
아쉬워요	와이키키에 있어 주차비용이 비싼 편이다.
추천	신혼/친구/아이와/가족

가격	$14~$17 (1인 기준)
추천메뉴	라코타 핫케이크(Ricotta Hotcake) $15
주소	280 Beachwalk Ave Honolulu, HI 96815
전화번호	(866) 306-9241
홈페이지	billshawaii.com
영업시간	07:00~22:00
주차	빌즈 시드니 바로 건너편에 있는 뱅크오프하와이 건물 지하주차장에 주차 후 발레데이션 받으면 4시간에 $6

1일 투어 코스
빌즈 시드니 → 와이키키 해변 (6) → 면세점 쇼핑 (64)

온종일 즐길 수 있는 아침식사

대부분의 식당이 시간대 별로 다른 메뉴를 제공하거나 특정 시간에만 영업하는 곳이 많은데, 24시간 내내 여행 중 출출한 배를 달랠 수 있는 곳을 소개한다.

맥 24/7 Mac 24/7

맥 24/7은 힐튼 와이키키 비치(구 힐튼 프린스 쿠히오) 1층에 자리한 레스토랑으로 깔끔하고 쾌적하다. 이름은 매일(7일) 24시간 운영된다는 의미로, 언제든 내키는 시간에 방문할 수 있다. 대부분의 레스토랑은 아침 메뉴를 정해진 시간에만 제공하기 때문에 아침 메뉴를 먹으려면 늦잠을 제대로 즐기기 어렵다. 그럴 때 이곳 맥 24/7을 찾으면 된다. 영업시간 내내 아메리칸 스타일의 아침 메뉴를 제공하기 때문이다.

아침 메뉴 중 눈길을 끄는 맥 대디 팬케이크는 일명 '대왕 팬케이크', '방석 팬케이크', '세숫대야 팬케이크' 등으로 불리는데 여러 별명에서 알 수 있듯이 크기로 승부하는 메뉴로 주문한 사람이 다 먹을 경우 공짜로 제공되는 재미있는 이벤트도 진행중이다. 직경 약 35cm 정도 크기의 두꺼운 팬케이크가 세 장 겹쳐져 나오는데, 보기만 해도 배가 부르다. 특별한 경험을 원한다면 한 번쯤 도전해보는 것도 좋겠다. 90분 안에 먹으면 인증샷이 레스토랑 홈페이지에 업로드되며 기념품으로 셔츠도 받을 수 있다.

아침 식사로는 에그 베네딕트나 바삭한 토스트를 즐겨보자. 각종 예쁜 용기에 담긴 잼과 함께 제공되는 바삭한 토스트는 중독성이 강하다. 이외에 간단한 아침식사를 원할 경우 시리얼이나 과일을 별도로 주문할 수 있다.

좋아요	깔끔한 실내, 시간과 관계없이 주문 가능한 아침 메뉴가 매력적이다.
아쉬워요	메뉴에 따라 다르지만 아침식사 기준으로 가격이 약간 비싼 편이다.
추천	신혼/친구/아이와/가족/홀로

가격	$11~ (1인 기준, 세금 및 팁 별도)
추천메뉴	플러피 포 에그 오믈렛(Fluffy Four Egg Omelet), 하마쿠아 팜 베이비 스피니치 샐러드(Hamakua Farm Baby Spinach Salad)
주소	2500 Kuhio Ave. Waikiki Beach, HI 96815(힐튼 와이키키 비치, 구 힐튼 프린스 쿠히오 호텔 내)
전화번호	(808) 921-5564
홈페이지	mac247waikiki.com
영업시간	24시간
주차	호텔 내 발레파킹(주차증 확인 시 $3)

1일 투어 코스

맥 24/7 브런치 → 와이키키 해변 서핑 (69) → 점심은 수제 치즈버거 (36) → 오후는 와이키키 아쿠아리움 (81)

와일라나 커피하우스 Wailana Coffee House

힐튼 하와이안 빌리지 맞은편 알라모아나 블루바드에 위치한 가족 단위로 많이 찾는 아메리칸 레스토랑으로, 다양한 메뉴를 저렴한 가격에 24시간 즐길 수 있어 늘 붐빈다.

전형적인 미국식 아침 메뉴로 팬케이크, 프렌치 토스트, 에그 & 소시지 & 베이컨, 해쉬 브라운, 버거 등을 제공하며 아침 스페셜 'All the Pancakes You Can Eat'은 $6.65에 계란 2개, 베이컨 2줄, 그리고 마음껏 먹을 수 있는 팬케이크가 제공된다.

평일 3~5시 사이 음료 주문 시 바에서 제공되는 애피타이저를 반값에 즐길 수 있다.

좋아요	다양한 메뉴에 착한 가격이 매력적이다.
아쉬워요	예약을 따로 받지 않아 붐비는 시간에 대기 시간을 예상해야 한다.
추천	신혼/친구/아이와/가족/홀로

가격	$10~ (1인 기준, 세금 및 팁 별도)
추천메뉴	마카다미아 넛 팬케이크(Macadamia Nut Pancakes)
주소	1860 Ala moana Blvd, Honolulu, HI
전화번호	(808) 955-1764
영업시간	24시간 (화 22:00~수 06:00 브레이크 시간)
주차	건물 내 주차가능(주차 확인 시 2시간까지 $1)

1일 투어 코스

와일라나 커피하우스 브런치 → 알라모아나 쇼핑센터 (61) → 점심은 알라모아나 센터 푸드코트 (22) → 저녁은 다운타운 고든 비어쉬 브루어리 (52)

19 *Bogart's Cafe & Espresso Bar*

다양한 현지 음식과 아사이 볼을 함께 맛볼 수 있는

보가츠 카페 앤 에스프레소 바

와이키키 끝자락에 위치한 카피올라니 공원을 지나 다이아몬드 헤드 방향으로 조금만 운전해 가다 보면 오른편으로 작은 가게들이 모여 있는 상가를 발견할 수 있는데, 그 중 하나가 현지식 음식과 아사이 볼로 유명한 보가츠 카페이다. 평범한 겉모습과 달리 큰 서핑 보드와 하와이의 풍경화들을 이용한 독특한 실내 장식이 눈길을 끄는 이곳은 와이키키 중심에서 벗어난 곳임에도 불구하고 입소문을 듣고 찾아온 관광객과 근처에 위치한 카피올라니 커뮤니티 칼리지(KCC) 학생들로 항상 붐빈다. 보가츠 카페에서는 다양한 브런치 메뉴를 즐길 수 있는데, 그 중 가장 인기 있는 메뉴는 갓 구워낸 베이글이다. 신선

하고 바삭한 이곳의 베이글은 하와이의 유명 잡지사에서 선정하는 'The Best Breakfast Bagel'로 선정될 만큼 맛이 뛰어나다.

베이글의 종류는 총 13가지나 되며, 타로(토란) 베이글이나 시금치 베이글처럼 다른 곳에서는 맛보기 어려운 독특한 맛의 베이글도 상당수 포함되어 있다. 뿐만 아니라 베이글에 곁들여 먹는 크림 또한 다양하게 준비되어 있는데 그 종류로는 일반 치즈 크림를 비롯해서 땅콩 크림, 마카다미아 넛 크림, 딸기 크림 등이 있다. 주문과 동시에 구워 나오는 따끈따끈한 베이글에 직접 선택한 부드러운 크림을 발라 먹는 맛은 정말 최고다. 베이글과 더불어 보가츠 카페의 또 다른 인기메뉴는 요즘 하와이에서 건강식으로 눈길을 끌고 있는 아사이 볼이다.

아사이 볼은 딸기류의 일종인 아사이 베리를 갈아서 그 위에 시리얼, 꿀, 과일 등을 듬뿍 올리는 음식으로 새콤달콤한 맛이 뛰어나며 블루베리보다 7배나 많은 영양분을 함유한 아사이 베리 덕분에 많은 사람이 건강식으로 즐겨 찾는 디저트이다. 보가츠 카페 아사이 볼의 특징은 아사이 베리가 신선하고 농도가 진해 맛이 더욱 새콤달콤할 뿐만 아니라 한 끼 식사 대용으로 즐길 수 있을 정도로 양이 넉넉하다는 점이다. 여행 중 잠시 더위도 식히고 바쁜 일정으로 지친 몸을 위해 영양을 보충하고 싶다면 보가츠 카페에 들러 아사이 볼 한 그릇 즐길 것을 추천한다.

- 카페 내 인기 메뉴판이 따로 준비되어 있으니 주문할 때 참고하자.
- 다양한 종류의 커피를 판매하고 있어 식사 후 디저트 장소로도 적합하다.
- 벽면에 걸려 있는 하와이 풍경화는 구입 가능하다.
- 샌드위치, 팬케이크, 오믈렛, 플레이트 런치 등 다양한 음식을 판매한다.

좋아요	브런치 메뉴가 다양하다.
아쉬워요	메뉴판에 음식 사진이 없어 선택이 조금 어려울 수 있다.
추천	신혼/친구/가족/홀로

가격	$7~ (1인 기준)
추천메뉴	튜칸 치킨 샌드위치(Tuscan Chicken Sandwich) $7, 타로 베이글과 마카다미아넛 크림치즈(Taro Bagel, Macadamia Nut Creamcheese) $3
주소	3045 Monsarrat Ave. Honolulu, HI 96815
전화번호	(808) 739-0999
영업시간	월~금 06:00~18:30 토~일 06:00~18:00
주차	상가 내 무료 주차

1일 투어 코스

카피올라니 파크 → 보가츠 카페 → 다이아몬드 헤드 (87)

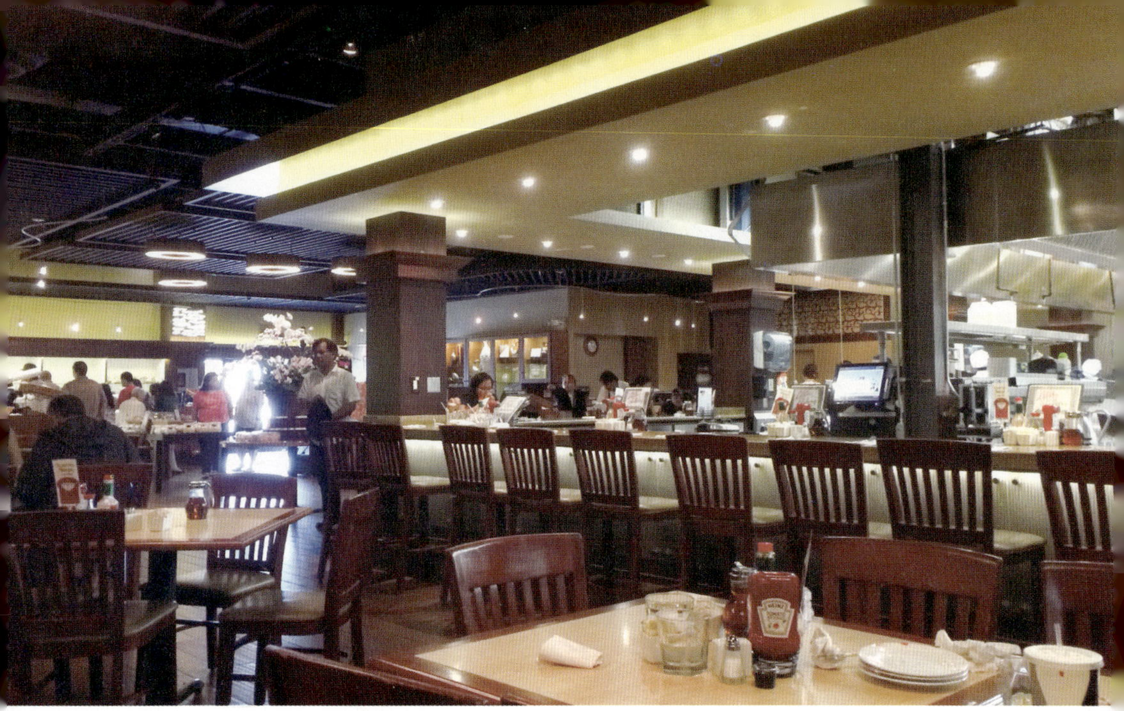

20 Liliha Bakery

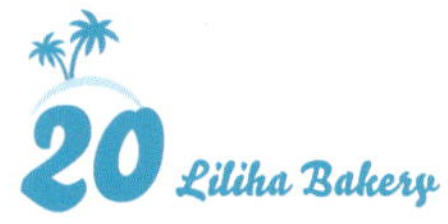

하와이 대표 베이커리 퍼프와 맛있는 음식이 있는 **릴리하 베이커리**

1950년 오아후 릴리하 거리에 처음으로 오픈해 큰 인기를 얻은 후 지금의 샵이 위치한 쿠아키니 거리로 이동 확장했지만 베이커리의 상호명은 그대로 유지하고 있다. 맛있는 베이커리와 현지 음식을 한 번에 즐길 수 있는 맛집으로, 약 60년 전부터 지금까지 사랑받는 전통 있는 음식점이다. 2015년에 오픈한 2호점은 넓은 내부와 깨끗한 인테리어가 돋보이며 오픈 키친으로 정결함을 한 번에 확인할 수 있다. 이곳은 하와이 현지식 아침 메뉴와 점심 & 저녁 메뉴로 구성되어 있다.

하와이 대표 음식인 로코모코(Loco Moco)는 햄버거 스테이크, 에그, 그레이비 소스로 구성되어 있는데, 냉장 햄

버거 패티가 아닌 손으로 직접 반죽해 만든 듯한 두툼한 수제 패티가 정말 맛이 좋고, 이곳의 로코모코가 특별한 이유 중 하나는 바로 수제 패티에서 은은한 숯불 향이 난다는 점이다. 마치 숯이 가득 찬 그릴에서 방금 구워낸 바비큐처럼 숯불 향이 나는 패티 맛이 참 특별하다. 에그 플로랑틴은 부드러운 에그 스크램블, 시금치, 그릴드 콘브래드, 프라이드 포테이토, 과일로 구성된 색다르면서 맛있는 하와이식 브런치 메뉴이다. 콘브래드 위에 올려진 에그 스크램블은 스푼으로 가볍게 떠서 먹을 수 있

을 정도로 상당히 부드럽고 담백해 정말 맛이 좋다. 달콤한 콘브래드와 담백한 시금치, 그리고 부드러운 에그와 함께 곁들어먹는 크림소스는 여성들이 딱 좋아하는 브런치 메뉴를 완성시킨다.
이곳의 대표 베이커리 그린티 퍼프(Green Tea puff)는 위에는 짭조름한 크림이, 안에는 달콤하고 부드러운 슈크림이 가득 들어있다. 한입 맛보면 토핑으로 올려진 짭조름한 크림 맛과 빵 속의 달콤한 슈크림 맛이 절묘하게 잘 어울린다. 특히 그린티 퍼프는 개운한 녹차의 맛이 더해져 더욱 맛이 좋다.

- 1호점은 작은 의자가 고정되어 있어 혼자 식사하기에 좋다.

- 2호점은 내부가 크고 테이블이 많아 아기와 함께 방문하거나 친구나 가족들과 방문하기에는 2호점을 추천한다.

- 4가지 종류의 퍼프를 판매한다. 크림 퍼프/그린티 퍼프/코코 퍼프/초콜릿 크림 퍼프

- 항상 손님들로 붐비며 긴 대기시간을 원치 않을 경우 식사시간대를 살짝 피해서 방문하는 것이 좋다.

- 손님들이 붐비는 시간대에는 베이커리 코너에서 번호표를 뽑아 순서를 기다려야 한다.

- 로코모코 주문 시 계란의 익힘 정도를 자신의 취향에 맞게 주문할 수 있는데, Sunny Side Up으로 주문해보자. (노른자를 익히지 않은 상태에서 아랫면만) 부드러운 노른자와 그레이비 소스가 정말 잘 어울린다.

좋아요	음식, 디저트 모두 맛이 좋다.
아쉬워요	식사시간에 방문할 경우 긴 대기시간을 고려해야 한다.
추천	신혼/친구/아이와/가족/홀로

가격	$10~13 (1인 기준)
추천메뉴	로코모코(Loco Moco) $11.50, 에그 플로랑틴(Eggs Florentine w/Bay Shrimp or Bacon) $11.99
추천메뉴 (디저트)	그린티 퍼프(Green Tea puff) $1.89
홈페이지	lilihabakeryhawaii.com
주차	무료

1일 투어 코스

릴리하 베이커리 → 노스 쇼어 투어

본점	
주소	515 N Kuakini St Honolulu, HI 96817
전화번호	(808) 531-1651
영업시간	월 휴무 화~토 24시간, 일 ~20:00까지

2호점	
주소	580 N Nimitz Hwy Honolulu, HI 96817
전화번호	(808) 537-2488
영업시간	월~일 06:00~24:00

Section 02
점심

21 *Rainbow drive in*

오랜 역사의 테이크아웃 음식점 **레인보우 드라이브 인**

1961년 카파홀루에 처음 오픈한 레인보우 드라이브 인은 하와이 스타일의 플레이트 런치 전문 테이크아웃 음식점이다. 50년의 역사가 말해주듯 레인보우는 오랫동안 현지인들에게 꾸준히 사랑받아 온 맛집이다. 근래에 들어서는 현지인뿐만 아니라 입소문을 듣고 찾아오는 관광객들에게도 큰 인기를 얻고 있으며 특히, 일본 관광객 사이에서는 꼭 먹어봐야 하는 하와이 맛집 중 한 곳으로 손꼽힌다.

레인보우 드라이브 인의 인기 비결은 착한 가격과 신속한 서비스이다. 또한 오목한 밥그릇 모양의 용기에 포장되는 테이크아웃 음식과 달리 이곳에선 피자 박스처럼 네모난 박스에 음식을 포장해

주기 때문에 더욱 간편하게 플레이트 런치를 즐길 수 있다. 레인보우 드라이브 인의 주 메뉴는 하와이 현지인들이 즐겨 먹는 음식으로 구성되어 있는데, 그 중 하와이 음식 '로코모코'가 최고 인기 메뉴이다. 흰 쌀밥 위에 잘 구워진 햄버거 패티와 달걀 프라이를 얹고, 그 위에 이곳만의 특별한 '매콤한 그레이비' 소스를 뿌려 먹는 로코모코는 그야말로 최고의 맛을 자랑한다. 로코모코 이외에 치킨, 포크, 참치 등으로 만든 다양한 플레이트 런치를 맛볼 수 있다.

좋아요	저렴하고 다양한 테이크아웃 플레이트 런치를 즐길 수 있다.
아쉬워요	식사시간대에는 방문객이 많아 주차장이 여유롭지 않다.
추천	친구/아이와/가족/홀로
가격	$6~ (1인 기준, 세금 및 팁 별도)
추천 메뉴	로코모코(Loco Moco), 믹스 플레이트 콤보(Mixed Plate Combo)
주소	3308 Kanaina Ave. Honolulu, HI 96815(와이키키에서 도보 약 25분 소요)
전화번호	(808) 737-0177
홈페이지	rainbowdrivein.com
영업시간	월~일 07:00~21:00
의상	캐주얼
주차	무료(주차구역 한정적)

1일 투어 코스

다이아몬드 헤드 하이킹 (87) → 레인보우 드라이브 인 → 레오나즈 베이커리의 마라사다 (42) → 와이키키 아쿠아리움, 동물원 (81)

22 *Food Court*
간단한 한끼 해결 **푸드코트**

볼거리 즐길거리 가득한 하와이 여행의
점심은 간단하고 가격 착한 푸드코트를
이용하는 것도 여행의 요령이다.

파이나 라나이 Paina Lanai

와이키키의 중심인 칼라카우아 대로변
에 길게 늘어선 로얄 하와이안 쇼핑센

터는 총 면적 약 28,800m²로 명품 외
특색 있는 100여 종이 넘는 다양한 샵
들이 즐비한 쇼핑 공간이다.

로얄 하와이안 쇼핑센터 빌딩 B2층에
위치한 오픈 푸드코트 '파이나 라나이'
는 쇼핑 센터의 자랑거리인 녹음지, 로
얄 글로브를 내려다보며 식사를 즐길
수 있다.

신선한 소고기 패티의 마할로하 버거
(Mahaloah Burgers), 일식 해산물 요리
와 스테이크를 맛볼 수 있는 챔피온스
스테이크 & 씨푸드(Champion's Steak

& Seafood) 타코 요리를 맛볼 수 있는 마우이 타코스(Maui Tacos), 퓨전 중식점 팬더 익스프레스(Panda Express), 피자 전문점 스바로(Sbarro), 현지인들에게 사랑받는 갈비 플레이트가 유명한 펄스 코리안 바비큐(Pearl's Korean BBQ)까지 저렴하고 푸짐하게 즐길 수 있다.

> ### 여행 TIP
>
> - 1인분을 생각하고 주문한다면 그 양에 놀라지 않을 수 없다. 다양하게 맛보고 싶다면 괜찮지만 보통 2인에 요리 1개 정도가 적당하다.
> - 하와이에서는 먹다 남은 음식을 '도기백'이라고 하는 플라스틱 백에 담아가는 것이 일종의 문화이다. 주문하면 양이 워낙 많기에 한끼는 더 해결할 수 있다. 음식이 남을 것 같으면 테이크아웃 이라고 말하고 남은 것을 챙겨두자. 출출할 때 훌륭한 간식이 될 수 있다.

좋아요	저렴한 가격에 다양한 선택의 폭이 있고 아이들과 식사하기에도 좋다.
추천	신혼/친구/아이와/가족/홀로

가격	$10~ (1인 기준, 세금 별도)
추천메뉴	펄스 코리안 바비큐 플레이트(Pearl's Korean BBQ)
주소	2201 Kalakaua Ave, Royal Hawaiian Ctr, Bldg B, Fl/2
전화번호	(808) 922-2299
홈페이지	royalhawaiiancenter.com/kr
영업시간	월~일 10:00~22:00 (레스토랑별로 다를 수 있음)
의상	캐주얼
주차	주차확인으로 최대 4시간까지 시간당 $1 정도로 할인 받을 수 있으며, 그 이후에는 20분당 $2 부과(도보 이용 추천)

1일 투어 코스

와이키키 비치 물놀이 (6) → 파이나 라나이 점심 → 오후 휴식 후 와이키키 매직쇼 (73)

마카이 마켓 Makai Market

알라모아나 쇼핑센터 1층 중간 바다쪽
에 위치한 푸드코트인 마카이 마켓은
하와이안, 한식, 일식, 중식, 필리피노
패스트푸드, 커피샵 등 다양한 레스토
랑과 카페가 있어 현지인들과 가족 단
위로도 인기가 좋다.

해산물이 생각나면 블루워터 쉬림프
(Blue Water Shrimp), 치킨과 버거의
만남 졸리비(Jollibee), 국물이 그립다면
나가사키 짬뽕(Nagasaki Champon),
태국과 베트남을 한번에 리틀 카페 시
암(Little Cafe Siam), 든든하고 맛있는
커리 하우스(Curry House) 등을 만나

보자.

좋아요	각 메뉴판 총집합. 푸드 부스가 다양하다.
아쉬워요	저렴한 가격에 늘 붐빈다.
추천	신혼/친구/아이와/가족/홀로

가격	$10~ (1인 기준, 세금 별도)
추천메뉴	팬더 익스프레스의 오렌지 치킨(Orange Chicken), 비프 브로콜리(Beef Broccoli)
주소	Ala Moana Center, 1450 Ala Moana Blvd
홈페이지	alamoanacenter.kr
영업시간	월~토 09:30~21:00, 일 24:00~19:00 (레스토랑별로 다를 수 있음)
의상	캐주얼
주차	무료

1일 투어 코스

알라모아나 비치 파크 (7) → 마카이 마켓 점심 → 알
라모아나 센터 쇼핑 (61)

시로키야 Shirokiya Japan Village Walk

해가 지면 알라모나아 센터 1층에 위
치한 시로키야 비어가든은 늘 붐빈다.
2016년 새롭게 확장 이전한 이곳에서
는 더욱 다양한 종류의 일식을 맛볼 수
있다. 라멘과 스시는 물론 즉석에서 만
들어주는 타코야키와 너무 예뻐 눈으로
먼저 먹는 색색의 도시락까지, 다양한
먹을거리가 가득하다.

시로키야 비어가든에서 시원한 맥주를
$1에 즐기며 여행의 피로를 날려보자.

식사 후 아기자기한 일본식 베이커리는
디저트로 안성맞춤이다.

좋아요	눈과 입이 모두 즐겁다.
아쉬워요	비어가든 행사 시간에는 자리 잡기가 쉽지 않다.
추천	신혼/친구/가족/홀로

가격	$13~ (1인 기준, 세금 별도)
추천메뉴	계절마다 바뀌는 라면 메뉴
주소	1450 Ala Moana Blvd, Ste 1360, Ala Moana Ctr, Honolulu, HI 96814
전화번호	(808) 973-9111
홈페이지	shirokiya.com
영업시간	월~일 10:00~22:00 몰은 매일 9시(일요일에는 7시)에 문을 닫지만 시로키야는 저녁 10시까지 이용 가능
의상	캐주얼
주차	무료

1일 투어 코스
골라하는 재미가 있는 쇼킹 투어 (71) → 시로키야에
서 저녁과 맥주 한 잔

23 *Marukame Udon*

가격 착하고 맛 좋은 일본 전통 우동
마루카메 우동

와이키키 쿠히오 애비뉴 트레이드 센터
바로 건너편에 위치한 마루카메 우동은
직접 반죽해 뽑은 탱탱한 우동 면발과
즉석에서 바삭하게 튀긴 다양한 종류의
튀김을 즐길 수 있는 일본식 우동집이
다. 일본에서의 성공을 등에 업고 하와
이 와이키키에 진출한 마루카메 우동은

맛과 저렴한 가격 덕분에 관광객 뿐만
아니라 인근 회사원들에게도 큰 인기를
얻고 있다.

우동 주문은 셀프 형식으로 줄을 서서
기다리다 순서에 맞게 자신이 원하는
우동 사이즈와 종류를 얘기하면 그 자
리에서 직접 만들어 준다. 우동을 받은
후에는 옆쪽에 준비된 주먹밥 무수비 &
튀김 코너에서 원하는 것을 직접 선택
하면 된다.

음식을 주문하는 동안 우동과 튀김이

만들어지는 과정을 직접 볼 수 있기 때문에 음식에 대한 신뢰를 가질 수 있을 뿐만 아니라 그 과정을 지켜보는 것에서 색다른 재미가 추가된다.

마루카메 우동에서는 다양하고 맛있는 우동을 비롯하여 일본식 삼각김밥, 각종 튀김, 유부초밥 등 우동과 잘 어울리는 음식들을 저렴한 가격에 맛볼 수 있다. 식당 내 마련된 테이블을 이용하거나 테이크아웃도 가능하다.

여행 TIP

- 우동은 중간 사이즈와 큰 사이즈 중 선택 가능하다.
- 와이키키 지점은 인기에 힘입어 아침 메뉴도 가능하다.
- 식사시간대를 피해서 방문하면 대기시간을 줄일 수 있다.

좋아요	막 뽑은 면으로 만든 맛있는 우동을 저렴하게 맛볼 수 있다.
아쉬워요	식사시간대에는 긴 대기시간을 고려해야 한다.
추천	신혼/친구/아이와/가족/홀로

가격	$5~ (1인 기준, 세금 별도)
추천메뉴	커리 우동(Curry Udon), 카마케 우동(Kamaage Udon)
홈페이지	toridollusa.com

1일 투어 코스

와이키키 서핑 (69) → 점심 마루카메 우동 → 와이키키 푸드 팬트리 쇼핑 (65) → 선셋을 바라보며 디너 크루즈 (74)

와이키키 지점

주소	2310 Kuhio Ave. #124 Honolulu, HI 96185 (쿠히오 애비뉴에 위치한 트레이드 센터 건너편의 서브웨이 바로 옆에 위치)
전화번호	(808) 931-6000
영업시간	월~일 07:00~09:00 / 11:00~22:00

다운타운 지점

주소	1104 Fort Street Mall Honolulu, HI 96813
전화번호	(808) 545-3000
영업시간	월~토 10:00~19:00

24 *Teddy's Bigger Burger / Kuaáina Burger*

하와이 현지 스타일 수제버거

테디스 비거 버거 Teddy's Bigger Burger

오아후 내 여러 지역에 지점을 두고 있으나 관광객이 찾기에는 와이키키 지점과 카피올라니 지점이 접근성이 좋다. 와이키키 지점의 경우 와이키키 그랜드 호텔 1층에 있어 물놀이 중 수영복 차림으로도 입장하여 식사가 가능하다. 주문 즉시 만들어지기 때문에 대기 시간이 긴 것이 흠이지만 대기 시간이 아깝지 않을 정도의 최상의 버거를 즐길 수 있다.

본인이 원하는 재료로 버거를 주문할 수 있으며 추가하는 재료에 따라 가격이 추가된다. 이미 만들어진 레시피로 주문 가능한 메뉴 중에는 여성들이 선

가격	$10~ (1인 기준, 세금 별도)
추천메뉴	그릭버거(The Greek Burger), 오리지널 버거(Teddy's Original Burger), 스윗 포테이토 프라이(Sweet Potato Fries)
홈페이지	teddysbb.com/home
영업시간	매일 10:00~21:00
주차	와이키키 쪽 동물원 근처 코인 주차 이용

1일 투어 코스

와이키키 해변에서 물놀이 (6) → 와이키키 테디스 버거에서 런치 → 와이키키 동물원 또는 아쿠아리움 (81)

와이키키 지점

주소	134 Kapahulu Ave, Honolulu, HI 96815
전화번호	(808) 926-3444

카피올라니 지점

주소	1646 Kapiolani Blvd, Honolulu, HI 96814
전화번호	(808) 951-0000

호하는 페타 치즈와 야채가 가미된 그릭 버거, 아보카도가 담백한 맛을 더하는 카네오헤 버거가 인기가 좋다. 진하고 달콤한 스무디를 곁들이면 물놀이의 출출함을 단번에 날려준다.

카피올라니 지점은 알라모아나 쇼핑몰 방문 시 근처 도보 5분 정도의 거리이므로 쉽게 접근이 가능하다. 바로 옆에는 커피빈도 있어 식사 후 차 한 잔을 즐길 수도 있다.

좋아요	수영복 차림으로 입장 가능한 테이크아웃. 최고의 버거 패티를 맛볼 수 있다.
아쉬워요	주문 후 만들어져 주문 또는 식사가 나오는 데 대기 시간이 꽤 길다.
추천	신혼/친구/아이와/가족/홀로

쿠아아이나 버거 Kuaāina Burger

쿠아아이나 버거는 현재 오아후 섬 서쪽 카폴레이 지역과 북쪽 할레이바 지역 위치한 하와이 대표 수제버거 레스토랑으로 관광객, 현지인 모두에게 엄지를 들게 하는 대표 맛집 중 하나이다. 직접 카운터에서 주문하여 가져가는 테이크아웃 레스토랑이며, 대표 메뉴로는 고소한 아보카도와 두꺼운 패티가 잘 어울리는 아보카도 버거와 하와이를 대표하는 파인애플의 달콤함이 살아있는 파인애플 버거이다. 매운 것을 즐기는 사람이라면 할라피뇨를 추가해 매운 맛을 더할 수도 있다.

수제버거의 매력은 뭐니뭐니해도 두꺼운 패티의 위력이다. 일반 프랜차이즈 버거들과 차별화된 두꺼운 패티는 쿠아아이나 버거의 일등공신이라 할 수 있다. 또한 달콤한 마우이 양파가 바싹 구워져 올려지는데 일반 양파보다 달콤함이 더해 버거의 맛을 한층 업그레이드 시킨다.

기존 알라모아나 근처 워드 지역 지점은 폐점하고 리조트 지역으로 새로이 각광받는 섬의 서쪽 카폴레이 지역으로 옮겨 새단장을 마쳤다. 하와이의 가장 오래된 타운인 할레이바 타운에도 지점이 있으니 섬 일주 시 출출함을 달랠 때 들러 보는 것도 좋다.

좋아요	테이크아웃 레스토랑. 푸짐하고 신선한 재료 수제버거가 맛있다.
아쉬워요	약간 기름지게 느껴질 수 있다.
추천	신혼/친구/아이와/가족/홀로
가격	보통 $7~ (1인 기준, 세금 별도)
추천메뉴	아보카도 버거(Avocado Burger), 파인애플 버거(Pineapple Burger)
홈페이지	kuaainahawaii.com
영업시간	월~목, 일 10:30~20:00 금~토 10:30~20:00 (워드 센터 지점) 매일 11:00~20:00 (할레이바 타운)
주차	무료

1일 투어 코스

샥스코브에서 스노클링 (10) → 쿠아아이나 할레이바에서 런치 → 할레이바 타운 구경하기

카폴레이 지점

주소	4480 Kapolei Pkwy. Kapolei, HI 96707
전화번호	(808) 674-4030

할레이바 타운 지점

주소	66-160 Kamehameha Hwy Haleiwa, HI 96712
전화번호	(808) 637-6067

25 GIOVANNI'S Shrimp Truck / Macky's Shrimp Truck

노스 쇼어의 명물 **새우 트럭**

카후쿠(Kahuku) 지역을 비롯해 오아후 섬의 북쪽에는 큰 규모의 새우 양식장들이 여럿 운영되고 있으며 주변에는 양식장에서 자란 새우를 즉석에서 요리해 판매하는 일명 '새우 트럭' 들이 많이 있다. 재료가 싱싱할 뿐만 아니라 맛도

뛰어나 타운과 멀리 떨어진 거리임에도 불구하고 이곳 새우 트럭에는 늘 많은 관광객으로 붐빈다.

지오바니 새우 트럭
GIOVANNI'S Shrimp Truck

오아후 섬 북동쪽에 위치한 폴리네시안 컬처럴 센터를 지나 10분 정도 운전해 가다 보면 도로 오른편으로 흰색 바탕에 빨간 글씨로 'GIOVANNI'S' 라 씌여 있는 새우 트럭을 만날 수 있다. 이곳은 아

줄 최고의 음식점이 아닐까 싶다.

- 새우 요리 외에 핫도그도 판매한다.
- 어린아이나 추가 주문을 위해 하프(Half) 사이즈도 준비되어 있다.
- 카후쿠 지오바니 새우 트럭 뒷편에 Uncle Woody's BBQ Corn Noth Shore Hawaii에서 맛있는 옥수수도 맛보자. (가격 $5, 2번 메뉴 추천)
- 할레이바 타운 안에 두 번째 지오바니 새우 트럭이 운영되고 있다.

담하고 소박한 겉모습과 달리 하와이 여느 유명 맛집 못지 않게 많은 손님으로 항상 북적이는 카후쿠 지역 최고의 새우 트럭으로, 최근 더 크고 깨끗한 새우 트럭으로 업그레이드 했다.

기본적으로 지오바니 새우 트럭에서 맛볼 수 있는 새우 요리 종류는 한 가지이지만 개인 취향에 따라 매운맛, 레몬 & 버터 맛, 마늘 맛 중 선택할 수 있다. 이 세 가지 중 가장 인기 있는 메뉴는 마늘 새우이다. 마늘 새우는 일반 사이즈 주문 시 보통 한 접시에 굵은 새우 12마리와 밥 두 스쿱이 나온다. 버터의 느끼한 맛이 부담스러울 경우 매콤한 맛의 타바스코 소스가 들어간 '스파이시 소스'를 직원에게 요청하면 무료로 나눠준다. 오아후 섬 투어 중 저렴한 가격에 싱싱한 새우 요리를 즐길 수 있는 지오바니 새우 트럭. 여행 중 출출함을 달래

좋아요	한국인 입맛에도 딱 맞는 맛있는 새우 요리다.
아쉬워요	트럭에서 풍겨오는 맛있는 냄새 덕분에 주변에 파리들이 좀 있다.
추천	신혼/친구/아이와/가족/홀로
가격	새우 요리 $14, 음료 $1.5
홈페이지	giovannisshrimptruck.com

1일 투어 코스

해안도로 드라이브 (79) → 새우 트럭 → 할레이바 타운 구경 및 쉐이브 아이스크림 (43)

카후쿠 지점

주소	56–505 Kamehameha Hwy. Kahuku, HI 96731
전화번호	(808) 293–1839
영업시간	월~일 10:30~18:30 (시즌에 따라 변경될 수 있다.) 새우 트럭 앞 무료 주차 가능

할레이바 지점

주소	66–472 kamehameha hwy, haleiwa
영업시간	월~일 10:30~17:00

맥키스 새우 트럭 Macky's Shrimp Truck

오아후 섬 북서쪽의 할레이바 타운 안쪽으로 오다 보면 파란색 버스에 빨간 새우가 그려진 귀여운 맥키스 새우 트럭을 만날 수 있다. 맥키스의 최고 인기 메뉴 역시 마늘 새우인데, 다른 새우 트럭과 비교해 이곳 마늘 새우는 마늘을 곱게 썰어 향이 부드럽고 씹을 때 식감이 좋다. 또한 새우를 볶을 때 사용하는 버터의 양이 많지 않아 조금 덜 느끼하다는 장점이 있다. 맥키스의 마늘 새우 한 접시에는 기본적으로 굵은 새우 12마리와 밥 두 스쿱, 그리고 간단한 샐러드가 나오며 하와이에서 직접 재배한 싱싱한 파인애플 한 조각이 디저트용으로 제공된다. 마늘 새우를 비롯해 오리지널 새우, 코코넛 새우, 레몬 페이퍼 새우 등이 있으며 하와이 현지 과일로 만든 과일 샐러드도 많은 사람에게 사랑받고 있다.

- 와이키키에서 쉽게 볼 수 있는 여행 가이드북에서 맥키스의 할인 쿠폰을 찾아 사용해보자.

좋아요	할레이바 타운 관광 후 점심으로 적합하다.
아쉬워요	새우 요리 외에 다른 메뉴는 주문이 어렵다.
추천	신혼/친구/아이와/가족/홀로

가격	새우 한 접시 $13~
추천메뉴	버터 갈릭(Butter Garlic)
주소	66–632 Kamehameha Hwy.
전화번호	(808) 780–1071
홈페이지	mackeyshrimptruck.com
영업시간	월~일 09:00~18:30 (시즌에 따라 변경될 수 있다.)

1일 투어 코스

비숍 뮤지엄 (82) → 돌 플랜테이션 (84) → 할레이바 타운 관광 및 맥키스 새우 트럭

26 *Hokkaido Ramen Santouka / Goma Tei*

자꾸만 찾게 되는 **맛있는 일본 라멘**

일본 이민자들이 많이 사는 하와이에서는 본고장에서 맛본 라멘 맛 그대로 하와이에서도 맛볼 수 있다. 일본 유명 라멘 프렌차이즈점부터 현지 주민이 직접 운영하는 현지식 라멘 전문점까지 다양한 라멘집이 즐비한데, 그중 가장 인기가 좋고 맛있는 라멘을 판매하는 두 곳의 일본 라멘 맛집을 소개한다.

홋카이도 라멘, 산토우카
Hokkaido Ramen, Santouka

평소 친하게 지내는 일본 친구에게 추천 받아 처음 알게 된 홋카이도 라멘 산토우카는 이미 일본에서도 큰 인기를 얻어 체인점을 여럿 운영하고 있는 인기 라멘집으로 입소문이 나 있는 곳이다. 하와이에 처음 체인점이 오픈한

토핑과 야채 토핑이 쫄깃한 면발과 아주 잘 어울린다. 매운맛을 좋아하는 한국인들에게 카라 미소라멘(Kara Miso Ramen)을 추천하며 콤보로 주문하면 교자와 찐계란이 함께 제공된다.

여행 TIP

- 식사시간대에는 긴 대기시간을 고려해야 한다.
- 앞에 마련된 웨이팅 리스트에 이름을 먼저 적어놓자.
- 라멘의 사이즈 선택이 가능하며 일반 라멘집에 비해 양이 적은 편이다.
- 크로징에 가까운 시간대에 방문할 경우 라멘 육수가 짠 편이다.
- 좁은 실내로 유모차나 큰 짐가방 등 부피가 큰 물건을 갖고 입장하기가 불편하다.

좋아요	돈키호테 마트 푸드코트에 위치해 있어 마트 이용 후 방문하기에 편리하다.
아쉬워요	음식점 내부가 아담한 편이며 테이블 사이의 거리가 상당히 좁다.
추천	신혼/친구/아이와/가족/홀로

가격	$10~$11 (1인 기준)
추천메뉴	카라 미소 콤보(Kara Miso Combo) $14.50, 차슈 시오 라멘(Charsiu Shio Ramen) $10.50
주소	801 Kaheka St Honolulu, HI 96814
전화번호	(808) 941-1101
영업시간	월~일 11:00~23:00
주차	돈키호테 마트 주차장

1일 투어 코스
돈키호테 마트 (67) → 홋카이도 라멘 산토우카

다는 소식을 접한 라멘 마니아들은 오픈 날짜를 손꼽아 기다릴 정도였다. 일단 이곳이 큰 인기를 얻는 비결 중 하나는 바로 48시간 푹 고아 만든 진하고 깊은 육수 맛이다. 이렇게 깊고 진한 라멘이 있을까 싶을 정도로 먹는 내내 깊고 진한 국물에 흠뻑 빠져들게 된다. 한국의 설렁탕과 흡사한 맛의 뽀얀 국물 색으로부터 육수의 깊은 맛이 눈으로 느껴질 정도이다. 적당한 기름기로 많이 느끼하지 않으며 부드러운 돼지고기

- 평소 진한 라멘을 즐겨먹지 않는다면 진한 국물 맛이 다소 느끼할 수 있다.
- 로코모코, 커리, 일본식 덮밥 등 다양한 밥 종류의 메뉴도 준비되어있다.
- 바와 테이블 좌석으로 이루어져 있으며 넓은 규모의 바 좌석도 편하게 이용할 수 있다.
- 음식점 문에 달려있는 웨이팅 리스트에 이름을 적어 놓아야 한다.
- 생맥주를 판매한다.

고마 테이 Goma Tei

하와이에서 많은 라멘집을 방문해 봤지만 이곳만큼 고소하고 특별한 라멘을 맛보기는 쉽지 않다. 일본어인 '고마 테이'는 한국어로 풀이하자면 '참깨정'이라 하는데, 상호에서도 알 수 있듯이 이곳은 고소한 참깨를 갈아 만든 참깨 라멘이 유명한 곳이다. 고마 테이의 대표 메뉴인 참깨를 갈아 만든 탄탄 라멘은 살짝 맛을 보기만 해도 참깨의 고소한 풍미를 그대로 느낄 수 있을 만큼 담백한 육수가 정말 맛이 좋다. 토핑으로 같이 나오는 차슈는 상당히 부드러워 한입 베어 물면 입안에서 사르륵 녹는다. 또한, 이곳은 라멘과 함께 주문하기 좋은 사이드 메뉴 중 바삭하게 튀겨 나오는 치킨 타츠타아게(Chicken Tatsutaage)와 교자(Gyoza)가 참깨 라멘만큼 인기가 높다.

좋아요	어느 곳에서도 맛볼 수 없는 고소하고 담백한 참깨 육수가 일품이다.
아쉬워요	식사시간대에는 긴 대기시간을 고려해야 한다.
추천	신혼/친구/아이와/가족/홀로

가격	$10~$12 (1인 기준)
추천메뉴	탄탄 라멘(Tan Tan Ramen) $9.30, 치킨 타츠타아게(Chicken Tatsutaage) $8.74
주소	Ste 1215, 1450 Ala Moana Boulevard, Honolulu, HI,
전화번호	(808) 947-9188
영업시간	월~목 11:00~21:30 금~토 11:00~22:00 일 11:00~21:00
주차	알라모아나 쇼핑센터 주차장

1일 투어 코스

알라모아나 쇼핑센터 쇼핑 (61) → 고마 테이

워드 센터 지점	
주소	Ward Center, Ala Moana Blvd # 429, Honolulu, HI.

27 *Sushi Bay*

회전초밥의 원조 **스시 베이**

카폴레이 쇼핑센터에 위치한 스시 베이는 타운 내에서 상당히 먼 거리에 있어 관광객은 물론 현지인들도 잘 알지 못하는 카폴레이 지역 사람들만 아는 숨은 맛집이다. 언제나 손님들로 붐비며 대기하는 사람들로 꽉 차있는 대박난 맛집이다. 이렇게 긴 대기시간을 감수하고도 이곳을 자주 찾는 이유는 한입

에 넣기 힘들 정도로 두툼하고 회전율이 빨라 언제나 신선한 생선회가 올려진 초밥을 저렴하게 맛볼 수 있기 때문이다. 오픈 시간 전부터 사람들이 줄지어 기다리는 것을 볼 수 있고, 영업시간이 끝날 때까지 끊임없이 손님들의 방문이 이어진다. 대기시간이 길다 보니 테이크아웃을 하는 사람도 많이 볼 수

- 회전 레일에 스시가 나오면 빠르게 동나기 때문에 웨이트리스에게 따로 주문하는 편이 더 좋다.
- 타운에서 거리가 멀고 대기시간이 긴 편이니 일부러 방문하는 것보다는 카폴레이 지역에 방문할 때 들러보는 것을 추천한다.
- 접시 색깔별 가격 Yellow $1.50 / Red $2.20 / Blue $2.80 / Green $3.80 / Purple $4.80
- 이곳에서 판매되는 초밥은 대부분 생선살이 두껍고 싱싱해 어떤 생산초밥을 주문해도 만족스럽게 맛볼 수 있다.
- 음식점 규모는 그리 크지는 않지만 깨끗한 분위기에 서비스도 친절한 편이다.

있는데, 오른편에는 테이크아웃 데스크가 따로 마련되어 있을 정도로 주문 양이 밀려들어 온다. 특히 스시 베이의 연어초밥은 싱싱한 연어 위에 마요네즈와 양파 슬라이스가 올려져 나오는 양파 연어초밥으로, 생선회가 신선하고 비린내도 나지 않는 깔끔한 맛에 인기가 높다. 갈릭 아히는 두툼한 참치회를 겉만 살짝 익혀 갈릭 소스를 듬뿍 올려 만든 퓨전초밥으로, 이곳에서 꼭 맛봐야 하는 음식 중 하나이다. 다이나마이트 롤은 안에 바삭한 새우튀김과 토핑으로는 매콤한 스파이시 튜나(매운 참치)가 가득 올려져 있어 한 접시만 맛 봐도 배가 불러온다.

좋아요	신선하고 질 좋은 스시를 저렴한 가격대로 맛볼 수 있다.
아쉬워요	언제나 손님들의 방문이 끊이질 않는 곳으로 식사시간대가 아니더라도 언제 방문해도 긴 대기시간을 감수해야 한다.
추천	신혼/친구/가족/홀로

가격	$10~$14 (1인 기준)
추천메뉴	연어초밥(Salmon Sushi) $2.80, 갈릭 아히(Galic Ahi) $2.80, 다이나마이트 롤(Dynamite Roll) $4.80
주소	Kapolei Shopping Center 590 Farrington Hwy, Ste 130 Kapolei, HI 96707
전화번호	(808) 693-9922
영업시간	일~목 10:30~21:00 금~토 10:30~21:30
주차	쇼핑센터 내 무료 주차

1일 투어 코스
와이켈레 아울렛 (62) → 스시 베이

28 *Maui Mike's Fire-roasted Chicken*

하와이식 직화구이 치킨을 맛보자!

마우이 마이크스 파이어 로스트 치킨

이미 일본 여행잡지에 몇 차례 소개된 바 있고 하와이 현지인과 일본 관광객들에게 큰 인기를 얻고 있는 맛집 마우이 마이크스 파이어 로스트 치킨. 하와이 스타일 직화구이 통닭을 판매하는 곳으로 다른 음식점에 비해 양념이 짜지 않고 부드러운 치킨이 맛이 좋아 한번 찾은 손님들이 다시 한번 찾게 만드는 곳이다. 노스 쇼어로 향하는 길 파인애플 농장 전에 위치한 올드타운 와히아와에 자리 잡고 있다. 마우이 마이크스 파이어 로스트 치킨은 상호에 알맞게 음식점 유리창에 불을 연상케 하는 강렬한 빨간색 스티커 인테리어가 있어 멀리서도 한눈에 알아볼 수 있다. 음식점에 들어서면 벽면 한쪽에는 하와이 사진과 하와이 그림, 그리고 서핑보드로 장식되어 있어 하와이 느낌이 물씬 묻어난다. 이곳의 메뉴는 자세한 설명과 콤보 번호와 함께 안내되어 처음 방문하는 사람들도 메뉴 선택이 어렵지 않다. 콤보 메뉴 #1~#6까지 기본적으로 음료수와 프라이가 포함되어 있으며, 메인으로 제공되는 치킨 부위를 선택하거나 또는 직화구이 치킨을 넣어 만든 샌드위치를 선택하는 방식이다. 콤보 메뉴는 $10 이하의 비교적 저렴한 가격대이며 따끈하게 구운 치킨을 한입 맛보면 껍질의 기름기가 빠져 바삭하면서 고소하고, 속살은 담백하면서 정말 부드럽다. 콤보 #3는 닭가슴살이 먹기 좋게 찢어 나오는 Shredded Breast로, 잘게 찢겨져 먹기 편하고 한번도 얼리지 않은 냉장 닭만 사용해 가슴살의 퍽퍽한 식감이 없다. 또한 신선한 닭으로 요리해 누린내가 나지 않으면서 깔끔하고 맛이 좋다.

<table>
<tr><td>여행 TIP</td></tr>
</table>

- 콤보 메뉴 하나에 소스 2가지 선택 가능하며, 머스터드와 바비큐 소스가 인기가 좋다.
- 2016년 카일루아 타운 내에 2호점을 오픈했다.
- 저녁 시간 방문은 올드타운 와히아와 타운점보다 카일루아점이 더욱 안전하다.
- 와히아와 타운점은 노스 쇼어 투어를 가는 길에 간단하게 테이크아웃하기 좋다.
- 2인분 주문 시 한 마리 통째로 주문하는 Small Feast 메뉴가 경제적이다.
- $1 추가 시 케이준 프라이로 업그레이드 가능하다.

좋아요	맛있는 하와이식 직화구이 통닭을 맛볼 수 있다.
아쉬워요	테이블 수가 많지 않아 식사시간대에는 쉽게 테이블을 찾을 수 없다.
추천	신혼/친구/아이와/가족/홀로

가격	$9~$11 (1인 기준)
추천메뉴	콤보 #2 하프치킨(Combo #2 Half Chicken) $9.59, 콤보 #3 쉐더드 브레스트(Combo #3 Shredded Breast) $8.29
주소	96 S Kamehameha Hwy, Wahiawa, HI
전화번호	(808) 622-5900
홈페이지	mauimikes.com
영업시간	10:30~20:30
주차	음식점 뒷편에 마련된 무료 주차장

1일 투어 코스

마우이 마이크스 파이어 로스트 치킨(와히아와 타운점) → 파인애플 농장 (84) → 노스 쇼어

카일루아 지점	
주소	Enchanted Lake Center 1020 Keolu Dr Kailua, HI 96734

29 *Spam Musubi*

여행 중 출출함을 든든하게!

스팸 무수비

하와이 관광객과 현지인들에게 모두 사랑받는 스팸 무수비는 양념한 스팸을 밥 위에 얹어 주먹밥처럼 먹는 스팸 초밥이다. 기호에 따라 김과 계란, 베이컨, 오이 등을 함께 얹어 먹기도 한다. 하와이에서 언제든 쉽게 먹을 수 있고, 맛과 착한 가격까지 더해져 스팸 무수비의 인기는 식을 줄 모른다. 하와이의 스팸 사랑은 정말 대단한데, 매년 무려

700만 캔이 소비될 정도이며, 연간 행사로 와이키키에서 스팸을 사랑하는 사람들의 스팸 축제도 진행된다.

행사에선 스팸으로 만든 다양한 음식을 맛볼 수 있으며 각종 스팸 기념품과 일반적으로 알려진 스팸 외 마카다미아 넛 스팸, 베이컨 스팸 등 다양한 종류를 구경할 수 있다. (와이키키 스팸 축제 매년 4월/spamjamhawaii.com)

스팸 무수비로 와이키키 내에서 가장 유명한 맛집인 이야스메 무수비(Iyasume Musubi)는 다양한 종류의 무

수비와 도시락류를 제공한다. 스팸 에그 무수비를 포함해 인기 있는 메뉴들은 미리 만들어져 있으며 별도 원하는 메뉴가 있다면 즉석에서 주문할 수 있다.

오리지날 무수비 종류(주먹밥 스타일)

데리야끼 스팸 ｜ 에그 스팸 ｜ 치즈 스팸 ｜ 매실오이 스팸 ｜ 계란오이 스팸 ｜ 베이컨 에그 스팸 외

무수비 종류(삼각김밥 스타일)

연어 ｜ 마요 연어 ｜ 치킨 ｜ 참치 외

테이크아웃 주문이 대부분이나 간단한 테이블이 마련되어 있어 안에서 시식도 가능하다. 밥 위에 스팸을 얹은 것이 전부이니 크게 차이가 있을까 싶은데 이야스메 무수비의 비법은 고급 쌀이라는 것 외에 공개되지 않았다.

하와이 여행 중 간단한 점심을 원할 때, 혹은 간식으로 하와이에서 꼭 먹어봐야 하는 인기 스팸 무수비로 출출함을 달래보면 어떨까?

여행 TIP

- 야외에서 먹는 무수비는 더 맛있다! 테이크아웃도 가능하니 공원이나 해변에서 여유를 느끼며 무수비를 맛보는 것도 좋다.
- 이른 아침부터 투어에 참여해야 한다면 출발 전 무수비로 든든히 속을 채워보자.

좋아요	든든하면서 가격도 착하다.
아쉬워요	약간의 대기가 있을 수 있다.
추천	신혼/친구/아이와/가족/홀로
가격	무수비 $2~
추천메뉴	스팸 에그 무수비(Spam Egg Musubi)

1일 투어 코스

아침으로 스팸 무수비 → 쿠알로아 목장 1일 체험 (70)

본점

이야스메 무수비 Iyasume Musubi

주소	Aqua Pacific Monarch Hotel 2427 Kuhio ave, honolulu, HI, 96815 (아쿠아 퍼시픽 모나크 호텔 1층)
전화번호	(808) 921-0168
홈페이지	tonsuke.com/eomusubiya.html
영업시간	월~일 06:30~20:00

익스프레스 지점
(현금 지불만 가능하며 테이크아웃만 가능)

무수비 & 벤또 이야스메 Musubi & Bento Iyasume
(로스 매장 맞은편)

주소	334 Seaside ave Honolulu, HI, 96815
영업시간	월~일 07:00~20:00

무수비 익스프레스 이야스메
Musubi Express Iyasume

주소	2250 kalakaua ave. Honolulu HI 96815 (와이키키 쇼핑 플라자 지하)
영업시간	월~일 10:00~14:00

30 *Big Kahuna's Pizza*

도우가 부드럽고 맛있는 피자 전문점
빅 카후나 피자

공항 근처에 위치한 하와이 로컬 피자 전문점 빅 카후나 피자는 타운 내에 위치하지 않아 많은 사람에게 알려지지는 않았지만 피자를 좋아하는 피자 마니아들에게는 좋은 평을 받는 맛집이다. 이곳의 피자가 맛있는 가장 큰 이유는 도우가 상당히 부드럽기 때문이다. 두툼한 도우를 살짝만 베어 먹어도 마치 우유 식빵처럼 부드럽고 폭신한 느낌이 들어 다양한 토핑과 환상적인 조합을 이룬다.

하와이 피자 전문점답게 현지의 신선한 식재료가 토핑으로 올려진 메뉴가 다양하다. Haole 피자는 달콤한 하와이 파인애플과 햄이 듬뿍 올려져 나오는가 하면, 하와이 전통음식 Kalua Pork로 만든 Kanaka 피자 역시 이곳에서만 맛

볼 수 있는 색다른 맛이다. 사이즈는 7인치(Personal Pan)와 12인치(Medium Pan) 두 가지 사이즈가 있으며 12인치를 주문할 경우 2번째 팬은 반 가격으로 할인 혜택을 받을 수 있어 짝수로 주문하면 경제적이다.

- Airport Trade Center에 있다.
- 배달은 하지 않으며 테이크아웃 시 미리 전화 주문을 하는 것이 좋다.
- 버터와 갈릭, 그리고 치즈가 듬뿍 올려져 있는 갈릭 치즈볼은 애피타이저로 주문하는 이곳의 인기 메뉴이다.

갈릭 치즈볼
- 가격: 7인치 $8.45, 12인치 $21.95
- 피자 종류에 따라 가격차이가 있다.
- 12인치는 2명이서 나눠먹기 좋은 사이즈이다.

좋아요	하와이 스타일의 짜지 않은 미국 피자를 맛볼 수 있는 곳이라 더욱 좋다.
아쉬워요	배달이 안 된다.
추천	신혼/친구/아이와/가족/홀로
가격	$9~$13 (1인 기준)
추천메뉴	시피니치 갈릭 토마토 피자(Spinch Garlic Tomato) $21.95, 바비큐 치킨 피자(BBQ Chicken) $21.95
주소	550 Paiea St Honolulu, HI 96819(Airport Trade Center)
전화번호	(808) 833–5588
홈페이지	bigkahunaspizzahawaii.com
영업시간	월~금 10:00~21:00 토~일 11:00~21:00
주차	쇼핑센터 내 무료 주차

1일 투어 코스
비숍 뮤지엄 (82) → 빅 카후나 피자

Section 03
저녁

31 *Wolfgang's Steak House*

육즙이 가득한

울프강 스테이크 하우스

와이키키 심장부 로얄 하와이안 센터 3
층에 위치한 최상급 스테이크 레스토랑
울프강은 뉴욕과 캘리포니아에 이어 와
이키키에 2009년 문을 열었다.
미국산 최상급 스테이크와 그에 걸맞은
다양한 와인 컬렉션으로 뉴욕과 베버리

힐즈를 넘어 와이키키에서도 사랑 받고
있다. 와이키키 시내가 한눈에 들어오
는 깔끔한 인테리어와 아늑한 분위기,
서버들의 서비스는 레스토랑의 분위기
를 한층 높인다. 입구에 들어서면 통유
리창 너머로 대형 와인 컬렉션을 볼 수
있어 와인 애호가들의 눈을 즐겁게 한
다. 애피타이저로는 싱싱한 굴과 두툼
한 캐네디언 베이컨이 유명하다. 소스
와 함께 제공되는 생굴은 입안 가득 신
선함을 선사하며 케네디언 베이컨은 두

툼한 살이 그릴에 구운 삼겹살의 느낌
이다.

메인 메뉴는 역시 스테이크로, 특히 드
라이 에이징 스테이크로 유명하다. 드
라이 에이징은 까다로운 건조 숙성으
로, 에이징 쿨러에서 알맞은 온도와 습

도 등의 조건에서 2주 이상 숙성시킨
방식이다. 일반적인 진공포장 상태의
숙성에 비해 그 맛과 풍미가 뛰어나다.
휠레 미뇽, 립아이, 서로인 스테이크 외
에 인원에 맞게 스테이크 요리를 주문
할 수 있다. 2인의 경우 스테이크 포 투
(두 명을 위한 스테이크)를 주문하면 티
본 스테이크로 제공된다. 단, 애피타이
저까지 주문할 경우 둘이 먹기에 양은
많은 편이다. 기호에 따라 스테이크 굽
기를 요청한 뒤 육즙이 풍부하게 감도
는 스테이크 맛을 경험하면 하와이는
진정 맛의 천국이라는 생각이 들 것이

다. 더불어 울프강 자체 제작 스테이크 소스도 함께 맛볼 수 있다.

스테이크 주문 시 별도 사이드는 제공되지 않으니 기호에 따라 잘 조리된 소티드 머쉬룸, 삶은 브로콜리, 매쉬드 포테이토 등을 곁들이면 더 맛있다.

좋아요	맛, 분위기, 서비스까지 삼 박자 고루 갖췄다.
아쉬워요	와인까지 제대로 즐기려면 가격은 좀 생각해야 한다.
추천	신혼/친구/가족

가격	점심 $20~, 저녁 $50~ (1인 기준, 세금 및 팁 별도)
추천메뉴	애피타이저로는 싱싱한 굴(Oyster)과 캐네디언 베이컨(Canadian Bacon), 메인 메뉴는 부위별 맛볼 수 있는 스테이크(2인부터 4인까지 선택 가능)
주소	2301 Kalakaua Ave Bldg C, 3rd Fl Honolulu, HI 96815 (로얄 하와이언 쇼핑 센터 3층)
전화번호	(808) 922-3600
홈페이지	wolfgangssteakhouse.net/waikiki
영업시간	월~목 11:00~22:30 금~토 11:00~23:30
의상	세미 캐주얼
주차	주차할인 1시간/4시간까지 시간당 $1

1일 투어 코스

와이키키 서핑 (69) → 점심 푸드코트 (22) → 와이키키 비치워크 쇼핑 (64) → 저녁 울프강 스테이크 하우스

여행 TIP

- 접근성이 좋다 보니 예약이 마감되기 쉽다. 예약은 미리 하자.
- 드레스 코드가 캐쥬얼이지만 레스토랑 분위기나 담당 서버들의 서비스는 캐쥬얼하지 않으니 비치 웨어는 피하고 어느 정도 예의를 갖춘 복장이 좋다.
- 울프강의 해피아워에는 간단한 애피타이저와 함께 와인 한 잔을 즐길 수 있는 메뉴가 준비되어 있다. (간단한 애피타이저 $7 내외 / 매일 16:00~18:30)
- 런치와 디너 메뉴가 다르며 런치 시간에는 $15 내외의 비교적 저렴한 메뉴가 준비되어 있다.

980℃ 고온에서 구워낸 환상적인 맛!

루스 크리스 스테이크 하우스

와이키키의 Lewers 거리에 위치한 루스 크리스 스테이크 하우스는 맛과 분위기 두 가지 모두 만족시키는 맛집으로 손꼽힌다. 1965년 루스 페텔은 집을 담보로 작은 스테이크 하우스를 오픈했는데, 그녀의 레시피가 점점 입소문을 타고 번져 지금의 유명한 '루스 크리스 스테이크 하우스'가 탄생했다고 한다. USDA 인증 최고 등급의 소고기를 사용하는 이곳은 스테이크를 화씨 980도 고온에서 구워내 겉은 바삭하고 속은 촉촉해 한입 베어 물면 입안 가득 부드러운 육즙을 그대로 느낄 수 있다. 루스 크리스의 또 하나의 맛 비결은 바로 뜨겁게 달궈져 나오는 개인 접시에 있다. 접시의 따뜻한 온도가 스테이크의 마지막 한 조각까지 온도를 유지시켜줌은 물론 스테이크와 함께 곁들어 먹는 버터소스의 맛까지 한층 고조시켜준다. 미드의 남녀 주인공이 저녁 데이트를 즐길 것 같은 고급스럽고 로맨틱한 루스 크리스에서의 저녁식사를 추천한다.

좋아요	고급스러운 분위기, 친절한 서비스, 고급 스테이크 하우스다.
아쉬워요	사전 예약 없이 방문할 경우 긴 대기시간을 고려해야 한다.
추천	신혼/친구/아이와/가족

가격	$40~$50 (1인 기준)
추천메뉴	2인분의 티본 스테이크(Porterhouse for Two) $110, 크림 시피니치(Creamed Spinach) $12
주소	226 Lewers St Ste L233 Honolulu, HI 96815 (와이키키 비치워크 점)
전화번호	(808) 440-7910
홈페이지	ruthschris.com
영업시간	월~일 17:00~22:00
주차	① 발레파킹 4시간 Embassy Suites $6 ② 레스토랑에서 도보로 약 5분 거리 위치한 ROSS 건물에 주차 후 저렴한 물건을 구입하고 발레파킹을 하면 무료 2시간 주차 가능

1일 투어 코스

와이키키 해변 (6) → 루스 크리스 스테이크 → 면세점 쇼핑 (64)

- 사전예약은 필수이며 만약 사전예약 없이 방문할 경우 긴 대기시간을 고려해야 한다.
- 음식값 총 금액의 15% 이상 팁을 지불하는 것이 좋다.
- 한국어 메뉴판을 따로 요청하자.
- 메인 요리에 어울리는 와인을 담당 서버에게 문의해보자.
- 웨딩 플래너나 웨딩 케이크, 생일 케이크, 그리고 훌라댄서와 뮤지션의 엔터테인먼트 같은 다양한 고객 맞춤 서비스를 제공하고 있다.

호놀룰루(다운타운) 지점

주소	500 Ala Moana Blvd. #6C Honolulu, Hawaii 96813
전화번호	(808) 599-3860

라하이나(마우이) 지점

주소	900 Front Street Lahaina, Hawaii 96761
전화번호	(808) 661-8815

33 *Roy's*

하와이 퓨전 요리의 최강자 **로이스**

하와이 퓨전 레스토랑 로이스는 1998년 셰프 로이 야마구치(Roy Yamaguchi)에 의해 호놀룰루에서 처음 오픈한 이래 현재 미국 내 23개, 전 세계에 걸쳐 31개의 체인점이 운영되고 있다. 유럽과 아시아 음식을 혼합한 퓨전 요리를 지향하는 로이스의 가장 큰 특징은 여느 메이저 프랜차이즈 음식점들과 달리 31개의 로이스 체인점들이 몇 가지 인기 음식을 제외한 모든 메뉴를 그 지역의 특색에 맞게 지역화하여 제공한다는 점이다. 이는 각 지역에서 생산되는 고유의 재료들을 이용해 손님들에게 최고의 요리를 제공하자는 로이스만의 요리 철학에서 비롯된 것이다.

하와이 로이스는 지역적 특성상 아히 튜나(Ahi Tuna), 새먼 앤 버터 피시(Salmon and Butter Fish)와 같이 생선을 이용해 만든 음식들이 메뉴의 많은 부분을 차지하는데, 특히 하와이 생선인 오파카파카(Opakapaka)와 오나가(Onaga)를 이용해 만든 요리는 로이스에서만 맛볼 수 있는 특별한 음식들이다.

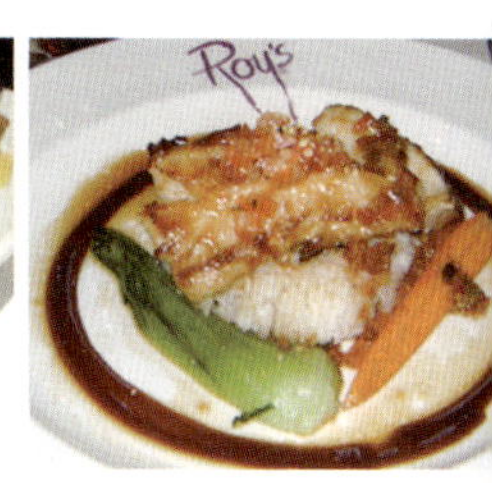

음식의 재료 뿐만 아니라 장식을 위해서도 하와이에서 생산되는 재료를 많이 사용하는데, 대표적인 것이 바로 하와이 대표 꽃인 오키드(Orchid)이다. 접시 한쪽 모퉁이에 가지런히 얹어 그 아름다움으로 음식의 맛을 더해준다.

하와이 고유의 재료를 이용해 유럽과 아시아 스타일로 재해석한 음식을 맛볼 수 있는 로이스, 낭만적인 저녁 식사를 위해 한 번쯤 들러봐야 할 식당이다.

좋아요	주방이 오픈돼 있어 요리하는 모습과 주방의 청결도를 확인할 수 있다.
아쉬워요	항상 손님들로 붐벼 대기시간이 길어질 수 있다.
추천	신혼/가족

가격	$50~ (1인 기준, 세금 및 팁 별도)
추천메뉴	생선류
홈페이지	royshawaii.com

1일 투어 코스

오아후 블루로드 탐험 해안도로 드라이브 (79) → 하와이 코스트코 쇼핑 (63) → 로이스에서 멋진 저녁식사

- 최소 하루 전에 예약을 하자.
- 로이스의 인기 디저트인 핫 초콜릿 수플레(Hot Chocolate Souffle)를 꼭 맛보자. 따끈따끈한 초코 케이크 안에 부드러운 초콜릿이 가득하다.
- 다양한 와인 메뉴가 따로 준비되어 있다.
- 고급 레스토랑으로 너무 캐쥬얼하지 않은 단정한 차림으로 입장해야 한다.

와이키키 지점

주소	226 Lewers St. Honolulu
전화번호	(808) 923-7697
영업시간	월~목 11:00~21:30 일 11:00~22:00

하와이 카이 지점

주소	6600 Kalanianaole Hwy. Honolulu
전화번호	(808) 396-7697
영업시간	월~목, 일 17:30~21:30 금 17:30~22:00 토 17:00~22:00

코올리나 지점

주소	92-1220 Aliinui Dr Ste 1, Kapolei, HI 96707
전화번호	(808) 676-7697
영업시간	매일 11:00~21:30

34 *Doraku Sushi*

다양한 롤을 맛볼 수 있는 **도라쿠 스시**

도라쿠 스시 레스토랑은 미국 플로리다, 동남아시아의 말레이시아에도 지점이 있는 소규모 스시롤 체인점으로, 와이키키 중심의 로얄 하와이언 쇼핑센터 3층에 있다. 와이키키에 대부분의 숙소를 두고 있는 관광객들이 방문하기에 좋은 위치이며 친절한 서비스, 깔끔한 분위기의 레스토랑으로 여성들의 사랑을 듬뿍 받는 레스토랑이다.

간단한 점심식사로 롤을 즐기기 좋은 곳이다. 다양한 종류의 롤을 골라먹을 수 있으며, 이 중 인기 메뉴는 단연 '레드 드래곤 롤'이다. 고소하고 매콤한 매운 참치회, 새우튀김, 아보카도가 가득 든 롤 위에 장어소스와 튀긴 마늘이 올려져 있으며, 푸짐한 재료의 어우러짐은 혀끝을 즐겁게 하기에 충분하다. 저녁식사를 위해 방문한다면, 사케 한 잔을 곁들여 저녁식사를 완성시켜 보자. 여러 종류의 사케 메뉴를 보유하고 있으며, 사케 중 '준마이(Junmai)' 종류는 목 넘김도 좋고, 요청에 따라 따뜻한 온주로도 즐길 수 있는 가장 적당한 반주라고 볼 수 있다. 아름다운 하와이 밤을 사케와 함께 취해보자.

좋아요	깔끔한 분위기, 좋은 서비스, 와이키키 중심의 편리한 위치이다.
아쉬워요	롤을 제외한 음식들은 깔끔하고 맛이 좋으나, 약간 비싼 편이다.
추천	신혼/친구/홀로

가격	점심 $12~, 저녁 $20~ (1인 기준, 세금 및 팁 별도)
추천메뉴	레드 드래곤 롤(Red Dragon Roll), 사시미 또는 스시 디럭스(Sashimi or Sushi Nigiri Deluxe)
홈페이지	dorakusushi.com
의상	캐주얼

1일 투어 코스

와이키키 해변 또는 달콤한 늦잠 → 쿠아아이나 버거 런치 (24) → 노드스트롬 랙/티제이 맥스 쇼핑 (63) → 도라쿠 스시 카카아코 지점

와이키키 지점

주소	2233 Kalakaua Ave Bldg B, 3rd Fl Honolulu, HI 96815 (로얄 하와이언 쇼핑센터 3층)
전화번호	(808) 922-3323
영업시간	월~목, 일 11:30~22:00 금~토 11:30~23:00
주차	로얄 하와이언 쇼핑센터 주차권을 레스토랑에 제시 후 할인 가능

카카아코 지점

주소	1009 Kapiolani Blvd, Honolulu, HI 96814
전화번호	(808) 591-0101
영업시간	월~목, 일 11:30~24:00 금~토 11:00~01:00
주차	거리 주차, 발렛파킹(거리 주차의 경우, 지역별로 제한이 많아 발렛파킹을 권장하며, 발렛파킹비와 별도로 $1~$2 정도의 팁을 건네는 것이 매너로 통용된다.)

35 *The Cheesecake Factory*

메인보다 디저트가 더 맛있는

치즈케이크 팩토리

와이키키 중심에 사람들이 늘 북적이는 장소가 있다면 바로 이곳, 치즈케이크 팩토리이다. 연일 몰려드는 관광객으로 식사시간대에는 기본 30여 분을 기다려야 하지만 언제나 활기찬 분위기의 깔끔한 레스토랑이다. 미국 전역에 지점을 보유하고 있는 큰 프랜차이즈 레스토랑으로 미국적인 분위기를 물씬 풍긴다. 이곳의 대표 메뉴는 역시 레스토랑 이름대로 치즈케이크이다. 케이크 진열대를 보는 순간 다양한 종류의 먹음직스러운 케이크들로 선택의 고민에 빠지고 만다. 얼티밋 레드 벨벳 케이크(Ultimate Red Velvet Cake), 또는 프레시 스트로베리(Fresh Strawberry)가 가장 인기 있으며, 프레시 바나나 크림 치즈케이크(Fresh Banana Cream Cheesecake)도 색다른 맛을 선사한다. 어떤 케이크를 선택해도 깊고 진한 맛이 먹는 이의 마음을 사로잡는다. 주문 시 보통 휘핑크림이 함께 제공되는데 치즈케이크의 진한 맛을 부드럽게 중화시켜주는 역할을 한다. 커피와 함께하는 디저트는 하루 여행의 활력이 되기에 충분하다.

이 밖에도 피자, 샐러드, 버거, 파스타, 씨푸드, 스테이크 등 다양한 메뉴가 있으며 푸짐한 양과 예쁜 장식은 마음까지 풍요롭게 한다. 예약을 받지 않아 식사시간대에 갈 경우 기본 30분 정도 기다려야 하지만, 그만한 가치가 충분히 있다.

좋아요	깔끔한 분위기, 와이키키 중심의 편리한 위치가 장점이다.
아쉬워요	예약 불가이며 대기 시간 30분~1시간 이상 걸린다.
추천	신혼/친구/아이와/가족/홀로

가격	$15~ (1인 기준)
추천메뉴	바비큐 랜치 치킨 샐러드 (Barbeque Ranch Chicken Salad) $15.95, 오렌지 치킨(Orange Chicken) $17.95, 스파이시 케쉬 치킨(Spicy Cashew Chicken) $17.95
추천 케이크	얼티밋 레드 벨벳 케이크(Ultimate Red Velvet Cake), 프레시 스트로베리(Fresh Strawberry) $8~$9
주소	2301 Kalakaua Ave. Honolulu, HI 96815 (로얄 하와이안 센터에 위치)
전화번호	(808) 924-5001
홈페이지	thecheesecakefactory.com
영업시간	월~목 11:00~23:00 금~토 11:00~24:00 일 10:00~23:00
주차	로얄 하와이안 쇼핑센터 주차 후 발렛파킹하면 2시간 무료

1일 투어 코스

와이키키 면세점 쇼핑 (64) → 치즈케이크 팩토리 (35) → 와이키키 칼라카우아 애비뉴 거리 구경

여행 TIP

- 식사시간대를 피할 경우, 대기시간을 줄일 수 있다.
- 기다림을 원치 않을 경우 계산대로 가서 치즈케이크만 테이크아웃 주문할 수 있다. 테이크아웃 주문 시 진한 치즈케이크에 부드러움을 더하는 휘핑크림은 꼭 요청하자.
- 피자, 파스타 메뉴 보다는 라이스가 함께 곁들어져 나오는 이곳만의 특별한 레시피로 만든 메뉴가 맛이 좋다.
- 양이 상당히 많은 편이니 성인 넷이서 방문할 경우 3가지의 메인 요리 주문으로도 충분한 양이다.

36 *Cheeseburger in Paradise*

60년대 하와이 분위기의

치즈버거 인 파라다이스

마우이, 라스베이거스, 플로리다 등에도 여러 지점을 보유하고 있는 치즈 버거 인 파라다이스는 와이키키의 초입, 중심, 끝자락 세 개의 레스토랑을 와이키키에 두고 있어 머무는 숙소에 따라 가까운 지점을 찾아볼 수 있다.

대표 메뉴로는 레스토랑 이름을 딴 '치즈버거 인 파라다이스'로, 한 입 베어 물면 향긋하고 풍부한 육즙이 입안을 감도는 두꺼운 패티에 놀라고 만다. 푸짐한 야채가 올려진 버거는 한 입 베어 물기 쉽지 않을 정도다. 더불어 인기가 좋은 '고베 치즈버거(Kobe Cheese Burger)'는 치즈와 토핑 선정이 가능하다. 치즈는 매콤한 맛이 가미된 페퍼잭 치즈, 모짜렐라, 스위스, 콜비 잭, 블루

- 음료 또는 칵테일 주문 시 약간의 추가 요금으로 파인애플 모양 컵으로 주문하면, 기념품으로 가져갈 수 있다.
- 주차구역을 제공하지 않는다. 구글맵을 통해 묵고 있는 숙소와 가장 가까운 거리의 지점을 조회하여 도보로 이용하는 것이 유리하다.

좋아요	수제버거, 와이키키 중심의 편리한 위치, 물놀이 중에 출출할 경우. 수영복 차림으로도 식사 가능하다.
아쉬워요	와이키키 초입, 끝자락 지점은 개방형 레스토랑으로 에어컨이 없어 더운 날에는 약간 불편할 수 있다.
추천	신혼/친구/아이와/가족/홀로

가격	$10~ (1인 기준, 세금 및 팁 별도)
추천메뉴	치즈버거 인 파라다이스 (Cheese Burger in Paradise)
주소	1945 Kalakaua Ave Honolulu, HI 96815 (와이키키 초입) 226 Lewers St. #152 Honolulu, HI 96815 (비치워크/와이키키 중심) Foster Towers, 2500 Kalakaua Ave, Honolulu, HI 96815 (와이키키 끝자락)
전화번호	(808) 941-2400(초입) / (808) 924-5034(중심) / (808) 923-3731(와이키키 끝자락)
홈페이지	cheeseburgerland.com
영업시간	매일 08:00~늦은 밤
주차	없음

1일 투어 코스

와이키키 해변 정복하기 (6) → 수영복 차림으로 어느 지점의 와이키키 해변에서도 접근 가능 → 치즈버거 인 파라다이스 런치 → 선셋 크루즈 (74)

치즈 중 한 가지, 토핑으로는 세 가지를 선택할 수 있다. (아보카도, 양파, 버섯, 베이컨, 구아카몰리(Guakamole : 멕시코 음식에 주로 서브되는 초록색 소스), 할라피뇨, 달걀 프라이, 구운 파인애플 등

버거와 잘 어울리는 쉐이크나 스무디를 더해보자. 재료가 듬뿍 들어갔음을 짐작케 하는 진하고 달콤한 맛이 위를 통과할 때의 쾌감은 이루 말할 수 없다. 마치 60년대 하와이 분위기의 소박한 레스토랑에 훌라 댄서를 연상시키는 복장의 웨이터와 웨이트리스들은 우리가 하와이에 와 있는 것을 다시금 느끼게 해준다.

37 *Shorebird*

그릴에 직접 구워 먹는

쇼어버드 레스토랑

와이키키 해변 앞에 위치한 쇼어버드 레스토랑은 석양을 바라보며 신선한 생선과 고기를 그릴에 직접 구워 먹을 수 있는 레스토랑이다.

지난 30여 년 동안 하와이 주민과 관광객 모두에게 사랑받아 온 이곳은 바다를 향해 훤히 트인 내부가 멋진 경치를 더한다.

아침은 샌드위치, 샐러드, 과일 등 뷔페 스타일로 운영되며 점심과 저녁은 샐러드 뷔페 외에도 해산물, 스테이크, 립 등 추가 메뉴 이용이 가능하다.

인기 메뉴는 직접 대형 그릴에서 바비큐를 할 수 있는 저녁 메뉴로 갓 잡은 생선뿐 아니라 랍스타, 뉴욕, 립아이, 써로인 스테이크 등 선택이 가능하다. 메뉴를 주문하면 담당 서버가 고기 굽는 방법을 간단히 안내해 주는데, 미디움 웰던의 경우 뉴욕 스테이크는 앞뒤로 약 6분, 립아이는 약 8분 정도 구우면 적당하다.

와이키키를 바라보며 그릴에 직접 구워 먹는 재미가 있어 가족 단위로도 인기가 많다. 고기를 구울 동안 오픈 샐러드바를 이용할 수 있는데 신선한 야채, 과일, 칠리, 파스타, 빵, 치즈 등 20여 종의 음식이 제공되며 김치도 제공된다. 메인 메뉴 주문 시 샐러드바를 무료로 이용할 수 있다.

식사의 맛을 더해줄 와인과 칵테일도 선택의 폭이 넓다. 바비큐에 맛을 더할 하와이의 대표 칵테일 마이타이(Mai Tai)도 인기 음료이다. 마이타이는 럼 기반의 트로피컬 칵테일로 타히티 언어로 최고(Best)라는 의미이며, 보통은 그날의 주인공에게 바쳐지는 칵테일이다. 오늘 여행의 주인공인 나 스스로에게 마이타이를 선물하는 건 어떨까?

여행 TIP

- 메인 메뉴를 주문하면 샐러드바를 무료로 이용할 수 있다.
- 예약은 단체(5명 이상)부터 가능하므로 해변 앞 창가 좌석을 원할 경우 조금 서두르자.
- 선셋 스페셜로 앵거스 탑 서로인 스테이크와 샐러드바를 1인 $20에 즐길 수 있다. (매일 오후 4~5시 30분 사이)
- 매일 저녁 9시 반부터 가능한 오픈 가라오케도 무료로 즐겨보자.
- 저녁 10시부터 각종 맥주, 칵테일, 하우스 와인을 $5~6에 즐길 수 있는 Late Night Specials도 가능하다.

좋아요	해변에서 멋진 경치를 바라보며 바비큐를 즐길 수 있다.
아쉬워요	샐러드바와 그릴은 셀프 서비스이다.
추천	신혼/친구/아이와/가족

가격	아침, 점심 $16~, 저녁 $20~ (1인 기준, 세금 및 팁 별도)
추천메뉴	스테이크(Steak), 데리야키 아히 케밥 (Teriyaki Ahi Kabob)
주소	2169 Kalia Rd, Honolulu, HI 96815 (아웃리거 리프 온더 비치 호텔 1층)
전화번호	(808) 922-2887
홈페이지	shorebirdwaikiki.com
영업시간	월~일 07:00~02:00
의상	캐주얼
주차	식사 후 주차권 확인 받으면 4시간까지 약 $6에 이용 (10:00~15:00 사이 주차권 확인 시 무료)

1일 투어 코스

와이키키 해변 산책 (6) → 하와이 전통 액티비티 훌라 또는 우쿨렐레 체험 (75, 76) → 와이키키 산책 후 선셋을 바라보며 쇼어버드에서 식사

38 *Alanwongs*

하와이 최고급 레스토랑! **앨런 윙스**

1995년 문을 연 앨런 윙스는 와이키키에서 몇 블록 떨어진 사우스 킹 스트리트와 맥컬리 스트리트가 만나는 지역에 있으며, 하와이 출신 유명 셰프 앨런 윙(Alan Wong)이 직접 운영하는 퍼시픽 림 퀴진(Pacific Rim Cuisine) 레스토랑이다. '퍼시픽 림 퀴진'이란 동아시아와 미 서부 등 태평양 인접 지역의 요리법을 종합 응용하여 새로운 형태의 음식으로 만들어내는 하와이를 중심으로 발전된 퓨전 요리법이다. 앨런 윙스는 각종 매체에서 실시하는 설문조사에서 매년 최상위권에 랭크됨은 물론 하와이 출신 오바마 대통령도 휴가 때면 즐겨

찾는 최고급 레스토랑이다.

새로운 형태의 퓨전 요리를 선보이는 레스토랑인 만큼 앨런 윙스에서는 다른 곳에서는 맛보기 힘든 다양한 요리들을 접할 수 있다. 그 중 대표적인 메뉴로는 하와이 전통 생선인 오파카파카와 일본식 전통 떡인 모찌를 이용해 만든 모찌 크러스티드 오파카파카(Mochi Crusted Opakapaka), 빅아일랜드 섬 코나 지역에서 양식되는 코나 랍스터(Kona Lobster)와 인도식 커리를 조합해 만든 랍스터 커리(Lobster Curry) 등이 있다. 오파카파카 요리는 식감이 부드러워 특히 여성들에게 인기 있으며, 랍스터 커리는 코나 랍스터 특유의 작지만 쫄깃쫄깃한 질감과 커리향이 절묘한 조화를 이뤄 많은 이에게 사랑받는 요리이다. 앨런 윙스에서는 한국식 LA갈비를 응

용한 비프 쇼트 립(Beef Short Rib) 요리도 맛볼 수 있는데, 앨런 윙스만의 소스로 요리돼 맛이 독특하고 신선하다.

여행 TIP

- 최소 일주일 전에는 예약을 해야 한다.
- 오픈 키친으로 레스토랑이 다소 시끄러울 수 있으니 예약 시 주방과 먼 테이블로 요청하는 것이 좋다.
- 메인 요리와 함께 즐길 수 있는 다양한 와인이 준비되어 있다.
- Cold Molten Walalua Chocolate Mousse Cake를 디저트 메뉴로 추천한다.
- 고급 레스토랑으로 너무 캐쥬얼하지 않은 단정한 복장을 권한다.

좋아요	최고의 퍼시픽 림 퀴진 요리를 맛볼 수 있다.
아쉬워요	사전 예약 없이 방문이 어렵다.
추천	신혼/연인

가격	저녁 $80~ (1인 기준, 세금 및 팁 별도)
추천메뉴	빅아일랜드 송아지고기(Big Island Red Veal Loin), 팬에 구운 가리비(Pan Roasted Day Boat Scallops)
주소	1857 South King St. Honolulu, HI 96826 (와이키키에서 차로 10분 소요)
전화번호	(808) 949-2526
홈페이지	alanwongs.com
영업시간	매일 17:00~22:00
주차	발렛파킹만 가능

1일 투어 코스

대자연 체험 쿠알로아 목장 (70) → 앨런 윙스에서 로맨틱한 저녁식사 → 와이키키 면세점에서 늦은 쇼핑 (64)

39 *Kahala Resort - Hoku's Restaurant*

최고급 리조트의 메인 다이닝

카할라 호텔, 호쿠스

와이키키의 번잡함에서 벗어나고 싶다면 차로 10여 분 떨어진 곳에 위치한 카할라 호텔을 찾아보자.

카할라 호텔은 한적한 해변에 위치한 최고급 호텔로 미국 대통령들과 세계 각국의 유명인사들이 즐겨 찾는 곳이기도 하다. 극비리에 결혼한 영화배우 이영애가 카할라에서 결혼식을 올린 사실이 알려진 뒤 최근 한국 신혼부부들도 많이 찾는 호텔이 되었다.

숨막히게 아름다운 경치와 완벽한 서비스 외에도 카할라 호텔의 명물은 역시 돌고래 라군이다. 사랑스런 돌고래들을 가까이에서 보며 교감할 수 있다. 직접 카할라 돌핀과 수영하고 싶다면 'Dolphin Quest'라는 프로그램도 참여가 가능하다.

카할라 호텔 내에는 다양한 분위기와

스타일의 레스토랑 이용이 가능한데, 메인 레스토랑은 '호쿠스(Hoku's)' 레스토랑으로 하와이, 유럽, 아시아 풍을 완벽하게 조화시킨 현대식 아일랜드 요리를 선보인다.

메뉴판이 복잡하다면 고민하지 말고 다음 인기 요리들을 만나보자. 모두에게 사랑받는 에피타이져 아히 무수비. 하와이의 유명한 음식 중 하나인 하와이 초밥 '무수비(Musubi)'는 만들기 간편하고 먹기도 편해서 사람들로부터 사랑받는 음식 중 하나이다. 호쿠스의 아히 무수비는 주먹밥 안에 싱싱한 참치회가 가득 들어 있으며 겉은 바삭하게 튀겨져 나온다.

맛과 비쥬얼로 승부하는 씨푸드 타워 또한 6가지 소스와 다양한 해산물을 맛볼 수 있는 스페셜 애피타이저이다. 하와이의 생선요리를 맛보고 싶다면 오파카파카(Opakapaka : 하와이안 도미의 일종)를 문의해 보자. 통 생선 한 마리 튀김요리가 볶음밥과 함께 제공되며, 오파카파카는 어느 레스토랑에서 주문해도 실패가 없다. 호쿠스는 하와이어로 '별'이라는 뜻이다. 특별한 여행에 빛나는 별 같은 밤을 만들어 줄 레스토랑이 될 것이다.

여행 TIP

- 좋은 좌석을 위해 예약은 필수. 예약 시 기념일은 적극 알리자. 셰프의 깜짝 디저트 선물이 기다릴지 모른다.

- 대부분 캐쥬얼 레스토랑의 경우 드레스 코드가 없으나 고급 레스토랑의 경우 입장이 제한될 수 있으니 반바지나 슬리퍼, 탱크 탑 차림은 피하자.

- 식사 후 호쿠스 레스토랑 바로 옆에 위치한 '더 베란다(The Veranda)'에서 아름다운 라이브 피아노 연주를 들으며 칵테일 또는 커피를 음미해보자. 웅장한 샹들리에 아래서 잊지 못할 추억의 밤을 선사할 것이다.

- 가족과 함께 여행한다면 일요일 씨푸드 브런치 이용도 가능하다. 밤과는 또 다른 바닷가 레스토랑의 멋을 한껏 느낄 수 있다. (성인 1인 $65~)

좋아요	최고급 레스토랑답게 맛과 서비스가 훌륭하다.
아쉬워요	드레스 코드가 있어 편안한 여행을 기대했다면 약간 부담스러울 수 있다.
추천	신혼/친구
가격	1인 $60~ (1인 기준, 세금 및 팁 별도)
추천메뉴	아히 무수비(Ahi Musubi), 생선요리 오파카파카(Opakapaka) 저녁 시간대에는 아이와 입장이 제한된다.
주소	5000 Kahala Avenue, Honolulu, HI 96816–5498 (와이키키에서 동쪽으로 차로 약 10분 소요)
전화번호	(808) 739–8760
홈페이지	kahalaresort.com/dining/hoku.cfm
영업시간	수~토 17:30~22:00 일 10:00~14:00, 17:30~22:00
의상	드레스 코드
주차	레스토랑 이용 후 주차 확인 받을 경우 3시간 무료(발렛파킹 팁 $2 내외)

1일 투어 코스

호텔 조식 후 느긋하게 해변즐기기 → 점심은 간단하게 푸드 팬트리에서 (65) → 오후 카할라 호텔, 호쿠스에서 잊지 못할 저녁을!

40 *Romano's Macaroni Grill*

모두에게 사랑받는 이탈리안 레스토랑

로마노스 마카로니 그릴

알라모아나 센터 4층에 위치한 이탈리
안 레스토랑 로마노스 마카로니 그릴은
1988년 텍사스 샌 안토니오 인근에 있
는 레온 스프링스라는 곳에서 레스토랑
경영자 필 로마노에 의해 설립되었으며
전 세계에 총 205개 지점이 운영될 만
큼 세계인들에게 큰 사랑을 받는 이탈
리안 레스토랑이다.

다양한 수상 경력을 지닌 마카로니 그릴의 주방장들이 내놓는 투스칸 스타일의 각종 메인 요리와 정통 이탈리안식 파스타, 그리고 특제 피자가 이곳의 대표 메뉴이다. 애피타이저로는 맥주와 함께 곁들여 먹기 좋은 바삭한 카라마리 튀김(Calamari Fritti)을 추천하며, 인기 메인 메뉴 중에는 튀긴 치킨 위에 모차렐라 치즈가 듬뿍 올려진 토마토 소스와 함께 곁들어져 나오는 치킨 파마산(Chicken Paramesan)을 추천한다. 사이드로는 엔젤 헤어 파스타가 함께 제공되는 알찬 메뉴로 가격대비 만족도가 높다. 해산물 토마토 파스타인 파스타 디마레(Pasta di mare)는 길고 납작한 파스타면인 페투치네에 각종 신선한 해산물을 토마토 소스와 함께 볶아 만들어 두툼한 페투치네의 씹히는 식감이 좋고, 특별한 홈메이드 토마토 소스가 맛이 좋아 평소 해산물 파스타를 즐기는 사람들에게 추천하는 메뉴이다.

와이콜로아 지점(빅아일랜드)

주소	Queens'Market Place 201 Waikoloa Beach Dr. Waikoloa, Hawaii 96738
전화번호	(808) 443-5515

여행 TIP

- 해피아워 (라운지 싯에서만 가능) 15:00~18:00/20:00~22:00
- 인기 애피타이저 메뉴와 맥주와 와인을 저렴하게 주문할 수 있다.
- 오후 5시 전에 방문한다면 긴 대기시간 없이 바로 테이블을 안내받을 수 있다.
- 테이블은 흰색 도화지가 전체적으로 덮여있어 입구에서 받은 크레파스로 테이블에 낙서를 할 수 있어 어린아이들과 함께 방문하기 좋다.
- 다양한 와인, 칵테일, 음료 메뉴를 음식에 맞게 주문해보자.
- 웨이팅 시간이 길어진다면 대기자 명단에 이름을 올려놓고 알라모아나 센터에서 쇼핑을 하며 시간을 활용해보자.
- 파티용에 좋은 케터링 메뉴도 준비되어있다.

좋아요	쇼핑센터 내에 있어 접근성이 편리하다.
아쉬워요	저녁 시간대에는 대기시간이 길다.
추천	신혼/친구/아이와/가족

가격	$14~$17 (1인 기준)
추천메뉴	카라마리 프리티(Calamari Fritti) $12, 파스타 디 마레(Pasta Di Mare) $22, 치킨 파마산(Chicken Paramesan) $17
주소	1450 Ala Moana Blvd Honolulu, HI 96814.
전화번호	(808) 356-8300
홈페이지	macaronigrill.com
영업시간	월~일 11:00~22:00
주차	쇼핑센터 내 무료 주차

1일 투어 코스

알라모아나 쇼핑 (61) → 로마노스 마카로니 그릴

The Signature Prime Steak & Seafood

가장 전망 좋은 레스토랑

더 시그니처 프라임 스테이크 앤 씨푸드

바다와 도시, 산의 경치가 한 눈에 들어오는 환상적인 뷰를 자랑하는 알라모아나 호텔 36층에 위치한 더 시그니처 프라임 스테이크 & 씨푸드 레스토랑은 275석의 좌석을 완비하고 있다. 큰 규모에 75명의 스텝이 서비스하는 스테이크와 씨푸드가 모두 맛있는 레스토랑이다. 알라모아나 호텔 1층의 전용 엘리베이터의 레드 카펫은 레스토랑 입장 전부터 이곳을 방문하는 손님들을 한층 더 특별한 손님으로 만든다. 전체적으로 고급스럽고 우아한 실내 분위기에

바와 피아노 라운지, 프라이빗 룸, 다이닝 룸으로 이루어져 있다. 레스토랑 중앙의 그랜드 피아노에서 흘러나오는 아름다운 피아노 선율을 라이브로 들을 수 있어 더욱 낭만적인 분위기를 연출한다. 또한, 그랜드 피아노 위에서 간단한 칵테일을 즐길 수 있는 시그니처만의 특별한 피아노 라운지 역시 색다른 느낌이 드는 곳이기도 하다.

이곳의 인기 애피타이저 아히 까츠(Ahi Katsu)는 신선한 참치살을 김에 말아 겉만 가볍게 튀긴 요리로 겉은 바삭하고 익히지 않은 참치살은 상당히 부드럽다. 살결이 그대로 보이는 신선한 참치살과 함께 제공된 소스에 찍어 먹으면 가벼우면서 깔끔한 애피타이저로 아주 제격이다. 메인 요리로는 미소 버터피쉬(Miso Butterfish 은대구)가 인기가 좋은데, 두툼한 생선 살에 미소 양념을 곁들어 오븐에 구워 달콤하면서 담백한 고급스러운 생선구이를 완성시켰다. 나이프를 사용하지 않고 포크로 살짝 때어먹어도 될 만큼 버터피쉬의 살결이 상당히 부드럽고 얼리지 않은 신선한 생선으로 요리해 비린 맛도 전혀 없다. 프라임 립아이(Prime Rib Eye)는 숙성이 잘 된 USDA 등급의 소고기만을 사용해 겉은 바삭하면서 속살은 연한 살코기의 맛을 느낄 수 있다.

- 총 금액의 15% 이상 팁을 지불하는 것이 좋다.
- 메인 요리에 어울리는 와인을 담당 서버에게 문의해보자.
- 둘이서 방문할 경우 메인 메뉴로는 스테이크와 씨푸드를 하나씩 주문하는 게 좋다.
- 해피아워 16:30~18:30에는 바 메뉴를 50% 값에 제공한다.
- 생일과 기념일 같은 특별한 저녁식사에는 무료 디저트가 제공되기도 한다.
- 사전예약은 필수이다.
- 신혼부부, 연인들에게 로맨틱하고 고급스러운 저녁식사 장소로 추천한다.
- 부드럽게 으깬 삶은 감자를 시그니처만의 레시피로 만든 매쉬드 포테이토(으깬 감자요리)는 스테이크와 곁들어 먹기에 좋다.

좋아요	테이블에 앉아있는 위치에 따라 뷰 포인트가 달라지는 매력적인 곳이다.
아쉬워요	사전 예약 없이 방문할 경우 긴 대기시간을 고려해야 한다.
추천	신혼/친구/가족
가격	$60~$70 (1인 기준)
추천메뉴	아히 까쯔(Ahi Katsu) $15.95, 미소 버터 피쉬(Miso Butterfish) $38.95, 프라임 립아이(Prime Rib Eye, 16oz) $49.95
주소	Ala Moana Hotel 410 Atkinson Dr, 36th Fl Honolulu, HI 96814
전화번호	(808) 949-3636
홈페이지	signatureprimesteak.com
영업시간	월~토 16:30~22:30 일 16:30~22:00
주차	발렛파킹: 주차 확인도장+$3 셀프파킹: 주차 확인도장+무료

1일 투어 코스

알라모아나 쇼핑센터 (61) → 시그니처 레스토랑

Section 04

디저트

42 *Leonard's Bakery*

하와이 스타일 도넛, 마라사다 **레오나즈 베이커리**

하와이는 빼어난 자연환경만큼이나 세계 각국에서 모여든 이민자들 덕분에 먹거리 문화도 풍성한데, 그중 빼놓을 수 없는 것이 바로 마라사다이다. 일명 하와이 도넛이라고 불리는 마라사다는 바삭바삭한 겉과 크림을 녹여 만든 듯 부드러운 속이 절묘한 조화를 이루는 하와이 대표 간식이다. 포르투갈어로 '가볍게 구운'이라는 의미의 마라사

다는 과거 포르투갈령의 마데이라 제도 사람들이 단식절 직전에 집에 있는 기름과 설탕을 다 써버릴 목적으로 만들어 먹던 음식이다. 하와이에는 지난 19세기경 사탕수수 농장에서 일하기 위해 하와이로 건너온 포르투갈인들에 의해 처음 소개되었다고 한다. 200여 년이 지난 지금 마라사다는 하와이 현지인들은 물론, 세계 각국에서 온 관광객

들에게도 인기가 높아 하와이를 대표하는 먹거리로 자리매김했다. 하와이에서 마라사다로 가장 유명한 곳은 와이키키에서 조금 떨어진 카파훌루 지역에 위치한 레오나즈 베이커리를 들 수 있다. 1952년 오픈한 이래 60여 년이 지난 지금까지 많은 이들의 사랑을 받고 있는 이곳에선 갓 튀겨낸 따끈따끈한 마라사다를 즐길 수 있다. 빵은 개인의 취향에 따라 빵 고유의 맛을 즐길 수 있는 오리지널과 크림을 첨가한 크림 마라사다 중 선택할 수 있다. 카파훌루 본점 이외에 관광객들이 즐겨찾는 와이켈레 아울렛 매장에서도 레오나즈 베이커리의 마라사다를 맛볼 수 있는데, 트럭을 개조해 만든 분점 앞에는 쇼핑 중 요기를 하기 위해 찾는 관광객들로 항상 북적인다. 하와이를 찾는 일본 관광객들의 성원에 힘입어 지난 2009년 12월에는 요코하마에도 매장을 오픈했는데, 하와이에 비해 2배에 가까운 가격에 판매됨에도 불구하고 일본 현지에서의 인기는 대단하다고 한다. 세계인의 입맛을 사로잡고 있는 마라사다. 하와이 관광객이라면 반드시 맛봐야 할 먹거리 중 하나이다.

마라사다 트럭

주소 Waikele Shopping Center 94-894 Lumiaina Street, Waipahu (와이켈렛 쇼핑센터)

영업시간 월~목, 일 17:30~23:00
금~토 17:30~22:00

여행 TIP

- 오리지널 선택 시 오리지널(일반 설탕), 시나몬, 리힝(새콤한 설탕) 중 선택 가능하다.

- 크림빵(Malasada Puff) 선택 시 커스터드 크림, 하우피아 크림, 도바쉬 크림, 마카다미아 크림 중 선택 가능하다.

- Flavor of the Month로 망고 크림이나 구아바 크림 같은 매달 새로운 크림의 마라사다를 맛볼 수 있다.

- 설탕이 가득 묻은 도넛이 부담스럽다면 주문 시 Light Sugar로 요청하자.

- 귀여운 마라사다 캐릭터가 그려진 기념품을 판매한다.

- 투어 시작 전 잠시 들러 간단한 아침식사로 제격이다.

좋아요	가격이 저렴하고 지금 막 튀겨 만든 마라사다를 제공한다.
아쉬워요	마라사다 겉면에 많은 설탕이 묻어 너무 달 때도 있다.
추천	신혼/친구/아이와/가족/홀로

가격	오리지널 마라사다 $1, 마라사다 퍼프 $1.35
추천메뉴	커스타드 마라사다(Custard Malasada)
주소	933 Kapahulu Ave, Honolulu HI (와이키키에서 차로 약 5분 소요)
전화번호	(808) 737-5591
홈페이지	leonardshawaii.com
영업시간	일~목 05:30~21:00 금~토 06:00~22:00
주차	베이커리 앞 무료 주차

1일 투어 코스

와이키키 해변 (6) → 레오나즈 베이커리 → 노스 쇼어

43 *Bubbies / Frost City / Nitrogenie / Matsumoto's Shave Ice*

하와이 아이스크림 총집합! 아이스크림 가게

버비스 Bubbies

하와이에서 색다른 디저트를 맛보고 싶다면 모찌 아이스크림을 추천한다. 모찌 아이스크림은 쫄깃쫄깃한 모찌 안에 달콤하고 시원한 아이스크림이 가득 들어 있는 일본식 디저트로 우리에게 친숙한 '찰떡 아이스크림'의 맛과 모양이 비슷하다.

모찌 아이스크림은 버비스에서 인기리에 판매되고, 현재 하와이 주립대 근처 지점은 폐점하고 하와이 카이 코코마리나 지역과 서쪽 아이에아 지역에 위치한 총 2개의 매장이 운영되고 있다.(이웃 섬에는 아직 매장 없음)

25년이 넘는 역사를 자랑하는 버비스는 상점 내에서 판매하는 모든 아이스크림을 직접 만들기 때문에 항상 신선할 뿐만 아니라, 그린티, 아즈키빈(팥), 열대과일 맛 등 총 10가지가 넘는 다양한 맛을 구비하고 있어 그야말로 골라먹는 재미가 있는 곳이다. 남녀노소 누구나 좋아하는 떡과 아이스크림. 이 두 가지의 절묘한 조화를 맛볼 수 있는 버비스. 여행 중 시원한 것이 생각날 때 가볍게 즐길 수 있는 최고의 간식거리 중 하나이다.

좋아요	모찌 아이스크림의 구입 개수가 많을수록 할인율이 높아진다.
아쉬워요	방문객이 많아 긴 대기시간을 고려해야 한다.
가격	$2~
영업시간	매일 10:00~23:00

코코마리나 쇼핑센터 지점

주소	7192 Kalanianaole Hwy. # D103 Honolulu
전화번호	(808) 396-8722

와이우아 지점

주소	99-1267 Waiua Pl. # B Aiea
전화번호	(808) 487-7218

프로스트 시티 Frost City

더위를 시원하게 날려줄 하와이 인기 디저트 스노우 아이스 전문점인 프로스트 시티는 시럽 아닌 생과일을 얼음과 직접 갈아 만든 아이스크림 전문점이다. 하우피아, 리치 등 하와이의 열대과일 아이스크림을 다양하게 맛보자.

좋아요	다양한 종류의 열대 생과일 아이스크림과 독특한 간식(홍콩 스타일 티에그와 모찌볼 스프)을 맛볼 수 있다.
아쉬워요	와이키키에서 도보 이용은 어렵다.
가격	$4~
주소	2570 Beretania St Ste 105 Honolulu, HI 96826
전화번호	(808) 947-3328
영업시간	월~목 13:00~22:00 금~토 13:00~23:00 일 12:30~21:00
주차	매장 앞 무료

니트로지니
Nitrogenie

알라모아나 쇼핑몰에 새로 들어선 블루밍데일 쪽에 새로 오픈한 아이스크림 전문점으로 액화질소에 천연재료를 첨가하여 만들어내는 독특한 콘셉트를 갖고 있으며, 파리, 방콕, 호주 등 전 세계에 체인을 두고 있다.

주문 후 바로 만들어지며, 이 과정을 지켜보는 재미도 있다. 아이스크림은 쫀득한 식감으로 주문하는 내용에 따라 색다른 과정이 더해지기도 한다. 가격 대비 사이즈가 크진 않으나, 작은 레귤러 주문의 경우에도 충분히 맛을 즐길 수 있다. 달콤한 맛을 즐기고 싶다면 누텔라 엘라엘라, 상큼한 맛을 원한다면 레몬 머랭 파이가 좋다.

좋아요	쇼핑 중 쉽게 들러볼 수 있다.
아쉬워요	가격이 좀 비싼 편이다.

가격	$5~
주소	1450 Ala Moana Blvd Honolulu, HI 96814 (알라모아나 쇼핑몰 블루밍데일 쪽 옆 사이드, 3층)
홈페이지	nitrogenie.com
영업시간	월~토 09:30~21:00 일 10:00~19:00

마츠모토 쉐이브 아이스
Matsumoto's Shave Ice

오랜 전통을 자랑하는 하와이 최고의 쉐이브 아이스 전문점으로 2016년 이전 확장한 이곳은 예전보다 새롭고 깔끔한 넓은 공간으로 운영되고 있어 손님들이 조금 더 편하게 방문할 수 있다. 매장에 들어서면 왼쪽에는 쉐이브 아이스 판매대가, 오른쪽에는 기념품 숍이 운영되고 있다. 가방, 키 체인, 부채, 손수건, 티셔츠, 심지어 밥주걱까지 다양한 마츠모토 로고가 새겨진 기념품을 판매하고 있다. 쉐이브 아이스 스토어를 중심으로 커피숍, 상점, 옷가게 등 상점들이 모여있어 주변을 둘러보기에 좋다.

좋아요	다양한 맛의 빙수에 연유를 더한 그 맛은 다른 쉐이브 아이스 전문점과 비교할 수 없을 만큼 맛이 좋다.
아쉬워요	항상 붐비기 때문에 주문을 위한 대기시간이 길다.

가격	선택 사항에 따라 $5 내외
주소	66-087 Kamehameha Hwy #605, Haleiwa, HI 96712
전화번호	(808) 637-4827
영업시간	매일 09:00~18:00

44 TED'S Bakery

오리지널 코코넛 파이 전문점 **테드스 베이커리**

노스 쇼어에 위치한 파이 전문점 테드스 베이커리는 코코넛 파이를 중심으로 다양한 제빵과 플레이트 음식을 판매하는 노스 쇼어의 인기 맛집이다. 입구에 들어서면 포근하고 빈티지한 느낌이 물씬 풍기는 이곳은 작은 시골 마을의 전통 있는 빵집같이 정감이 가는 곳이다. 베이커리 한 켠에 자리한 냉장고에는 크기별로 정리된 다양한 종류의 파이들이 가득 있지만, 인기가 많아 이른 오후면 동이 나기 십상이다. 하와이 언어로 '코코넛'이란 뜻의 하우피아 크림 파이는 이곳의 대표 파이로 초콜릿 크림+코코넛+플레인 크림으로 이루어진 파이 층이 상당히 부드럽고 많이 달지 않아서 현지인은 물론 관광객들로부터 많은 사랑을 받고 있다. 노스 쇼어 투어 중 한 번쯤 들러 부드럽고 달콤한 파이를 맛보자.

- 시원한 아이스 커피와 잘 어울리는 디저트이다.
- 다양한 맛을 즐길 수 있는 한 조각씩 개별 포장된 파이를 추천한다.
- 시내 마트 돈키호테에서도 테드스 베이커리를 판매하지만 본점의 파이가 더욱 신선하다. (돈키호테: 801 Kaheka St, Honolulu, HI 96814)
- 새우 트럭으로 유명한 카후쿠에서 점심식사 후 디저트로 테드스 베이커리에 들러 파이를 맛볼 수 있는 경로를 짜보자.

좋아요	파이를 한 조각씩 판매해 다양한 맛을 맛볼 수 있다.
아쉬워요	정확하지 않은 주소로 처음 방문한 사람들이 찾기가 어렵다.
추천	신혼/친구/아이와/가족/홀로

가격	$3~$10 (1인 기준)
추천메뉴	초콜릿 하우피아 크림파이(Chocolate Cream Pie), 초콜릿 마카다미아 넛 크림파이(Chocolate Macadamia nut Cream Pie) 한 조각 $3~, 홀 파이 $12~
주소	59-024 Kamehameha Hwy Haleiwa, HI 96712 (선셋비치에서 차로 약 1분 정도 거리에 위치한 시내버스 정류장 맞은편 Sunset Beach Store에 위치)
전화번호	(808) 638-8207
홈페이지	tedsbakery.com
영업시간	월~일 07:00~20:00
주차	베이커리 앞 무료 주차

1일 투어 코스

지오바니 새우 트럭 (25) → 테드스 베이커리 → 할레이바 타운

45 *Paalaa Kai Bakery*

입에서 살살 녹는
파아라아 카이 베이커리

할레이바 타운에서 차로 5분 정도 거리에 위치한 파아라아 카이 베이커리는 하와이 로컬 스타일의 베이커리로 크루아상, 마라사다 도넛, 파이, 케이크 등과 같이 주로 달콤한 빵류를 판매하는 인기 베이커리이다. 이곳 대부분의 빵이 부드럽고 맛있지만 그 중 단연 으뜸은 이곳의 대표 메뉴는 스노우 퍼프이다. 베이커리 입구에 붙어있는 'Snow Puffies are Here'라는 사인에서 알 수 있듯이 스노우 퍼프는 직사각형 모양의 파이 위에 마치 눈이 내린 듯 하얀 슈가 파우더가 뿌려져 있으며, 그 위에 다시 진한 초콜릿이 올려져 있어 달콤한 맛을 한층 더해준다. 또한 여러 층으로 겹

겹이 쌓여있는 빵 안쪽에는 달콤하고 부드러운 슈크림이 가득 차 있어 한입 베어 물면 그 바삭함과 부드러움에 빠져들게 된다. 시원한 아이스커피와 더욱 잘 어울리는 파아라아 카이 베이커리의 스노우 퍼프, 할레이바 투어 시 꼭 한번 들러 볼 만한 휴식 포인트이다.

여행 TIP

- 오후에 방문 시 스노우 퍼프가 모두 팔린 경우가 많다.
- 할레이바 타운에서 차로 5분 소요된다.
- 바삭바삭한 스노우 퍼프는 많은 빵 부스러기 때문에 차 안에서 시식은 피하는 것이 좋다.

좋아요	새벽 시간대에 오픈해 간단한 아침식사를 위해 들르기 좋다.
아쉬워요	서비스가 다소 불친절한 편이다.
추천	신혼/친구/아이와/가족/홀로

가격	$1~$2 (1인 기준)
추천메뉴	스노우 퍼프(Snow Puffies) $1.75
주소	66-945 Kaukonahua Rd Waialua, HI 96791
전화번호	(808) 637-9795
홈페이지	www.pkbsweets.com
영업시간	월~일 05:30~19:00
주차	베이커리 앞 무료 주차

1일 투어 코스

할레이바 타운 → 파아라아 카이 베이커리 → 돌 플렌테이션 (84)

46 *Kamehameha Bakery*

부드럽고 달콤한 보라색 포이 도넛

카메하메하 베이커리

약 40년 전 오아후에 처음 오픈해서 지금까지 꾸준한 사랑을 받고 있는 카메하메하 베이커리의 인기 비결은 단연 포이 도넛이다. 하와이 특수 작물인 타로(토란)를 주원료로 사용해 만든 포이 도넛은 카스테라처럼 부드러운 속과 갓 튀겨낸 것처럼 바삭한 겉이 환상적인 조화를 이뤄 그 맛이 단연 일품이다. 게다가 타로 특유의 예쁜 보랏빛이 이곳의 도넛을 더욱 특별하게 만든다. 이처럼 맛은 물론 특유의 고운 색상 덕분에 카메하메하 포이 도넛은 하와이 현지인

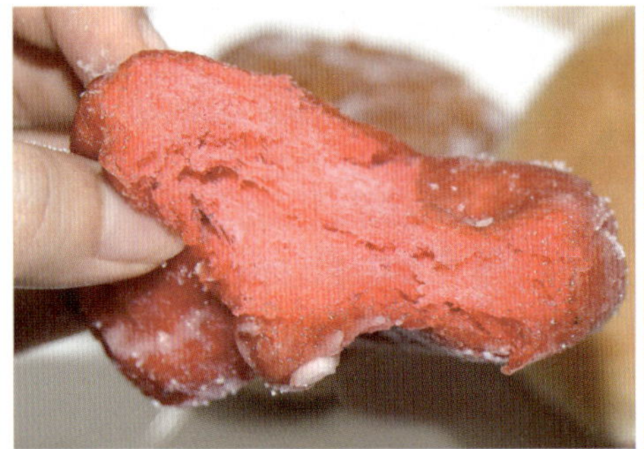

들에게 꾸준한 사랑을 받고 있다. 포이 도넛과 더불어 또 하나의 인기 메뉴인 스트로베리 도넛은 딸기를 주재료로 하여 만들어지는데, 향이 상큼하고 반죽이 무척 부드러워 한입 베어 물면 마치 찹쌀떡을 먹는듯한 느낌이 들어 특히 여성들에게 인기가 좋다. 남녀노소 누구나 부담 없이 즐길 수 있고, 가격 또한 저렴한 카메하메하 도넛은 사무실이나 가족 행사 등과 같은 각종 모임에 제격인 간식거리이다.

여행 TIP

- 이전 확장한 딜링햄 매장에서 평일 16:00까지 영업한다.
- 포이 도넛은 빠르게 매진되니 오전 시간 방문을 추천한다.
- 달콤한 도넛은 커피와 함께 먹기 좋은 디저트이다.

좋아요	새벽 시간대에 오픈해 간단한 아침식사를 위해 들르기 좋다.
아쉬워요	점심시간 전에 방문하더라도 포이 도넛은 일찍 품절되는 경우가 많다.
추천	신혼/친구/아이와/가족/홀로

가격	$1~$2 (1인 기준)
추천메뉴	포이 도넛(Poi donut) $0.90, 스트로베리 도넛(Strawberry Donut) $0.80
주소	1284 Kalani St, Ste D106 Honolulu, HI 96817
전화번호	(808) 845-5831
영업시간	월~금 02:00~16:00 토~일 03:00~14:00
주차	쇼핑센터 내 무료 주차

1일 투어 코스

차이나 타운 (78) → 카메하메하 베이커리 → 비숍 뮤지엄 (82)

47 *Hawaiian Coffee / Acai Bowl*

하와이에서 맛보는 **하와이안 커피와 아사이 볼**

호놀룰루 커피 Honolulu Coffee

세계적으로 유명한 하와이 섬 코나 지역에서 생산되는 100% 코나 커피를 맛볼 수 있는 호놀룰루 커피는 다른 커피 브랜드에 비해 향이 깊고 진해 많은 커피 마니아들이 즐겨 찾는 브랜드 중 하나이다. 호놀룰루 커피는 하와이 현지에서 생산되는 코나 커피 원두를 손으로 하나하나 골라낸 후 직접 볶아 커피를 제조함으로써 더욱 신선하고 맛있는 커피를 완성한다. 진하고 부드러운 에스프레소와 신선한 우유를 섞어 만든 카페라떼는 호놀룰루 커피의 인기 메뉴이다. 나뭇잎 모양이 그려져 있는 고소하고 부드러운 카페라떼는 뜨겁게 즐길

때는 깊은 향이, 차갑게 즐길 때는 진하
고 신선한 맛이 일품이다.

Moana Surfrider

주소	2365 Kalakaua Ave. Honolulu, HI 96815
전화번호	(808) 926-6162
영업시간	월~일 06:00~22:00

Ala Moana Store

주소	1450 Ala Moana Blvd., #3066 Honolulu, HI 96814
전화번호	(808) 949-1500
영업시간	월~토 07:00~21:00 일 07:00~19:00
주차	쇼핑센터 내 무료 주차

Downtown Honolulu

주소	1001 Bishop St. Honolulu, HI 96813
전화번호	(808) 521-4400
영업시간	월~금 06:00~17:30 토 07:00~12:00 일 휴무

여행 TIP

- 커피 외에도 메이드 인 하와이 제품들을 상점 내에서 판매하고 있다.
- 코나 원두 커피를 선물용으로 포장 판매하고 있다.
- 달콤하고 맛있는 디저트류도 다양하게 준비되어 있다.
- 호놀룰루 커피 컴퍼니는 루왁 커피(고양이똥 커피)도 새롭게 판매한다.
- 와이키키 입구에 새롭게 오픈한 Honolulu Coffee Experience Center에서 바리스타가 직접 원두를 굽는 모습을 볼 수 있다.

좋아요	깊고 진한 향의 코나 커피를 맛볼 수 있다.
아쉬워요	다른 커피 브랜드에 비해 커피의 맛이 강해 진한 커피를 즐겨 마시지 않는 사람들에게는 추천하지 않는다.

가격	$4 (1인 기준)
추천메뉴	핫 카페라떼(Hot Cafe Latte)
주소	Honolulu Coffee Experience Center 1800 Kalakaua Avenue Honolulu, HI 96815
전화번호	(808) 202-2562
영업시간	월~일 06:00~18:00
주차	무료 주차

아일랜드 빈티지 커피 Island Vintage Coffee

1996년 설립된 아일랜드 빈티지 커피에서도 향이 깊고 부드러운 코나 커피를 맛볼 수 있다. 아일랜드 빈티지 커피에는 하와이에서만 맛볼 수 있는 코코넛 코나모카, 마카다미아 넛 코나모카, 카우아이 스무디 같은 하와이 스타일의 특별한 커피 메뉴가 준비되어 있어 큰 인기를 얻고 있다. 건강식으로 요즘 하와이에서 선풍적인 인기를 얻고 있는 아사이로 만든 아사이 볼은 이곳의 인기 메뉴이다. 아일랜드 빈티지 커피의 아사이 볼은 다른 곳에 비해 신맛이 덜한 대신 조금 더 달콤하다. 곱게 셰이크한 아사이 베리 위에 시리얼, 바나나,

딸기가 올려져 나와 달콤하고 부드러운 맛이 정말 좋다. 커피를 즐겨 먹지 않는다면 새콤달콤한 건강식 아사이 볼을 추천한다.

여행 TIP

- 선물용으로도 좋은 코나 커피를 크고 작은 사이즈로 포장 판매한다.
- 빈티지 커피숍 로고가 그려진 커피잔, 기념품들과 하와이에서만 구입할 수 있는 메이드 인 하와이 제품을 다양하게 판매 중이다.
- 파니니와 베이글 같이 식사 대용으로 좋은 간단한 음식도 판매한다.

좋아요	다양한 하와이안 스타일의 커피를 맛볼 수 있다.
좋아요	가격이 저렴하지 않은 편이다.
가격	$4~
추천메뉴	아사이 볼(Acai Bowl) $10, 마카다미아 넛 코코넛 코나 커피(Macadamia Coconut Kona Coffee)

와이키키 지점

주소	2301 Kalakaua Ave Ste C215 Honolulu, HI 96815
영업시간	월~일 06:00~23:00
주차	로얄 하와이안 쇼핑센터에 주차 후 $10 이상 구입 시 발레데이션을 받으면 저렴하게 주차비를 지불할 수 있다.

알라모아나 센터(3층)

주소	1450 Ala Moana Blvd, Ste 1128 Honolulu, HI 96814
영업시간	월~토 08:00~21:00 일 08:00~19:00
주차	알라모아나 쇼핑센터 내 무료 주차

커피 갤러리 Coffee Gallery

오아후 섬에서 가장 오래된 할레이바 타운에는 많은 볼거리와 맛집이 가득해 항상 관광객들의 필수 코스로 손꼽히는 곳이다. 할레이바 노스 쇼어 마켓 플레이스(North Shore Marketplace)에 위치한 커피 갤러리는 코나산 커피를 직접 볶아 만들어 고소하고 깊은 향으로 방문객들의 편안한 휴식처가 되어 준다. 목넘김이 부드럽고 향이 깊은 이곳 커피를 한번 맛본 커피 마니아들은 그 맛을 잊지 못해 꼭 다시 찾는다고 한다. 그래서 단골손님들의 입소문으로 찾아온 관광객들이 항상 북적인다. 타운 내에 위치한 커피숍과 달리 여유롭고 운치 있는 매장의 분위기가 커피 맛을 한껏 좋게 만들어 준다.

여행 TIP

- 매장 내에서 하와이안 허니, 쿠키, 스낵 같은 하와이에서만 맛볼 수 있는 다양한 간식을 판매하고 있다.
- 커피 갤러리만의 시원한 아사이 아이스크림으로 만든 아사이 볼을 꼭 맛보자.
- 커피와 어울리는 달콤한 베이커리도 인기리에 판매되고 있다.
- 시원한 아이스 커피를 테이크아웃 해서 가까운 해변에서 즐거운 커피 타임을 가져보자.

좋아요	향이 깊고 진한 맛있는 하와이산 커피를 맛볼 수 있다.
아쉬워요	와이키키에서 먼 거리에 있어 렌터카 없이 이용이 어렵다.
추천	신혼/친구/가족
가격	$3~ (1인 기준)
추천메뉴	카페라떼(Cafe Latte) 아사이 볼(Acai Bolw)
주소	North Shore Marketplace 66-250 Kamehameha Hwy. Haleiwa, HI 96712
전화번호	(808) 637-5571
영업시간	06:30~20:00
주차	쇼핑센터 내 무료 주차

1일 투어 코스

할레이바 타운 → 새우 트럭 (25) → 커피 갤러리

카페라니 Cafe Lani Hawaii

알라모아나 쇼핑센터에 2016년 오픈한 일본식 패밀리 레스토랑 카페라니는 브런치, 런치, 디너 모두 다른 메뉴를 제공하여 방문 시간에 따라 새로운 음식을 맛볼 수 있다.

특히 이곳의 홈메이드 브래드과 함께 곁들어 마시는 싱싱한 원두를 갈아 내린 드립 커피는 향이 깊고 풍부해 이곳을 찾는 손님들에게 인기가 높다.

좋아요	다양한 홈 브래드와 드립 커피가 맛이 좋다.
아쉬워요	식사시간대에 대기시간이 상당히 길다.

가격	$15〜$20
추천메뉴	드립 커피 & 홈 브래드 세트(Siphon Coffee with Fresh Bread) $9, 파르페(Parfait) $10〜$16
주소	1450 Ala Moana Blvd Honolulu, HI 96814
영업시간	월〜일 06:30~22:00

Section 05
하와이에
취하다

48 *Waikiki Beach Bar*

라이브 뮤직과 함께하는 선셋 **와이키키 비치바**

하우스 위드아웃 어 키 House without A Key

와이키키 해변 바로 앞에 자리잡은 호텔들은 대부분 오픈바를 운영하는데 그 중 가장 분위기 있는 곳 중 하나는 5성급 할레쿨라니 호텔 내 오픈바 '하우스 위드아웃 어 키'이다.

할레쿨라니 호텔 풀사이드에 위치한 이 오픈바는 좌측으로는 다이아몬드 헤드 뷰를 자랑하며 정원에서 바다를 바라보며 즐길 수 있는 조식 뷔페와 저녁에 열리는 라이브 연주와 훌라 댄스 공연이 유명하다.

마이타이, 블루 하와이, 치치 등 하와

좋아요	선셋과 함께 아름다운 하와이 음악을 즐길 수 있다.
아쉬워요	밤 9시까지만 운영한다.
추천	신혼/친구/아이와/가족/홀로

가격	아침, 점심 $15~ 저녁 $20~ (1인 기준, 세금 및 팁 별도)
추천메뉴	맛있는 하와이안 칵테일, Beef Satay(꼬치요리)
주소	99 Kalia Road, Honolulu, HI (할레쿨라니 호텔 1층)
전화번호	(808) 923-2311
홈페이지	halekulani.com/dining/house_without_a_key
영업시간	월~일 07:00~21:00
의상	캐쥬얼
주차	주차확인 시 무료

1일 투어 코스
와이켈레 프리미엄 아울렛 쇼핑 (62) → 저녁은 하우스 위드아웃 어 키에서 하와이 훌라댄스를 보면서 하와이 안주 푸푸와 칵테일 즐기기

이를 대표하는 칵테일들이 생화나 과일 장식과 함께 제공되어 눈도 즐겁다. 간단한 안주거리 푸푸(Pupu)로는 꼬치류와 코코넛 쉬림프 등이 인기가 좋고 샐러드, 파스타, 생선 요리, 립 등 저녁 식사도 주문할 수 있다.

하와이안 음악을 들으며 행복한 훌라댄서의 미소가 여유로운 하와이의 밤을 즐겨보자.

여행 TIP

- 저녁 쇼의 경우 5시 30분 부터 시작되며 별도 예약이 어려우니 미리 가서 앞쪽 좌석을 확보하는 것이 좋다.
- 레스토랑은 브런치, 점심, 저녁 모두 제공하며 가격은 비교적 비싸지 않은 편이다.

모아나 서프라이더 비치바 Moana Surfrider

와이키키의 백색 부인으로 불리는 우아한 느낌의 모아나 서프라이더 호텔 1층에 위치한 오션 프론트 칵테일바이다. 싱그러운 칵테일을 마시며 바라보면 와이키키의 전경은 여행의 묘미를 더한다. 비치바 정면에 위치한 반얀트리 앞에서 인증샷도 잊지 말자.

좋아요	우아한 분위기의 아름다운 경치가 있는 비치바이다.
아쉬워요	하와이 전통음악이 아닌 주로 팝송이 연주된다.
추천	신혼/친구/아이와/가족/홀로

가격	$15〜 (1인 기준, 세금 및 팁 별도)
추천메뉴	라바 플로우(Lava Flow), 블루 하와이(Blue Hawaii) 등 기분 따라 마셔보는 칵테일
주소	2365 kalakaua ave. Honolulu, HI 96815
전화번호	(808) 921-4600
홈페이지	moana-surfrider.com/dining/beachbar
영업시간	월~일 10:30~24:00 (애피타이저는 저녁 10시까지)
주차	발렛파킹 4시간까지 $6 내외(도보 추천)

1일 투어 코스

헤븐리 아일랜드 브런치 (16) → 와이키키 해변 산책 (6) → ABC 스토어 구경 (66) → 와이키키 비치워크 및 DFS 갤러리아 쇼핑 (64) → 비치바 칵테일

하와이 스타일의 바
듀크스

듀크스(Duke's)는 아웃리거 온 더 비치 호텔 1층에 자리한 레스토랑 겸 펍 형태의 바로 전 세계 관광객들에게 오랫동안 사랑받고 있는 곳이다.

휴양지의 파티 분위기를 느껴보고 싶다면 이곳을 적극 추천한다. 레게, 하와이언 뮤직 등 신나는 음악에 맞춰 이 비치 바의 이름인 'Barefoot Bar'에 걸맞게 맨발에 수영복 차림으로 모두가 어우러져 춤을 추며 신나는 휴가를 즐기는 곳이다.

오전 일정을 마치고 오후 4시쯤 시작되는 라이브 공연에 맞춰 자리를 잡고 재미있는 이름의 칵테일을 즐겨보자.

하와이 대부분의 바 메뉴에 있는 마이 타이, 열대에서 휴가 기분을 만끽하게 해주는 '망고 마가리타', 달콤함이 가득한 구아바와 코코넛 내음 가득한 '엔드리스 서머' 등을 한두 잔 즐기고 나면 라이브 음악에 맞춰 신나게 춤을 즐기는 무리에 동참할 준비가 된다. 약간 출출

하다면, 'Pupu(푸푸)' 메뉴를 살펴보자. Pupu는 하와이에서 안주로 통한다. 레스토랑을 즐길 수도 있으며, 메뉴 주문이 귀찮은 사람들은 아침, 점심 뷔페를 이용해보자. 아침 뷔페는 오전 7시부터 10시 30분까지 제공되고 미국식 아침 식사로 즐길 수 있다. 점심 뷔페는 11시 30분부터 2시 30분까지 제공하며 샐러드바 중심으로 생선, 고기류 등으로 메뉴는 계속 변하며 홈페이지에서 업데이트된 메뉴를 확인할 수 있다.

이 바는 서핑의 전설 '듀크 카하나모쿠'의 이름을 딴 것에 걸맞게 곳곳에 옛날 하와이, 듀크의 사진 및 소장품들을 전시하여 또 다른 볼거리를 제공한다.

서핑은 하와이 주민들만의 전유물이었으나 수영선수로서 올림픽에서 금메달을 따면서 유명해진 듀크로 인해 전 세계적으로 사랑받는 스포츠로 거듭났다. 하얏트 리젠시 호텔 맞은편에는 그를 기념하는 동상이 세워져 있으며, 동상에는 화려한 레이가 언제나 걸려있다. '듀크스'는 자체 티셔츠, 야구모자, 파이 접시 등을 제작하여 판매하고 있으니 기념으로 티셔츠 하나를 구매해보는 것도 좋겠다.

- 복장은 캐쥬얼로 수영복에 맨발 차림도 종종 볼 수 있으니 와이키키 해변에서 물놀이를 즐기다가 출출할 때 들러보자.
- 홈페이지의 Entertainment Calendar에서 월별 라이브 공연 스케줄을 확인하자.
- 저녁식사 시엔 사전에 예약하지 않으면 대기시간이 많이 소요된다.

좋아요	신나는 분위기, 라이브 뮤직, 와이키키 중심의 편리한 위치가 장점이다.
아쉬워요	워낙 유명한 곳이라 사람이 늘 많아 예약 없이 갈 경우 대기시간이 길 수 있으며, 서구적 바 문화에 익숙하지 않다면 불편할 수 있다.
추천	신혼/ 친구와/ 홀로

가격	보통 $10~ (1인 기준, 세금 및 팁 별도)
추천메뉴	케이준 피쉬 타코(Cajun Fish Tacos), 그릴드 치킨 시저 샐러드(Grilled Chicken Ceasar Salad), 앤드리스 서머(Endless Summer)
주소	Outrigger Waikiki Beach Resort, 2335 Kalakaua Ave #116, Honolulu, HI 96815 (아웃리거 와이키키 온 더 비치 호텔 1층)
전화번호	(808) 922-2268
홈페이지	dukeswaikiki.com
영업시간	매일 07:00~24:00
의상	캐주얼
주차	셀프파킹 - 건너편 오하나 이스트 호텔 발렛파킹 - 아웃리거 와이키키 비치 호텔

1일 투어 코스

서핑 레슨 (69) → 테디스버거 점심 (24) → 와이키키 해변 (6) → 듀크스

50 *Hard Rock Café*

맛있는 음식과 흥겨운 음악이 있는

하드 락 카페

하드 락 카페는 1971년 영국 런던에 처음 오픈한 이래 호텔, 카지노까지 전 세계적으로 지점을 넓혀간 대형 프랜차이즈 레스토랑으로 하와이에도 2010년 11월 새로운 장소로 확장 이전을 하면서 와이키키 중심가 비치워크에 오픈했다. 미국 그린 빌딩 위원회로부터 친환경 건축물 인증(L.E.E.D)을 받은 이곳은 와이키키의 문화와 함께 하드 락 브랜드의 에너지와 분위기를 모두 경험할

수 있는 와이키키의 핫 플레이스이다.
1층에 들어서면 하드 락 카페의 기념품들을 쇼핑할 수 있는 장소가 있고, 계단으로 올라가면 깔끔하고 넓은 실내에 잘 정돈된 무대를 갖추고 있는 쾌적한 느낌의 바와 레스토랑이 자리 잡고 있다. 들어서자마자 장식되어 있는 유명 로커들의 기타와 사진들이 눈길을 끌며 특히 '에릭 클랩턴'의 기타를 비롯하여 세계 최고의 음악 관련 수집품이 전시되어 있어 마치 락 박물관에 온 듯한 느낌에 두 눈이 즐겁다.

푸른 바다를 연상하게 하는 웨이브 바는 모던한 느낌으로 꾸며져 있으며 각종 재미있는 칵테일들이 준비되어 있다. 중앙에 마련된 무대에서 라이브 공연이 펼쳐져 손님들의 흥을 한껏 더한다. 하드 락 카페에서는 미국식의 다양한 메뉴가 준비되어있는데, 그중 두툼한 패티가 일품인 수제버거가 단연 인기가 많다.

특히 이곳에는 여성들을 위한 알코올 프리 칵테일이 인기가 높은데, 그 중 망고베리 쿨러(Mango Berry Cooler)는 $4대에 저렴한 가격에 달콤, 상콤, 시원한 음료맛이 하와이와 잘 어울린다. 또한 보기에도 예쁘고 맛도 좋은 칵테일 메뉴가 다양하며 주말 저녁시간에는 시원한 생맥주와 맛있는 안주를 주문해 여유로운 시간을 보내기에 그만인 곳이다.

여행 TIP

- 멋있는 와이키키 거리가 보이는 테라스쪽 테이블을 요청하자.
- 밤에는 바, 낮에는 패밀리 레스토랑 분위기에 가까워 런치 시간대에는 어린 자녀와 함께 방문하기에 좋다.
- 라이브 음악소리가 조금 부담스럽다면 무대와 멀리 떨어진 테이블을 요청하자.
- 서비스가 상당히 친절하다.

좋아요	신나는 분위기, 라이브 뮤직, 와이키키 중심의 편리한 위치가 장점이다.
아쉬워요	저녁 시간대에는 대기시간이 긴 편이다.
추천	신혼/친구/아이와/가족/홀로

가격	$15~$20 (1인 기준)
추천메뉴	음식: 점보 콤보(Jumbo Combo) $23.95, 더카인 버거(De Kine Burger) $16 드링크: 망고베리 쿨러(Mango Berry Cooler) $4, Groupie Grind $5
주소	280 Beachwalk Honolulu, HI 96815 (칼라카우아 애버뉴와 비치워크 길 사이)
전화번호	(808) 955-7383
홈페이지	hardrock.com
영업시간	일~목 (레스토랑 : 11:00~23:00/ 바 : 11:00~24:00) 금~토 (레스토랑 : 11:00~24:00/ 바 : 11:00~01:00)
주차	하드 락 카페 바로 건너편 뱅크오브하와이 건물 지하 주차장에서 주차 후 발레데이션 받으면 4시간에 $6

1일 투어 코스

칼라카우아 애비뉴 → 하드 락 카페 → 와이키키 비치 워크 (64)

51 *Rivals Lounge*

편안한 분위기의 스포츠바! **라이벌스 라운지**

와이키키 초입 팬케이크 전문점 IHOP 레스토랑과 나란히 있는 스포츠바 라이벌은 편안하고 깔끔한 분위기의 스포츠바이다. 대형 TV 10여 대가 레스토랑 안쪽으로 배치되어 테이블에 앉으면 집에서 시청하는 듯 편안한 느낌이다.

대부분의 스포츠바와 마찬가지로 주 메뉴는 피자나 술안주이며 보스턴 피자 스타일의 얇고 큰 피자는 한 조각을 주문해도 배를 채우기에 손색이 없다. 이곳 피자 중 인기 있는 메뉴는 갈릭 스피니치 피자로, 마늘 향이 깊게 우러나 한국인의 입맛에도 잘 맞는다.

사실 스포츠바는 음식보다는 분위기와

여러 대의 TV를 통해 동시에 여러 스포츠를 시청할 수 있는 장점이 더 크다. 주로 미국인들이 많이 찾아 스포츠 중계와 여유로운 휴식을 즐긴다.

라이벌의 경우, 다른 스포츠바들과 달리 종합격투기(UFC), 미식축구, 미국농구, 미국야구 중계와 더불어 한국인이 사랑하는 유럽축구 중계방송을 하고 있어 축구를 사랑한다면 라이벌 바의 입구에서 원하는 축구 중계를 하는지 안내판으로 확인 후 방문 가능하다.

스포츠를 좋아하는 당신! 여유로운 휴가의 한 귀퉁이에서 피자 한 조각과 맥주 한 잔, 그리고 스포츠의 열기를 잠시나마 느껴보자.

- 하와이 내 공식 축구 방송 스포츠바이다.
- 홈페이지를 방문하면 각종 스포츠 방영 스케줄을 게시하고 있다.

좋아요	여유로운 분위기와 좋은 서비스, 깔끔한 인테리어가 장점이다.
아쉬워요	메뉴가 다양한 편이 아니다.
추천	친구/가족과/홀로
가격	$12~ (1인 기준, 세금 및 팁 별도)
추천메뉴	갈릭 스피니치 피자(Garlic Spinach Pizza)
주소	2211 Kuhio Ave Honolulu, HI 96815 (오하나 말리아 호텔 내)
전화번호	(808) 923-0600
홈페이지	rivalslounge.com
영업시간	월~금 12:00~02:00 토 06:00~02:00 일 07:00~02:00
의상	캐주얼
주차	오하나 말리아 호텔 내(주차권 할인도장 가능)

1일 투어 코스

하나우마 베이 스노클링 (9) → 레인보우 드라이브 인 점심 (21) → 휴식 → 나른한 몸, 즐거운 유럽축구 관람을 라이벌에서!

52 *Dave & Busters / Gordon Biersch Brewery*

재미있는 게임바!

디앤비와 고든 비어쉬 브루어리

디앤비 D&B

디앤비는 미국 전역에 걸쳐 수십 개의 지점을 둔 큰 프랜차이즈로 호놀룰루 지점은 워드 영화관과 함께 있으며, 게임 아케이드와 레스토랑, 바가 합쳐진 독특한 형태의 장소이다. 한 곳에서 여러 가지를 해결할 수 있기 때문에 현지인들의 만남의 장소로 인기 있는 장소이

며, 술 한 잔과 오락을 함께 즐길 수 있다는 독특한 콘셉트는 여행객의 마음을 사로잡는다.

2층의 입구를 들어서면 일반 레스토랑 형태로 조용한 분위기이며 들어서자 마자 정면에 보이는 에스컬레이터를 타고 3층으로 오르면 깔끔하고 넓은 실내에 각종 최신 오락 게임기들이 설치되어 있고, 주문을 하듯 웨이터를 통해 카드를 구입하여 게임 시 사용하는 형태이다. 햄버거, 파스타, 스테이크 종류가 준비되어 있으며 가벼운 식사를 추구하는 'Under 600 Calories'라는 다이어트 식단도 준비되어 있어 다양한 입맛에 대비한 노력이 엿보인다.

술 종류는 맥주, 와인, 각종 칵테일까지 골라 마실 수 있고 마가리타 종류가 가장 인기 있다. 테킬라 종류 중 가장 목넘김이 부드러워 사랑받고 있는 '패트론'을 베이스로 한 '퍼펙트 패트론' 한 잔은 신나는 게임에 재미를 더하기에 충분할 것이다.

여행 TIP

- 일부 오락기는 게임 시 티켓이 제공되며, 이 티켓을 바 한쪽에 마련된 기념품점에 가져가서 게임에 사용한 게임카드에 적립하여 그 포인트에 맞춰 기념품을 선택할 수 있다.
- 해피아워 일~목 22:00~/월~금 16:30~19:00
- 화요일은 타코데이! 수요일은 모든 게임이 50% 할인! 등 요일별 이벤트가 준비되어 있다.
- 입장 시 신분증 확인을 하니 여권을 소지하자. 알코올 음료 주문 시에도 신분증 확인을 하며, 1인당 1회 1잔의 알코올 음료만 허용한다.

좋아요	독특한 레스토랑 문화를 접할 수 있다.
아쉬워요	약간 시끌벅적한 분위기이며, 서구적 바 문화에 익숙하지 않을 경우 불편할 수 있다.
추천	친구/아이와/홀로
가격	$10~ (1인 기준, 세금 및 팁 별도)
추천메뉴	라바 플로우(Lava Flow), 퍼펙트 패트론(Perfect Patron)
주소	1030 Auahi St Honolulu, HI 96814 (워드 센터 근처)
전화번호	(808) 589-2215
홈페이지	daveandbusters.com
영업시간	월~화, 목, 일 11:00~24:00 수, 금~토 11:00~2:00
의상	캐주얼
주차	무료

1일 투어 코스

노드스트롬 랙 쇼핑 (63) → 도라쿠 스시 카카아코 지점 런치 (34) → 티제이맥스 쇼핑 (63) → 디앤비

고든 비어쉬 브루어리
Gordon Biersch Brewery

와이키키 지역에는 호텔만큼이나 많은 바들이 밀집해 있다. 그리고 바를 찾는 손님들 중 관광객이 많다 보니 대부분의 바들은 분위기가 다소 들떠 있고 시끌벅적하다. 하지만 그중에는 여유롭고 한가한 분위기를 연출하는 바들도 있는데, 대표적인 곳이 알로하 타워에 위치한 고든 비어쉬이다.

고든 비어쉬는 맥주를 직접 제조해 판매하는 맥주 전문점으로, 알로하 타워 1층에 위치한 입구에 들어서면 커다란 맥주 제조기가 눈에 들어온다. 또한 항구 가까이 있어 레스토랑에서 바라보는 탁 트인 뷰도 또 하나의 장점으로 꼽을 수 있다.

이곳의 인기 맥주는 골든 익스포트(Golden Export)로 알코올 맛이 강하지 않고 가벼워 여성들이 선호하는 맥주 중 하나이다. 또 대표 음식으로는 바삭하게 튀긴 생감자 위에 곱게 다진 마늘을 얹어 만든 감자튀김이 있는데, 마늘향 때문에 느끼하지 않아 맥주 안주

로 안성맞춤이다. 고든 비어쉬에서는 다양한 맥주를 시음할 수 있는 6개의 작은 맥주 샘플러가 제공되니 자신의 취향에 맞는 맥주를 찾아보자.

여행 TIP

- 고든 비어쉬는 야외 테이블과 실내 테이블로 나뉘어 있으며, 항구가 보이고 분위기 좋은 야외 테이블을 추천한다.
- 호놀룰루 공항 내에도 고든 비어쉬 레스토랑이 있으며, 게이트 27번 근처에 있다. 단 공항 내 지점이라 가격이 좀 더 비싸다.

좋아요	시원한 하버 뷰와 라이브 뮤직으로 로맨틱한 분위기 연출이 가능하다.
아쉬워요	렌터카 이용 보다는 택시 이용을 추천한다. 음주 운전은 절대 금물!
추천	신혼/친구/홀로

가격	$15~20 (1인 기준, 세금 및 팁 별도)
추천메뉴	갈릭 프라이즈(Garlic fries), 비어 샘플러(Beer Sampler)
주소	Aloha Tower Dr. #1123 Honolulu, HI 96813
전화번호	(808) 599-4877
영업시간	월~목, 일 11:00~22:00 금~토 11:00~24:00
의상	캐주얼
주차	알로하 타워 주차장에 주차 후 주차 티켓에 고든 비어쉬에서 도장을 받고 $5 내외의 주차비 지불

1일 투어 코스

레전드 씨푸드 레스토랑 딤섬 런치 (57) → 다운타운 둘러보기 (78) → 알로하 타워 둘러보기 → 고든 비어쉬

53 *Tiki's Grill & Bar*

하와이 느낌 충만한

티키 그릴 앤 바

티키 그릴 앤 바는 좋은 분위기와 더불어 맛있고 다양한 메뉴를 갖추고 있어 점심, 저녁 어느 시간대에도 만족스럽게 방문할 수 있는 매력적인 맛집이다. 와이키키 애스톤 비치 호텔 2층에 있는 티키 바는 대부분의 테이블에서 와이키키 해변 전경을 볼 수 있다는 것이 큰 장점인데, 점심 시간대에는 조용한 분위기에 와이키키 해변을 풍경 삼아 여유롭게 식사를 즐기기에 제격인 반면, 저녁 시간대에는 노을과 함께 신나는 라이브 음악을 안주 삼아 친구들과 각테일을 마시며 스트레스를 해소하기에 안성맞춤인 장소이다.

티키 그릴 앤 바의 메뉴는 식사로도 손색이 없을 만큼 맛깔스러운 음식이 다양하게 준비되어 있는데, 그 중 인기 메뉴인 코코넛 쉬림프(Tiki's Famous Coconut Shrimp)는 점보새우를 코코넛에 묻혀 바삭하게 튀겨 달콤한 칠리소스를 찍어 먹는 티키 바에서 가장 유명한 애피타이저이다. 또 다른 인기 메뉴인 아히 샐러드(Seared Ahi Salad)는 겉만 가볍게 구운 참치 스테이크에 각종 야채와 보라색 고구마를 곁들여 맛있는 드레싱과 함께 맛보는 아일랜드 스타일의 샐러드이다. 맛도 좋고 양도 넉넉해 식사대용으로도 좋다. The "fine-o" Lava Flow($8.50), 1944 Mai Tai($11), Ocean Potion($8.50)은 티키 바의 인기 칵테일로 손꼽을 수 있는데 이 중 The "Fine-o" Lava Flow는 럼주와 코코넛 밀크, 그리고 달콤한 파인애플 주스를 믹스해 만든 코코넛 향의 달콤한 칵테일로 여성들에게 인기가 높다.

여행 TIP

- 점심 시간대에는 사전예약 없이 방문 가능하다.
- 런치메뉴와 디너메뉴가 약간의 차이가 있다.
- 사전 예약 시 오션 뷰 테이블을 따로 요청하자.
- 해피아워(Happy Hours)는 매일 14:00~17:00 이다.

좋아요	와이키키 해변이 한눈에 보이는 아름다운 오션 뷰와 다양한 메뉴가 장점이다.
아쉬워요	저녁시간에 방문 시 대기시간이 길다.
추천	신혼/친구/가족

가격	$20~ (1인 기준)
추천메뉴	티키스 페이머스 코코넛 쉬림프(Tiki's Famous Coconut Shrimp) $15, 씨어드 아히 샐러드(Seared Ahi Salad) $16, 파인 오라바 플로우(Fine-o Lava Flow) $9.50
주소	TIKI'S GRILL & BAR 2570 Kalakaua Ave, Honolulu,HI 96815
전화번호	(808) 923-8454
홈페이지	tikisgrill.com
영업시간	월~일 07:00~24:00
주차	발렛파킹 (주차도장 받으면 3시간 무료+발렛파킹 서비스 팁)

1일 투어 코스

와이키키 해변 산책하기 (6) → 티키 그릴 앤 바 → 호놀룰루 동물원 (81)

Section 06
하와이 현지인들이
사랑하는 레스토랑

54 *Hailis*

하와이 전통 음식 체험!

하일리스

한국인에게 생소한 하와이 음식은 의외로 건강 식단으로 장시간 요리를 해야 하는 슬로우 쿡 푸드가 대부분이다. 하와이 음식이 건강 식단으로 분류되는 이유는 독특한 요리 방식 때문에 기름기가 제거된 담백한 고기류를 즐길 수 있다는 것이다.

대표 음식인 라우라우는 돼지고기 또는 생선을 주재료로 한다. 옛 하와이언들은 '이무'라는 땅 속 오븐을 이용해 이 요리를 만들었는데, 뜨거운 돌 위에 고기나 생선을 올려놓고 바나나 잎으로 단열하여 만들어진다. 보통은 하루 종일 요리가 지속되며 고기나 생선은 타로 잎으로 돌돌 싼 채 요리되고, 요리 후 고기와 함께 먹는데 담백한 맛이 일품이다.

이외에도 하와이 방식 훈제 육포 피피 카울라, 걸쭉한 타로 잎과 즐기는 스퀴드 루아우(오징어), 코코넛으로 만든 달콤한 디저트 하우피아 등을 즐겨보는 것도 좋다. 옛 하와이언들의 건강 비결을 몸소 체험해볼 수 있는 좋은 기회가 될 것이다.

여행 TIP

- 각 테이블에 놓여있는 칠리 페퍼 워터를 고기 소스로 사용해도 좋다.
- 테이크아웃 레스토랑 형태지만, 간혹 주문 시 바로 요리를 받지 못할 때는 서빙을 해주므로, 몇 달러의 팁을 지불하자.

좋아요	다양한 하와이 음식을 즐겨볼 수 있다.
아쉬워요	주차 공간이 협소하다.
추천	친구/아이와/가족/홀로

가격	$12 (1인 기준, 세금 및 팁 별도)
추천메뉴	빅 카후나(Big Kahuna), 라우라우(Lau Lau)
주소	760 Palani Ave Honolulu, HI 96816
전화번호	(808) 735–8019
홈페이지	hailishawaiianfood.com
영업시간	월 휴무 화~토 10:00~19:00, 일 11:00~14:00
의상	캐주얼
주차	무료 (식당 옆쪽에 주차구역이 있으나 넓지 않다.)

1일 투어 코스

ABC 스토어에서 가벼운 아침식사 (66) → 와이키키 아쿠아리움, 동물원 (81) → 하일리스 늦은 점심 → 와이키키 로스에서 쇼핑 (63)

55 *Fresh Catch*

인기 만점 참치회
프레쉬 캐치

프레쉬 캐치는 하와이의 전통 음식인 '포케(Poke)'를 다양한 형태로 만나볼 수 있는 곳이다. 현지인들의 파티에는 늘 빠지지 않는 애피타이저 또는 술 안주 포케는 하와이의 전통 음식으로 보통은 날참치를 썰어, 약간의 소금, 간장, 참기름, 리무(미역 종류)와 버무린 하와이식 참치 회무침이라 할 수 있다.

와이키키에서 차로 10여 분 거리의 와이알라에 지역과 섬 동쪽의 카네오헤 두 지역에 지점을 두고 있으며, 쉐프 겸 오너인 리노 헨리크는 낚시를 취미 이상으로 좋아하다 본인의 전공인 요리와 접목하여 이곳을 오픈하게 되었다. 이름 그대로 신선한 생선을 잡아 바로 공수하는 형태라 이곳의 음식들은 그 신

선함으로 사람들의 발길을 끌게 되었
다. 우리나라와 같이 대형 수산시장이
발달되지 않은 이곳에서 작은 수산시장
의 역할을 하고 있다고 봐도 무관하다.
들어서자마자 유리 진열대에 그날 잡은
신선한 포케들이 20여 종 준비되어 있
으며, 새로운 포케가 준비되어 진열되
자마자 한 두시간 안에 순식간에 팔려
나가고, 다른 포케로 교체된다.
간장, 와사비, 김치맛으로 버무려진 아
히(Ahi 참치), 아쿠(Aku 참치), 새먼
(Salmon 연어), 타코(Taco 문어) 등의
다양한 포케를 만나볼 수 있다. 하와이
언 전통 음식인 로미로미 새먼(Lomi
Salmon)은 토마토와 마우이 양
파, 파를 송송 썰어 버무린 음식으로 다
이어트에도 좋다.
술안주로 제격인 일명 '드라이드 피쉬
(Dried Fish)'는 참치를 반건조시킨 것
으로 주문 시 레드 페퍼(Red pepper 고
춧가루), 씨 쏠트(Sea Salt 바다 소금)와
함께 컷(Cut)을 요청하면 지퍼백에 먹
기 좋게 자른 드라이드 피쉬와 요청한
내용물을 담아준다.
이곳은 몇 개의 테이블도 준비되어 있
으며, 각종 음료수와 맥주들도 함께 판
매된다. 테이크아웃 레스토랑 형태의
장소이니 신선한 참치회와 맥주를 사서

저렴하게 즐겨보는 것도 좋으며, 테이
크아웃하여 호텔로 가져가 아름다운 바
다 경치와 즐겨보는 것도 좋겠다.

카이무키 지점

주소	3109 Waialae Ave. Honolulu, HI 96816
전화번호	(808) 735-7653

카네오헤 지점

주소	45-1119 Kamehameha Hwy Kaneohe, HI 96744
전화번호	(808) 235-7653

- 렌터카로 북동쪽 일주 시, 카네오헤 지점에 들러 점심 전 애피타이저로 즐겨보자.
- 무게(lb 파운드)당 저울에 달아 가격을 책정하며, 애피타이저로 즐길 땐 2인 기준 Half Pound (1/2lb) 씩 두어가지를 주문하면 충분하다.

좋아요	테이크아웃 레스토랑, 신선한 재료가 장점이다.
아쉬워요	와이키키에서 거리가 있어 차량으로 이동해야 한다.
추천	친구/아이와/가족
가격	1/2 lb(파운드) 기준 $5~ (세금 별도)
추천메뉴	포케 종류는 다 맛있다. 입맛에 따라 진열대에서 고르면 된다.
홈페이지	www.freshcatch808.com
영업시간	월~토 10:00~19:30, 일 10:00~17:00
의상	캐주얼
주차	무료

1일 투어 코스

카일루아 해변 (8), 와이메아 베이 (13), 라니카이 해변 (14) → 프레쉬 캐치 카네오헤 지점 → 카메하메하 베이커리 (46) → 와이키키 매직쇼 (73)

56 *Vietnamese Food In Hawaii*

국물이 진한
베트남 쌀국수

포 흐엉 란 Pho Huong-Lan

하와이 다운타운의 차이나타운 컬처럴 플라자(Chinatown Cultural Plaza) 내에 위치한 포 흐엉 란은 깊고 진한 맛의 육수에 신선한 고기를 가득 넣어 먹는 베트남 전통 쌀국수로 유명한 곳이다. 다운타운 내에 있어 관광객보다는 현지인들이 많이 찾는 맛집이며, 진하고 매콤한 음식을 즐겨 먹는 한국인들의 발길이 끊이지 않는 곳 중 하나다. 기본적으로 쌀국수는 육수와 면의 양에 따라 Medium, Large, X-Large 중 주문할 수 있으며, 육수 안에 넣을 수 있는 메뉴로는 소고기, 돼지고기, 닭고기를 비롯하여 어묵이나 새우 등의 해산물과 천엽 같은 내장까지 선택의 폭이 매우 넓다. 이곳의 대표 인기 메뉴는 후레쉬 슬라이스드 스테이크(Fresh Sliced

Steak)로, 육회로 먹어도 될 만큼 신선한 소고기가 그 인기의 비결이다. 얇게 썬 빨간 소고기가 흰 쌀국수 위에 올려진 채로 나오는데, 면과 잘 섞어 육수에 조금만 담가 두면 신선하고 맛있는 소고기 쌀국수를 즐길 수 있다. 포 흐엉 란에서는 쌀국수 못지 않게 유명한 음식은 바로 홈메이드 스프링 롤(Spring Roll)과 섬머 롤(Summer Roll)이다. 두 가지 모두 주로 쌀국수를 먹기 전에 애피타이저로 많은 사람이 즐겨 먹는다. 속이 꽉 찬 스프링 롤은 주문과 동시에 바로 튀겨 주기 때문에 매우 바삭바삭하며, 함께 제공되는 싱싱한 상추와 오이를 곁들여 홈메이드 소스에 찍어 먹으면 최고의 전통 베트남식 스프링 롤을 맛볼 수 있다. 여러 가지의 신선한 야채와 새우가 들어간 서머 롤 또한 스프링 롤과 더불어 많은 이들에게 사랑받고 있으며, 직접 만든 고소한 맛의 땅콩소스가 그 인기의 비결이다.

여행 TIP

- 식사 후 디저트로 베트남식 달콤한 아이스 커피를 잊지 말자.
- 슬라이스 양파를 추가해서 쌀국수에 함께 먹으면 더욱 개운하고 맛있는 국수 맛을 완성시킨다.
- 강한 향신료를 평소 즐겨먹지 않는다면 주문 시 No Chinese Parsley라고 따로 요청한다.

좋아요	깊고 진한 쌀국수의 육수 맛이 시원하고 맛있다.
아쉬워요	오래된 실내로 다소 허름한 분위기를 연출한다.
추천	신혼/친구/가족

가격	$9～ (1인 기준)
추천메뉴	스프링 롤(Spring Roll) $6～, 콤비네이션 쌀국수 (Combination Pho) $9～
주소	100 N Beretania St. #129B, HI 96817 (차이나 타운 컬처럴 플라자 1층)
전화번호	(808) 538-6707
영업시간	08:00~17:00 (수 휴무)
주차	차이나타운 컬처럴 플라자 주차장에 주차가 가능하며 식사 후 포 흐엉 란으로 부터 주차 티켓에 도장을 받으면 $1～$2의 주차료가 나온다.

1일 투어 코스
차이나 타운 (78) → 포 흐엉 란

할레 베트남 Hale Vietnam

카이무키 타운에 위치한 할레 베트남은 진한 쌀국수의 국물과 맛깔스러운 베트남 음식으로 하와이 현지인들에게 꾸준히 사랑받는 베트남 음식점이다. 베트남 현지인이 직접 운영하는 음식점인 만큼 맛 또한 현지 그대로이다. 이곳의 대표 메뉴로는 임페리얼 롤(Imperial Roll)과 쌀국수를 꼽을 수 있는데, 임페리얼 롤은 할레 베트남에서만 맛볼 수 있는 별미이다. 스프링 롤과 같이 바삭하게 튀겨 만든 롤 스타일의 애피타이저로, 고기와 야채를 썰어 속을 두툼하게 채워 만든 것이 특징이며, 양이 푸짐하여 메인 메뉴로도 손색이 없다. 다른 음식점들의 냉동 스프링 롤과는 비교가 안 될 만큼 신선한 맛으로 오랫동안 사랑받는 메뉴이다. 할레 베트남의 쌀국수는 맑고 깨끗한 국물 맛 또한 일품이다. 따끈따끈한 국물을 맛본다면 이곳이 왜 인기 맛집인지 실감할 것이다. 국물 뿐만 아니라 쌀국수의 면발 역시 쫀득하고 맛이 좋다. 개인적인 취향에 따라 숙주, 야채, 고추, 양파 등을 넣어 먹으면 국물이 더욱 개운하고 시원하다. 그 외에도 BBQ 치킨 플레이트, 스프링 롤 플레이트, 섬머 롤 플레이트 등이 인기가 많으며, 디저트로는 연유가 듬뿍 들어간 달콤하고 진한 베트남 아이스커피가 맛이 좋다.

여행 TIP

- 둘이서 방문할 경우 임페리얼 롤과 쌀국수 하나씩 주문해보자.
- 식사시간대에는 약간의 대기시간을 고려해야 한다.
- 늦은 저녁 시간대에 방문하면 쌀국수의 육수가 짠 편이다.
- 평소 강한 향신료를 즐겨먹지 않는다면 주문 시 No Chinese Parsley라고 따로 요청한다.

좋아요	오랜 시간 우려 감칠맛 나는 쌀국수의 육수와 임페리얼 롤이 맛이 좋다.
아쉬워요	가격이 조금 비싼 편이다.
추천	신혼/친구/가족

가격	$12~$15 (1인 기준)
추천메뉴	임페리얼 롤(Imperial Roll) $11.95
주소	1140 12th Ave. Honolulu, HI 96816 (와이키키에서 차로 10분 소요)
전화번호	(808) 735-7581
영업시간	11:00~21:30
주차	길거리 코인 주차

1일 투어 코스
다이아몬드 헤드 하이킹 (87) → 할레 베트남

57
Legend Seafood Restaurant / Kickin Kajun

맛있는 해산물 요리

레전드 씨푸드 레스토랑과 키킨 케이준

레전드 씨푸드 레스토랑
Legend Seafood Restaurant

중국 현지인이 직접 운영하는 레스토랑으로 차이니즈 컬처럴 센터 1층에 있으며, 정통 중국 음식을 즐길 수 있다. 차이나 타운 내 많은 중국 음식점에서 딤섬을 먹을 수 있으나 위생적인 면에서 이곳이 가장 뛰어나고 가격도 적당한 편이다.

중국 정통 딤섬 방식으로 이동 카트를 이용해 웨이트리스들이 레스토랑 내를 이동하면 주문을 원하는 테이블에 멈춰 주문이 가능하며, 부추만두와 같은 딤섬은 즉석에서 팬이 장착된 이동 카트에서 바삭하게 구워준다.

무난하게 주문 가능한 딤섬으로는 슈마이, 씨푸드 딤섬, 시금치 딤섬, 새우 딤섬, 부추만두, 소룡포 등이다. 소룡포

(샤오롱빠오)의 경우 만두 속에 육수가 있어 만두의 맛깔스러움에 육수로 인해 부드러움까지 한번에 느낄 수 있어 독특하다. 다만 주문 시 음식이 나올 때까지 약간의 대기 시간이 있으나 기다림의 가치는 충분히 있다. 하와이에서 즐기는 딤섬은 출출한 점심 시간을 풍요롭게 해줄 것이다.

여행 TIP

- 중국 음식은 느끼할 수 있으니 겨자 소스를 요청하자. (핫 머스터드 플리즈!)
- 딤섬은 점심 시간에만 제공된다.

좋아요	깔끔한 실내, 적당한 가격대가 장점이다.
아쉬워요	와이키키에서 약간 거리가 있다.
추천	친구/아이와/가족/홀로
가격	딤섬류 $2.55~, 식사류 $9.50~ (1인 기준, 세금 및 팁 별도)
추천메뉴	소룡포(Xiao long bao), 새우 딤섬(Shrimp Dumpling), 북경 오리(Peking Duck)
주소	100 N Beretania St Ste 108 Honolulu, HI 96817(Chinese Cultural Center 1F)
전화번호	(808) 532-1868
홈페이지	legendseafoodhonolulu.com
영업시간	월~금 10:30~14:00, 17:30~21:00 토~일 08:00~21:00
의상	캐주얼
주차	주차는 차이니즈 컬처럴 센터 내에 가능하며, 식사 후 주차권에 도장을 받으면 할인이 된다.

1일 투어 코스

오전 딤섬 브런치를 레전드 씨푸드에서 → 비숍 뮤지엄 (82) → 한식으로 저녁 마무리 (58)

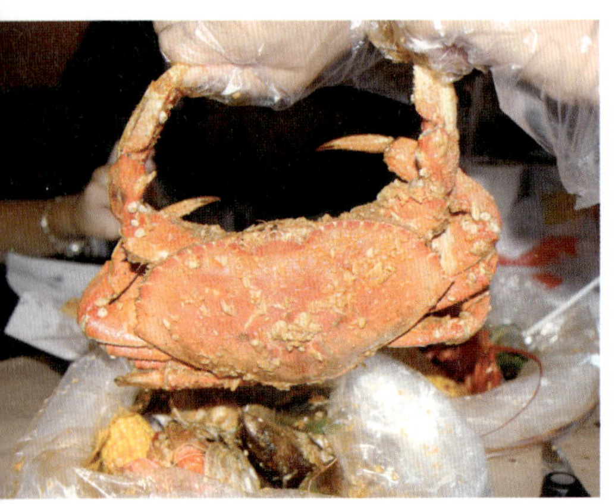

키킨 케이준 Kickin Kajun

키킨 케이준은 던저네스 크랩이나 랍스터와 같은 다양한 종류의 해산물을 소시지와 옥수수 같이 누구나 좋아하는 재료들과 쪄서 양념에 섞어먹는 씨푸드 전문 음식점이다.

이곳의 이채로운 점은 마치 선물 보따리 마냥 음식이 커다란 비닐백에 담겨서 나올 뿐만 아니라, 모든 음식은 비닐장갑을 낀 채 손으로 먹는다는 점이다. 다소 생소한 형태에 처음엔 다들 어리둥절해 하지만 이내 갓 쪄나온 재료의 온기와 해산물 특유의 질감을 직접 손으로 느끼며 좋아하는 해산물을 비닐백 안에서 골라먹는 재미가 이곳의 음식을 한층 맛있게 해준다.

이러한 형태의 씨푸드 음식점 중 하와이에서 가장 처음 오픈한 키킨 케이준만의 특징은 랍스터, 크랩, 새우, 조개와 같은 주재료를 살아있는 생물을 쓴다는 점이다. 높은 단가에도 불구하고 처음 오픈했을 때 손님들과의 약속을 지키기 위해 꾸준히 살아있는 재료만을 고집하는 주인의 철학 덕분에 유사 음식점들이 많이 생긴 현재에도 키킨 케이준은 꾸준히 사랑받고 있다.

이곳의 추천 메뉴로는 우선 애피타이저로 좋은 캣피쉬(Catfish) 튀김을 들 수 있다. 메기류의 생선인 캣피쉬를 튀긴 이 음식은 겉의 바삭함과 캣피쉬 특유의 부드러운 질감이 어우러져 식사 전 애피타이저 겸 맥주 안주로 일품이다. 감자튀김도 함께 나오기 때문에 어린이를 동반한 가족 손님들에게 적극 권하고 싶은 음식이다.

메인 메뉴로는 랍스터(Lobster Combo) 콤보와 던저네스 크랩(Dungeness Crab) 콤보가 가장 인기가 많은데, 두 종류 모두 살아있는 랍스터와 던저네스 크랩의 속살 맛이 일품이며 새우, 조개, 홍합, 옥수수, 감자, 소시지 등 함께 나오는 다양한 재료들이 먹는 내내 골라

먹는 재미를 준다. 또한, 두 메뉴 모두 보통 성인 2명이 먹기에 다소 많다 싶을 정도로 양이 넉넉한 편이다. 그리고 콤보 주문 시 3달러를 추가하면 일반 새우를 카와이 프라운으로 변경할 수 있는데, 카와이 프라운 하와이의 Kawai 섬에서 잡힌 큰 새우로 일반 새우보다 살이 튼실하고 달콤하여 새우를 좋아하는 손님들에게 안성맞춤이다.

음식 주문 시 랍스터나 크랩 종류와 같은 메인 해산물과 더불어 소스 종류도 선택해야 되는데, 가장 인기가 높은 소스로는 키킨 케이준의 시그니처 소스인 키킨 소스(Kickin Sauce)를 들 수 있다.

갈릭버터를 기본으로 약간 매콤한 이 소스는 특히 한국인의 입맛에 안성맞춤이다. 또한, 매운 정도도 4단계로 선택 가능한데, 1단계인 Mild는 어린아이도 먹을 수 있을 만큼 순하고, 4단계인 가장 매운 Extreme은 스트레스를 날려버리게 좋은 맛있게 매운맛이다.

키킨 케이준의 마지막 추천 메뉴로는 여럿이 나눠먹기 좋은 디저트 오레오 튀김이다. 기름에 살짝 튀긴 따뜻한 오레오 과자를 차가운 아이스크림과 그 위에 얹은 휩크림을 섞어 즐기는 디저트로 매콤한 씨푸드를 먹은 후 입가심으로 그만이다.

하와이 여행 중 매콤한 음식이 생각날 때, 하지만 한국 음식이 아닌 뭔가 새로운 형태의 음식을 즐기고 싶을 때, 꼭 한번 들려봄직한 곳이다.

여행 TIP

- 2016년 10월 Kapolei에 두 번째 지점이 오픈했다. (복합 쇼핑센터 Ka Makana Ali'i 안에 위치)
- 한국어를 하는 직원이 있어 주문하기 편하다.
- Fried Basket 주문 시 Side Fries로 고구마 튀김을 추천한다.
- 씨푸드 종류 선택 – 사이즈 선택 – 양념 선택 – 매운 정도 선택 – 사이드 메뉴 모든 것이 선택 가능하다.
- 런치 스페셜 $10.75은 새우, 조개, 홍합, 크로우피쉬 중 한가지 선택 가능 (11:30~14:00)
- 각자 마실 술을 가져올 수 있는 BYOB–Bring Your Own Booze(각자의 술은 가져올 수 있는 것)로 더 저렴하게 식사를 할 수 있다.

좋아요	알라모아나 센터 또는 월마트 쇼핑 후 걸어오기 편한 거리이다.
아쉬워요	주말 저녁 시간대에는 손님들로 붐빈다.
추천	신혼/친구/아이와/가족

가격	$25~$30 (1인 기준)
추천메뉴	랍스터 콤보(Lobster Combo) $60, 던저네스 콤보(Dungeness Combo) $70, 캣피쉬(Catfish) $14, 프라이드 오레오(Fried Oreo) $5
주소	1518 Makaloa St Honolulu, HI 96814
전화번호	(808) 946–2787
영업시간	월~일 11:30~22:00
주차	음식점 무료 주차장이나 근처 코인 주차

1일 투어 코스

알라모아나 쇼핑 (61) → 키킨 케이준 → 월마트 쇼핑 (63)

58 *Korean Food in Hawaii*

현지 한국인들이 즐기는

한식당 총집합

여행에서 가장 즐거운 것 중 하나가 새로운 음
식을 시도하는 것이지만, 이것저것 다른 나라
음식을 즐길 때도 알싸한 김치나 따끈하고 얼
큰한 국물이 떠오르는 건 어쩔 수 없다. 이럴
때 찾아갈 수 있는 하와이에 정착한 현지 한국
인들이 자주 찾는 한식당을 알아보자.

야미 코리안 바비큐 *Yummy Korean BBQ*

1986년 오아후에 처음 오픈한 야미 코리안 바비큐는 하와이 현지식 코리안 바비큐를 판매하는 한식을 좋아하는 외국인들에게 인지도가 높은 테이크아웃 체인점이다. 하와이 내에 9곳의 체인점이 운영되고 있을 만큼 현지인들의 방문이 이어지고 있으며, 외국인들에게는 하와이를 대표하는 코리안 바비큐 음식점으로 통한다. 일반메뉴를 주문 시 메인 요리와 4개의 반찬, 그리고 밥이 포함되어 어느 하나 부족할 것 없는 가정식 식단으로 맛볼 수 있다.

좋아요	빠르고, 맛있고, 저렴하게 한식을 맛볼 수 있다.
아쉬워요	매콤한 음식의 종류가 다양하지 않다.
추천	신혼/친구/아이와/가족/홀로
가격	$8~$13 (1인 기준)
추천메뉴	갈비 & 바비큐 치킨 콤보(Kalbi & BBQ Chicken) $15.95, 두부찌개(Tofu Soup) $10.75
홈페이지	yummyhawaii.com

Ala Moana Center 지점
(알라모아나 쇼핑센터 푸드코트)

주소	1450 Ala Moana Blvd. Honolulu, HI 96814
전화번호	(808) 946-9188
영업시간	월~토 10:00~21:00, 일 10:00~19:00

Kaheka 지점 (돈키호테 푸드코트)

주소	801 Kaheka St. Honolulu, HI 96814
전화번호	(808) 942-0288
영업시간	월~일 10:30~21:00

Dillingham Shopping Plaza 지점

전화번호	(808) 842-0288, (808) 842-0288
영업시간	월~토 10:30~20:00, 일 휴무

Pearl Harbor 지점

주소	4725 Bougainville Drive Honolulu, HI 96818
전화번호	(808) 422-4888, (808) 422-4888
영업시간	월~일 10:30~21:00

Waikiki 지점

주소	2310 Kuhio Ave. #138 Hololulu, HI
전화번호	(808) 922-2141
영업시간	월~일 10:00~21:00

여행 TIP

- 일반 사이즈로는 Lunch & Dinner, 둘이서 나눠먹기 좋은 Combination, 작은 사이즈의 Mini Plate를 추천한다.
- 스페셜 메뉴인 로코모코나 햄버거 스테이크 같이 하와이 로컬식 메뉴도 있어 선택의 폭이 다양한 편이다.
- 비빔밥, 갈비, 육개장, 두부찌개, 바베큐 치킨이 인기 메뉴이다.
- 갈비, 만두, 치킨 등 작은 양의 사이드 메뉴로도 주문할 수 있다.
- 한국인 직원에게는 한국어로 주문 가능하다.
- 야외 활동 시 간단하게 테이크아웃 하기에 좋은 도시락이다.

탑트 Topped

와이키키 킹스 빌리지 내 파머스 마켓에서 만날 수 있는 테이크아웃 한식당으로 와이키키에서 만나볼 수 없는 저렴한 가격으로 퓨전 비빔밥, 매운 돼지고기 볶음, 갈비 샌드위치 등 익숙한 음식으로 든든한 한끼 해결이 가능하다.

좋아요	저렴한 가격으로 만날 수 있는 한식당이다.
아쉬워요	보통 오후 8시경 다 판매되며, 영업시간이 한정되어 있다.

가격	$5〜$8
추천메뉴	비빔밥, 갈비 샌드위치
주소	131 Kaiulani Ave, Honolulu, HI 96815
영업시간	월, 수, 금, 토 16:00~21:00

한국식 중국음식점 도원

하와이 한인들이 주 고객인 도원은 짬뽕, 짜장면, 탕수육, 라조기 등 한국에서 맛본 그대로의 한국식 중국음식을 만나볼 수 있다. 양도 넉넉하고 다양한 메뉴가 있어 한인들의 방문이 이어지는 곳이다.

좋아요	중국요리 메뉴가 다양한 편이다.
아쉬워요	주차 공간이 부족하다.

가격	$10〜$14
추천메뉴	소고기탕수육, 해물짬뽕
주소	510 Piikoi St Ste 106 Honolulu, HI 96814
영업시간	수〜월 11:00~22:00 (매주 화요일은 휴무)

이례분식

깔끔한 실내에서 떡볶이, 김밥, 칼국수,
순두부와 같이 다양한 분식들을 찾아볼
수 있다. 2015년 맥컬리 지점에 새롭게
오픈을 했다.

가격　　　$10~$14

맥컬리 지점
주소　　　1960 Kapiolani BlvdHonolulu, HI
　　　　　　96826
영업시간　월~일 11:00~23:00

키아모쿠 지점
주소　　　911 Keeaumoku St Honolulu, HI
　　　　　　96814
영업시간　월~토 8:00~22:00
　　　　　　일 11:00~22:00

서라벌 식당

24시간 운영되며 다양한 메뉴를 구비하
고 있다. 월마트 맞은편에 위치하고 있
으며, 하와이 현지인들에게도 오랫동안
사랑받아 온 전통 있는 레스토랑이다.

가격　　　$13~$17
주소　　　805 Keeaumoku St Honolulu, HI 96814
영업시간　월~일 24시간 영업

59 *Phuketthai*

담백한 볶음 쌀국수
푸켓타이

현지인들 사이에서도 태국 음식점으로 가장 유명한 레스토랑인 푸켓타이는 와이키키 근처 맥컬리 쇼핑센터, 워드 센터 근처에 지점이 있다. 코코넛 우유를 베이스로 한 태국 카레와 담백한 볶음국수 팟타이, 시원한 파파야 샐러드가 이곳의 대표 메뉴이다.

전통 태국 카레를 즐기고 싶다면 담백한 옐로우 커리를, 색다른 커리 맛을 즐기고 싶다면 달콤하고 고소한 땅콩 소스 커리인 빠낭을 주문해보자. 태국 커리의 특징은 코코넛 우유의 부드러움으로 한 번 시작하면 멈추기 어려운 중독성이 있다는 것이다.

담백한 볶음국수 팟타이는 볶음국수 치고는 느끼한 맛이 없어 한국인의 입맛에 맞으며, 파파야 샐러드는 아삭한 파파야

를 마치 멸치 액젓에 살짝 버무린 듯한 독특하고 시원한 맛이 일품이다.

이곳의 대부분 메뉴의 특징은 각 요리마다 취향에 맞게 치킨, 비프, 새우, 씨푸드 등의 토핑 첨가가 가능하며, 매운맛 역시 보통, 약간 매운맛, 아주 매운맛 등으로 선택하여 주문할 수 있다는 것이다. 하와이 여행 중 매운맛이 그립다면 주문할 때 외쳐보자. '슈퍼 스파이시!'

워드 센터 근처 지점

주소	401 Kamake'e St. #102 Honolulu
전화번호	(808) 591-8421
홈페이지	phuketthaihawaii.com
영업시간	월~목, 일 11:00~22:00 금~토 11:00~23:00
의상	캐주얼
주차	무료

여행 TIP

- 식사시간대에는 많이 붐비니 예약을 하고 가는 것이 좋다.

좋아요	매운맛을 조절하여 주문 가능하다.
아쉬워요	주차장이 무료이나 식사시간대에는 주차 공간 찾기가 어렵다.
추천	신혼/친구/가족/홀로 여행
가격	$15~ (1인 기준, 세금 및 팁 별도)
추천메뉴	씨푸드 인 스파이시 레몬 그라스(Seafood in Spicy Lemongrass), 옐로우 커리(Yellow Curry), 팟타이(Pad Thai)

1일 투어 코스

쿠알로아 목장 투어 (70) → 푸켓타이 저녁식사 → 와이키키 비치워크 쇼핑 (64)

60 Zippy's

하와이에만 있는 다문화 테이크아웃 푸드 전문점 **지피스**

지피스는 1966년 처음 오픈한 이래 오아후에만 10개가 넘는 체인점이 운영되고 있으며 하와이 현지인들이 가장 즐겨 먹는 음식을 저렴한 가격에 공급함으로써 많은 손님의 발길이 끊이지 않는 곳이다. 지피스에서는 다민족이 모여 살고 있는 하와이에 맞게 양식, 일식, 한식 등의 퓨전 음식을 쉽게 찾아볼 수 있다. 그중 코리안 프라이드 치킨(Korean Fried Chicken)은 바싹 튀긴 치킨을 간장 소스와 함께 양념한 것으로 그 맛이 한국의 '간장 치킨'과 비슷하여 한인을 비롯한 많은 현지인들에게 사랑받는 메뉴이다. 지피스의 또 다

- 양이 적은 미니 사이즈로도 주문이 가능하다.
- 지피스에서 운영하고 있는 지피스 베이커리에서 달콤한 디저트를 즐겨보자.
- 간단하게 테이크아웃해 맛볼 수 있는 'Fast Food 지피스'와 레스토랑에서 앉아서 먹을 수 있는 '레스토랑 지피스 Dine—In'으로 나뉜다.
- Surf Pac, Zip Pac 같은 다양한 음식으로 구성된 하와이식 인기 도시락을 추천한다.
- 테이크아웃 시 미리 전화주문 후에 방문하면 기다리는 시간을 줄일 수 있다.

좋아요	다양한 하와이 로컬 음식을 저렴하게 맛볼 수 있다.
아쉬워요	식사시간대에는 주차공간이 부족해 약간의 대기시간이 있다.
추천	신혼/친구/아이와/가족/홀로

가격	$8 (1인 기준)
추천메뉴	코리안 프라이드 치킨(Korean Fried Chicken) $9.60, 칠리 & 치킨믹스 플레이트(Chili&chicken Mixed) $9.10
홈페이지	zippys.com
주차	음식점 앞 무료 주차

1일 투어 코스
하나우나 베이 (9) → 지피스

른 인기 메뉴로는 지피스 칠리(Zippy's Chili)가 있는데, 멕시칸 스타일의 담백하고 매콤한 소스와 스파게티 같은 면 종류나 밥과 곁들어 먹는 음식으로 간단하고 맛있게 즐길 수 있다. 그 밖에 치킨까스, 스파게티, 사이면, 햄버거 스테이크 등이 지피스의 대표적인 인기 메뉴이다. 맥컬리 지점 및 오아후 섬 내 일부 지점은 24시간 운영을 하기 때문에 늦은 밤이나 이른 새벽에도 이용 가능하다. 또한, 비치나 하이킹과 같은 액티비티를 즐길 때에도 간단하게 도시락 등을 테이크아웃 할 수 있어 여러모로 편리한 레스토랑이다.

Vineyard 지점

주소	59 N. Vineyard Boulevard Honolulu HI 96817
전화번호	(808) 532-4211
시간	월~일 24시간 영업

Nimitz 지점

주소	666 N. Nimitz Highway Honolulu HI 96813
전화번호	(808) 532-4205
영업시간	Fast Food: 월~일 24시간 영업 Dine-In: 월~일 05:00~24:00

Makiki 지점

주소	1222 S. King Street Honolulu HI 96814
전화번호	(808) 594-3720
영업시간	월~일 24시간 영업

Dillingham 지점

주소	1210 Dillingham Boulevard Honolulu HI 96817
전화번호	(808) 832-1750
영업시간	Fast Food: 월~일 24시간 영업 Dine-in: 월~목 05:00~02:00 금 5:00~ 월 02:00

McCully 지점

주소	1725 S. King Street Honolulu HI 96826
전화번호	(808) 973-0877
영업시간	월~일 24시간 영업

Kalihi 지점

주소	904 Mokauea Street Honolulu HI US
전화번호	(808) 832-1755
영업시간	일~목 05:30~23:00 금~토 05:30~24:00

Kapahulu 지점

주소	601 Kapahulu Avenue Honolulu HI 96815
전화번호	(808) 733-3725
영업시간	월~일 24시간 영업

Kaimuki 지점

주소	3345 Waialae Avenue Honolulu HI 96816
전화번호	(808) 733-3722
영업시간	일~목 05:30~24:00 금~토 05:30~02:00

Kahala 지점

주소	4134 Waialae Avenue Honolulu HI 96816
전화번호	(808) 733-3730
영업시간	Fast Food: 월~일 24시간 영업 Dine-In: 일~목 06:00~24:00 금~토 06:00~02:00

Kailua 지점

주소	44 Oneawa Street Kailua HI US
전화번호	(808) 266-3780
영업시간	Fast Food: 일~목 06:00~22:00 금~토 06:00~24:00 Dine-In: 월~일 06:00~22:00

Koko Marina 지점

주소	7192 Kalanianaole Hwy Honolulu HI 96825
전화번호	(808) 396-6977
영업시간	Fast Food: 월~일 06:00~23:00 Dine-In: 일~목 06:00~22:00 금~토 06:00~23:00

Part 5
하와이를
쇼핑하다

gdale's
gdale's
Veronique

Section 01

멋을
쇼핑하다

61 *Ala Moana Center / Neiman Marcus*

세계에서 가장 큰 규모를 자랑하는

알라모아나 센터, 니만 마커스

알라모아나 센터 Ala Moana Center

하와이 여행 중 쇼핑은 또 하나의 즐거움이다. 하와이는 다른 주에 비해 세금이 낮아 좀 더 저렴한 가격에 쇼핑을 할 수 있고, 사계절 패션 아이템을 쉽게 접할 수 있어 쇼핑을 하기엔 최고의 조건을 갖추고 있다. 특히 세계 최대 규모의 야외 쇼핑센터이자 미국에서 세 번째로 큰 규모를 자랑하는 알라모아나 센터는 하와이 쇼핑의 중심이다.

최근 전체적인 매장 수리 및 블루밍데일 입점, 노드스트롬 백화점 이동 등 큰 변화를 맞아 더욱 새롭게 단장을 마친 알라모아나 센터 내에는 약 340여 개

의 점포와 약 80여 개의 레스토랑이 자리 잡고 있다. 쇼핑 뿐만 아니라 즐길거리, 먹거리 등 모든 것이 갖추어져 있어 온 가족이 즐길 수 있는 하나의 문화 공간이기도 하다. 와이키키에서 차로 약 5분 거리에 있어 하와이의 필수 관광 코스이다.

- 매년 6월과 12월에 빅 세일 행사를 한다.
- 캘리포니아 피자 키친, 호놀룰루 커피, 다나카 오브 도쿄와 같이 많은 맛집들이 즐비해 있으며, 1층 푸드 코트에서는 30여 종의 음식을 판매하고 있다.
- 1층 중앙에 위치한 무대에서는 여러 가지 공연과 콘서트 등 다양한 이벤트로 방문객의 눈과 귀를 즐겁게 해준다. 매일 오후 1시, 약 20분간 제공되는 훌라쇼를 즐겨보자.
- 한국어 홈페이지(www.alamoanacenter.kr)에서 E-VIP 클럽에 등록하면 각종 이벤트, 할인 소식을 미리 받아 볼 수 있다.

좋아요　저가 브랜드부터 유명 명품숍까지 300개가 넘는 매장에서 다양하게 쇼핑할 수 있다.

아쉬워요　현지인들도 많이 찾는 쇼핑몰이라 주말에는 주차 공간이 부족하다.

주소　1450 Ala Moana Blvd. Honolulu, HI 96814

전화번호　(808) 955-9517

영업시간　월~토 09:30~21:00
일 10:00~19:00

니만 마커스 Niman Marcus

미국 럭셔리 전문 백화점 체인으로 본
사는 텍사스 댈러스에 있으며 호놀룰루
지점은 알라모아나 몰 내에 위치하고
있다. 니만 마커스에는 지방시, 발렌시
아가, 랑방, 돌체 앤 가바나 등 잘 알려
진 브랜드와 더불어 그 밖의 엄선된 굴
지의 디자이너 상품들을 만나볼 수 있
는 명품 특화된 백화점이다.

여행 TIP

- 2층의 선물 포장 카운터에서 포장 서비스를 제
  공하고 있으며, 선물 포장지에 수집용 디자이
  너 장신구로 멋을 내 포장해주므로 특별한 선
  물 구입 시 이용을 권한다. 약간의 추가비용이
  든다.
- 한국어 사이트 (www.alamoanacenter.kr)

전화번호　(808) 951–8887
영업시간　월~금 10:00~20:00
　　　　　　토 10:00~19:00
　　　　　　일 12:00~18:00

마리포사 Mariposa

니만 마커스 3층에 위치한 레스토랑으로 현지인들에게도 고급 식당으로 알려져 있다. 알라모아나 비치를 바라보면 야외 테이블도 마련되어 있어, 아름다운 석양과 함께 우아한 식사를 즐기거나 맑은 아침 바다를 바라다보며 브런치를 즐기기에 좋은 레스토랑이다.

가격　$30~ (1인 기준)

추천메뉴　어느 요리를 주문해도 만족도가 높다.

영업시간　점심 월~토 11:00~21:00,
저녁 일~수 17:00~21:00,
목~토 17:00~22:00
Light Menu 일~토 15:00~17:00
Afternoon Tea 15:00~17:00

머메이드 바 Mermaid Bar

2층 아동복 매장 안쪽으로 들어간 위치라 바로 눈에 띄지 않는 것이 흠이지만, 현지의 패션 셀럽들도 즐겨찾는 이곳은 합리적인 가격으로 맛있는 점심을 즐기기에 더할 나위 없이 좋은 장소이다. 특별한 이벤트 기간에는 식사 중 멋진 모델들이 아름다운 자태로 각 테이블을 돌며 패션쇼를 진행하는 독특한 식당으로 식사와 패션쇼를 함께 즐길 수 있다.

가격　$15~ (1인 기준)

추천메뉴　마히마히 피쉬 타코(Mahi Mahi Fish Taco), 로스트 터키 이탈리안 멜트 샌드위치(Roast Turkey Italian Melting Sandwich)

영업시간　월~토 11:00~15:30 (일 휴무)

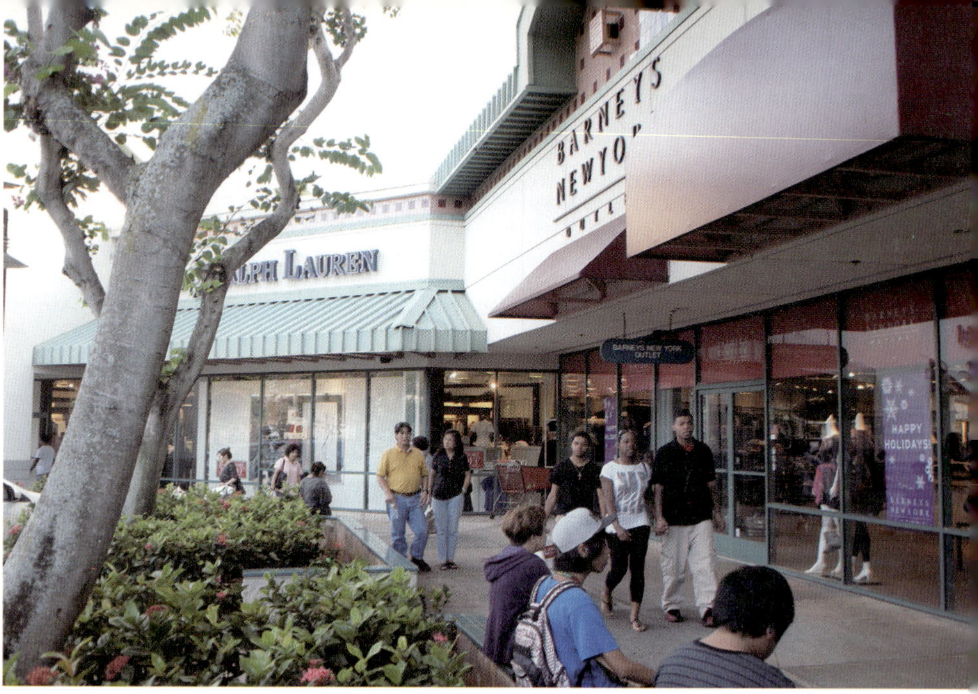

62 Waikele Premium Outlet

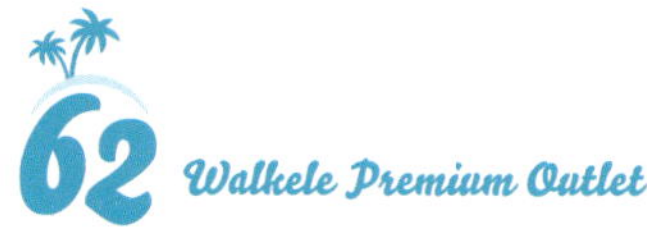

유명 브랜드를 놀라운 가격으로 만나는 기회!

와이켈레 프리미엄 아울렛

하와이 최대 규모 할인 매장인 와이켈레 프리미엄 아울렛은 쇼핑을 계획하는 여행객들의 필수 코스로, 미국 내 다양한 브랜드를 좋은 가격에 만날 수 있다. 와이켈레는 와이키키에서 차로 약 40여 분 정도 떨어진 오아후 서남쪽에 있으며 패션 브랜드와 가정용품, 아동복, 스포츠 용품 등 50여 개의 유명 브랜드가 입점해 있다. 와이켈레 아울렛은 미국 브랜드 위주이므로 미리 입점 매장을 확인하고 이동하는 것이 좋다. 명품 유럽 브랜드 구매를 원할 경우 와이키키 초입 칼라카우아 길에 즐비해 있는 명품 매장들을 찾아가자. 와이켈레 중심에 위치한 인포메이션 데스크에 가면 입점 매장 지도 외에 할인 쿠폰북을 $5에 구매할 수 있다. 또 와이켈레 프리미엄 홈페이지에 회원가입을 하면 VIP 쿠

폰을 교환할 수 있는 무료 교환권이 제공된다.

와이키키에서 아울렛까지 가는 편한 방법은 전용 왕복 셔틀, 또는 렌터카를 이용하는 것이다. 와이켈레 주차장은 무료로 이용 가능하며, 아주 넓으니 빅 세일 시즌이 아니면 주차 걱정은 하지 않아도 된다. 전용 셔틀은 보통 오전과 오후로 나뉘어 운영되며 한국어 상담이 가능한 하와이 현지 여행사에서 운영하는 셔틀을 예약하거나 와이켈레에서 자체적으로 운영하는 선착순 셔틀을 이용할 수 있다. 일반 버스는 시간적인 면에서, 택시는 금전적인 면에서 효율적이지 않다.

아울렛 단지 내에 고급 레스토랑은 없으나 간단한 요기를 할 수 있도록 작은 푸드코트가 마련되어 있으며, 아울렛 바로 옆 단지에 일식, 중식, 하와이안 패스트 푸드 등의 음식점들이 있다.

아울렛 쇼핑은 되도록 여행의 마지막 일정으로 미루도록 하자. 첫날부터 쇼핑을 신나게 즐기면 여행 중 경비가 부족할 수 있다.

여행 TIP

- 와이켈레 아울렛 홈페이지를 통해 미리 VIP 회원등록(무료)을 하면 VIP 쿠폰북 교환권과 매장별 할인쿠폰 출력이 가능하다.

- 코치 매장의 경우 1인 최대 5개까지 구매 가능하므로 참고하자. 또한 추가 세일 기간에는 매장 입구에서 20%, 또는 30% 추가 할인 쿠폰을 제공하기도 하니 참고하자(중복 할인 가능).

- 미국의 경우 환불, 교환이 자유롭지만 아울렛 대부분의 상품은 파이널 세일 즉, 환불, 교환 불가인 경우가 대부분이니 신중하게 구매하자.

- 아울렛 내 무료로 운영되는 트롤리가 있으니 걷다 힘들면 이용해보자. 15분 간격으로 오전 11시부터 오후 6시 30분까지 운영된다.

- 와이켈레는 관광객이 많은 곳으로 차량 도난 사고가 종종 발생하니 렌터카에서 잠시 자리를 비울 때는 짐을 보이지 않는 곳이나 트렁크에 넣어 두자.

할인받는 즐거움이 있는 세일 캘린더

1월 New Year's Day 신년 할인

2월 Valentine's Day 발렌타인 데이 할인

3월 Saint Patrick's Day 성 패트릭 데이 할인

4월 Easter 부활절 할인

5월 Mother's Day 어머니의 날 할인
　　 Memorial Day 메모리얼 데이 할인

6월 Father's Day 아버지의 날 할인

7월 4th of July 독립기념일 할인

8월 Back to the School 신학기 할인

9월 Labor Day 노동절 할인

10월 Columbus Day 콜롬버스 데이 할인

11월 Thanks Giviing & Black Friday 추수감사절 할인

12월 Christmas 크리스마스 & 겨울 시즌 할인

- 위 행사 기간은 특별 세일 기간으로 해당 기간 내 여행할 계획이라면 쇼핑 천국 하와이의 좋은 아이템을 만날 수 있으니 참고하자.

주소	94-790 Lumiaina St. Waipahu, HI 96797
전화번호	(808) 676-5656
홈페이지	premiumoutlets.com/outlet/waikele
영업시간	월~토 09:00~21:00, 일 10:00~18:00
주차	무료

- 와이켈레 프리미엄 아울렛 -

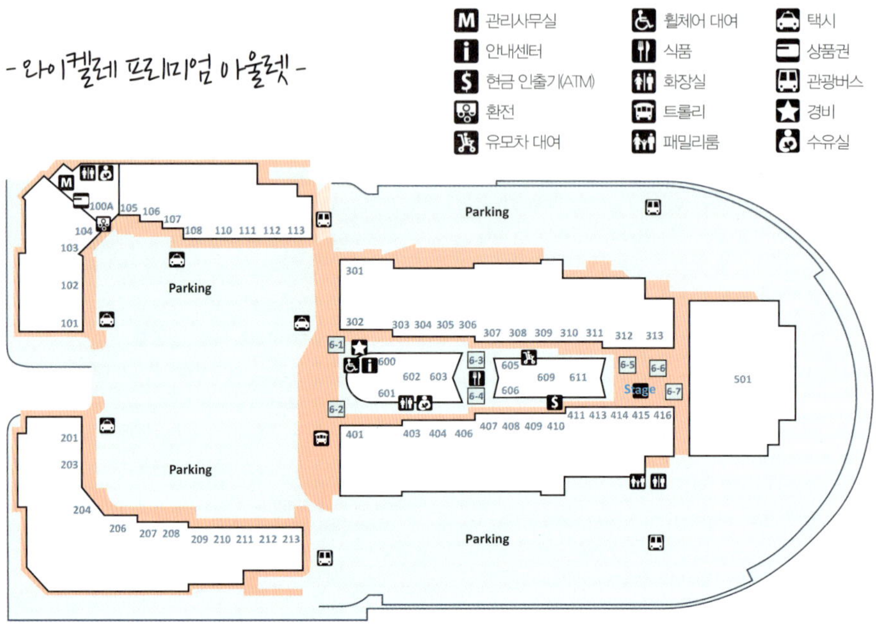

6-5	콜렉션 아이웨어	**208**	클락스 보스토니안	**404** 케이트 스페이드 뉴욕

콜렉션 아이웨어 — 6-5
알렉산드라 럼피아 익스프레스 — 6-4
퀵 타이 — 6-3
로버츠 하와이 와이키키 셔틀 — 6-1

베라 브래들리 — 102
바니스 뉴욕 아울렛 — 103
주미에즈 — 104
컨버스 — 105
UGG 오스트레일리아 — 106
토미 바하마 — 107
토미 힐피거 — 108
향수 아울렛 — 110
반스 — 111
제일스 아울렛 — 112
퍼퓨마니아 — 113

아르마니 아울렛 디셈버 — 201
리바이스 아울렛 스토어 — 203
폴로 랄프 로렌 팩토리 스토어 — 204
카터스 — 206
크록스 — 207

클락스 보스토니안 — 208
투미 — 209
오시코시 고시 — 210
레스포색 — 211
마더후드 머터니티 아울렛 — 212
스케처스 — 213

코치 — 301
솔스티스 선글라스 아울렛 — 302
DKNY — 303
트루 릴리전 브랜드 진 — 304
아르마니 익스체인지 — 305
마이클 코어스 — 306
짐보리 아울렛 — 307
베베 — 308
아디다스 — 309
캘빈 클라인 액세서리 — 310
토미 힐피거 키즈 — 311
게스 팩토리 스토어 — 312
나인 웨스트 아울렛 — 313
캘빈 클라인 — 401
코치 맨즈 — 403

케이트 스페이드 뉴욕 — 404
휴고 보스 팩토리 스토어 — 406
게스 팩토리 액세서리 — 407
비타민 월드 — 408
유명한 풋웨어 아울렛 — 409
BCBG 맥스 아즈리아 — 410
바나나 리퍼블릭 팩토리 스토어 — 411
아식스 — 413
샘소나이트 — 414
Hut 선글라스 햇 — 415
고디바 — 416

삭스 피브스 에비뉴 오프 — 501

힐튼 그랜드 비케이션 클럽 — 600
클라란스 — 601
스와로브스키 — 602
사쿠라 스시 / 디핀 도트 — 603
쿵 파오 웍 — 605
알로하 커피 & 주스 — 606
키플링 — 609
워치 스테이션 인터내셔널 — 611

63 *Nordstrom Rack / TJ.max / Ross / Wal Mart*

실속 쇼핑족의 선택!
저렴한 할인 매장들

노드스트롬 랙 Nordstrom Rack

유명 백화점 노드스트롬의 아울렛 매장으로 각종 고급 브랜드들을 찾아볼 수 있다. 운이 좋다면 페라가모, 토리 버치, 코치 등의 고급 브랜드 슈즈를 대폭 할인된 가격에 만나볼 수도 있다. 와이켈레 아울렛이 거리가 멀어 찾지 못했을 경우, 한번 들러보기에 좋은 아울렛이다.

주소   Ward Village Shops, 1170 Auahi St, Honolulu, HI 96814

전화번호   (808) 589-2060

영업시간   월~목 09:00~21:00
금~토 09:30~22:00
일 10:00~19:00

티제이 맥스 TJ.max

노드스트롬 랙과 비슷한 유명 브랜드 상품들을 저렴하게 구입 가능한 할인 매장으로, 미국 본토를 거점으로 한 프랜차이즈 할인 매장이다. 할인 매장들 중 가장 최근 오픈한 곳으로 현지 쇼핑족들의 핫 플레이스로 자리잡고 있다. 노드스트롬 랙과 같은 지역이라 함께 둘러보며 비교해볼 수 있다.

주소	Ward Village Shops, 1170 Auahi St, Honolulu, HI 96814
전화번호	(808) 593-1820
영업시간	월~토 09:00~22:00, 일 10:00~20:00

로스 Ross

현지인들이 애용하는 할인 매장으로 최근 와이키키 씨사이드 애비뉴에 새로 입점했다. 각종 의류, 주방용품, 인테리어 용품과 함께 유아 의류 및 어린이 장난감, 책자 등을 아주 저렴한 가격으로 구입 가능하여 가족 여행자들이 자녀 선물을 고르기에 적절한 장소이다. 아래 소개된 지점 이외에도 곳곳에 지점이 많고, 최근 와이키키 지점 및 알라모아나 근처, 월마트 근처 지점은 늦은 시각까지 영업하여 낮에 다른 관광 일정을 마치고도 쇼핑이 가능한 이점이 있다.

주소	와이키키 지점 333 Seaside Avenue Honolulu, HI 키아모쿠 지점 711 Keeaumoku St Honolulu, HI (알라모아나 쇼핑몰 근처)
전화번호	와이키키 지점 (808) 922-2984 키아모쿠 지점 (808) 945-0848
영업시간	와이키키 지점 08:00~13:00 키아모쿠 지점 08:00~24:00

월마트 WalMart

알라모아나 쇼핑몰에서 도보 10분 거리에 있는 대형 쇼핑몰로, 이미 실속파 여행자들에게 잘 알려진 쇼핑 포인트이다. 여행 선물로 좋은 코나 커피, 마카다미아 넛 등의 토산품을 저렴한 가격으로 구입 가능하며, 여행 시 미처 챙겨오지 못한 생필품 구입에도 좋은 장소이다. 24시간 영업으로 올빼미족의 쇼핑 핫 플레이스이다.

주소	711 Keeaumoku St Honolulu, HI
전화번호	(808) 955-8441
영업시간	월~일 24시간 영업

코스트코 Costco

대형 쇼핑몰로 대부분의 물품들은 부피가 큰 편이라 여행객에게는 크게 장점이 있어 보이지 않으나, 기념 선물로 비타민류를 생각하고 있다면 유명 비타민 브랜드 상품을 저렴한 가격에 구입할 수 있다.

주소	다운타운 지점 525 Alakawa St Honolulu, HI 96817 하와이카이 지점 Hawaii Kai Town Center, 333 Keahole St, Honolulu, HI 96825
전화번호	다운타운 지점 (808) 526-6103 하와이카이 지점 (808) 396-5538
영업시간	두 지점 동일 월~금 10:00~20:30 다운타운 지점 토~일 09:00~18:00 하와이카이 지점 토 09:30~18:00, 일 10:00~18:00

64 *DFS T Galleria / Beach Walk / Royal Hawaiian Center*

쇼핑과 문화를 즐길 수 있는 와이키키 쇼핑센터

DFS T 갤러리아 면세점, 와이키키 비치워크, 로얄 하와이안 센터

DFS T 갤러리아 면세점 DFS·T Galleria

와이키키 중심가에 위치한 호놀룰루 DFS 갤러리아는 유명 명품 매장부터 다양한 화장품, 하와이 기념품 등을 판매하고 있다. 모든 방문객들에게 오픈되어 있는 1층과 2층은 물건을 바로 구입할 수 있어 하와이 쇼핑에서 꼭 빠질 수 없는 쇼핑 코스로 많은 관광객의 방

문이 이어지는 곳이다.

최근 새로운 인테리어 공사로 한층 깔끔해진 호놀룰루 DFS 갤러리아 1층에는 폴로 랄프로렌, 마크 제이콥스, 버버리 같은 유명 명품매장들이 즐비해 있으며, 2층에는 키엘, 샤넬, 디올, 에스티로더 같은 다양한 화장품과 선글라

스, 가방, 주얼리 등을 판매하고 있다. 최근에는 판도라, 설화수, 레베카밍크오프 등 익숙한 브랜드들이 새로 들어섰다. 각 매장에는 친절한 직원이 항상 상주해 있어 자세한 제품 설명을 들을 수 있음은 물론, 근래에는 늘어나는 한국 관광객들의 편의를 위해 한국인 직원들도 많이 근무하고 있어 필요하면 한국어로 친절하게 도움을 받을 수 있다. 또한 면세점 1층에는 와이켈레 셔틀버스 정류장, 환전소, 트롤리 정류장이 마련되어 있어 이용이 편리하다.

좋아요	종종 저녁 시간대 방문 시 코나 커피나 파인애플 쿠키 같은 하와이 토산품을 무료로 시식할 수 있다.
아쉬워요	주차공간이 넓지 않아 자리가 없는 경우가 많다. 와이키키 주변 호텔에 머물 경우 도보 이동을 추천한다.
주소	330 Royal Hawaiian Ave. Honolulu, HI 96815
전화번호	(808) 931-2700
영업시간	월~일 10:00~22:30

여행 TIP

- 면세점 2층에 무료 주차가 가능하다. 다만, 와이키키인 만큼 주차장 관리가 엄격하여 면세점 이외에 다른 곳을 방문할 때 이곳에 주차를 하면 견인을 당하는 경우도 종종 있으니 주의해야 한다.
- 3층 매장은 항공권을 소지한 여행객들만 이용이 가능하며 구입한 물건은 매장에서 결제한 후 출국 시 공항에서 수령해야 한다.
- 1층 주차장 입구에 트롤리 정류장이 있으며, 이곳에서 트롤리 티켓 구매 및 노선과 시간표 등을 확인할 수 있다.
- 면세점 1층엔 환전소가 있어 달러가 필요할 때 원화를 달러로 환전이 가능하다. 다만, 달러 구매 환율이 시중보다 높기 때문에 꼭 필요할 때만 환전하는 것이 좋다.
- 홈페이지(https://www.dfs.com/en/tgalleria-hawaii)에서 각종 프로모션 진행 상황 및 판매 브랜드 현황 확인이 가능하다.

비치워크 Beach Walk

일종의 문화의 거리로 의류, 액세서리, 선물, 아트 갤러리 등 다양한 숍들이 잘 정돈된, 꽤 쾌적하고 모던한 분위기의 로드숍 거리이다. 특히 흥미로운 예술 작품 감상이 가능한 와일랜드 갤러리, 하와이 전통 퀼트를 만나볼 수 있는 하와이언 퀼트 콜렉션, 진주로 유명한 마우이 다이버 쥬얼리 등은 모던한 분위기 속에서도 내가 하와이에 있음을 실감하게 해주는 작품 및 상품들을 준비해 놓고 있다. 이밖에 현지인들도 만남의 장소로 애용하는 식당, 바들이 중간중간 어우러져 있어 쇼핑 중 출출함까지 달래기 용이하다는 장점도 있다. 그러나 무엇보다 비치워크 거리의 백미는 하와이 음악 및 훌라 공연, 무료 요가 강좌 등 각종 흥미로운 문화 체험이 가능하다는 점이다. 방문 일정에 따라 와이키키 비치워크 홈페이지(waikikibeachwalk.com)에서 여행 기간 내 즐길 수 있는 문화체험 스케줄 정보를 확인하자.

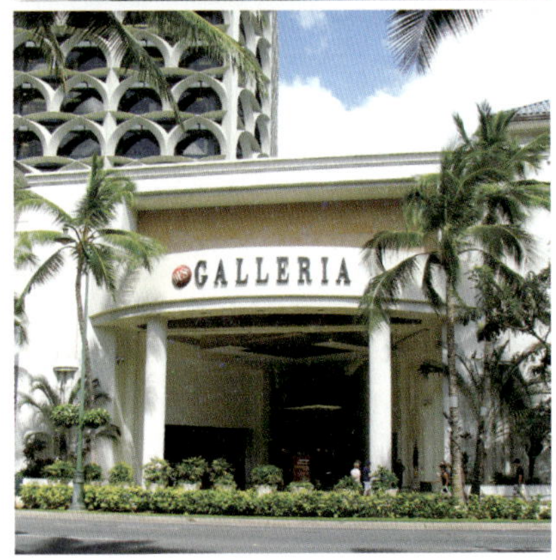

주소	226 Lewers St, Honolulu, HI 96815
전화번호	(808) 931-3591
영업시간	월~일 10:00~22:00

인터내셔널 마켓 플레이스
International Market Place

최근 모던한 분위기로 새롭게 단장을
마친 인터내셔널 마켓 플레이스가 재오
픈했다. 기존 전통시장 분위기에서 현
대적인 분위기의 쇼핑몰로 180도 변신
했지만, 여전히 하와이만의 색은 간직
하고 있다.

로얄하와이안센터 Royal Hawaiian Center

와이키키 심장에 위치한 최대 규모의
쇼핑센터로 고급 의류, 주얼리, 하와이
특산품, 각종 레스토랑이 입점해 있어
쾌적한 쇼핑과 하와이 문화체험이 가능
하다.

여행 TIP

- 명품 매장과 맛집들이 다양하게 입점해있다.

주소	2330 Kalakaua Ave. Honolulu, HI 96815
전화번호	(808) 931-6105
영업시간	매일 10:00~22:00

Section 02

맛을
쇼핑하다

65 *Food Pantry*

와이키키에서 편하게 이용하자!

푸드 팬트리

와이키키 중심에 위치한 대형 로컬 마트 푸드 팬트리(Food Pantry)는 간단한 샌드위치부터 야채, 과일, 생선, 고기 등 다양한 종류의 식료품을 구할 수 있어 뚜벅이 여행객들에게 사랑받는 곳 중 하나이다. 마트 내 커피빈과 주먹밥 및 간단한 도시락을 구입할 수 있는 도시락 가게 외에도, 맛있는 스테이크(HISTEAK)와 하와이 명물 도너츠 마라다사를 판매하는 베이커리 이용도 가능하다. 대부분의 식재료는 어렵지 않게 구할 수 있고 그 외에도 하와이 기념품과 아기자기한 문구류, 간단한 물놀이 장비, 상비약까지 구할 수 있다.

패스트 푸드 컬렉션도 다양하니 호텔 내 전자레인지 이용이 가능한지 확인하자. 푸드 팬트리에 들른다면 와인 코너도 확인해보자. 와인샵이라고 해도 믿어질 정도의 다양한 컬렉션을 자랑한다.

여행 TIP

- 와이키키에 있다는 장점이 있지만 그만큼 외곽의 마트에 비해 가격은 비싸다.
- 되도록 오늘의 스페셜 할인 태그가 붙은 제품 위주로 이용하자. 할인가와 비할인가 가격 차이가 크다.
- 관광지인만큼 하와이에서는 주류 구입에 있어 ID 체크가 까다롭다. 맥주 등 구입을 위해서는 ID 지참이 필요하다. 하와이 규정상 주류 구매는 밤 12시 이후로 어렵다.

주소	2370 Kuhio Ave, Honolulu, HI 96815
전화번호	(808) 923-9831
영업시간	월~일 06:00~13:00
주차	없음. 필요하다면 길거리 코인 파킹을 이용해야 하나 쉽지 않다.

66 ABC Store

비치 용품부터 간단한 먹거리까지!

ABC 스토어

ABC 스토어는 하와이 내 총 60여 개의 체인이 있는 하와이 최대 편의점이다. 간단한 샌드위치, 스팸 무수비 등의 먹거리, 화장품류, 생활용품 및 하와이 의류, 바디용품 및 코나 커피, 초콜릿, 기념품 등 구입이 가능하다. 화장품 섹션도 다양한데, 알로하의 향기를 가득 머금은 하와이언 바디용품, 립밤 외에도 식물성 원료를 기초로 한 인기 만점 버츠비 화장품 세트는 머스트 해브 아이템 중 하나이다.

와이키키에는 거의 매 장소마다 있으므로 와이키키 해변으로 향하는 길에 잠시 들러보자. 비치 타올, 일회용 돗자리, 파도를 엎드려서 탈 수 있는 부기보드, 스노클링 장비, 튜브 등 물놀이에 필요한 다양한 용품 구매도 가능하다. 물놀이 튜브 구입 시 약간의 추가 금액으로 공기 주입 서비스를 제공하는 곳도 있으니 필요하다면 직원에게 문의하자.

- ABC 스토어는 접근성이 좋다는 장점은 있지만 선물을 대량 구매할 계획이라면 역시 월마트가 가격대비 훌륭하다. 화장품과 약품은 롱스 드럭스(Long's Drugs)도 종류와 가격 면에서 괜찮다. 롱스는 알라모아나 쇼핑센터 씨어스(Sears) 방면 2층에 있다.

- 하와이 주 세금은 4.712%이다. 가격표에는 세금이 부과되어있지 않으므로 늘 4.712%를 추가로 생각해야 한다.

와이키키 로얄 하와이안 센터 지점

주소	349 Royal Hawaiian Ave. Honolulu, HI, 96815
전화번호	(808) 923-2069
홈페이지	abcstores.com
영업시간	월~일 07:00~11:30 (매장별로 차이가 있을 수 있음)

67 *Korean Market*

하와이 속 **한인 마트**

하와이 내 코리아 타운이라 불리는 키아모쿠(Keeaumoku St.) 일대에서는 한국어로 써져 있는 상점, 식당들을 쉽게 볼 수 있다. 키아모쿠는 알라모아나 쇼핑센터 노스트롬(산쪽 방면)으로 뻗은 길로 월마트와 의류, 생활용품 등 할인 매장인 로스(Ross)도 키아모쿠 길에 자리해 있다.

여행 중 한국 음식과 식재료가 필요하다면 키아모쿠 근처의 한인 마켓을 찾으면 된다. 한국의 슈퍼마켓을 그대로 옮겨 놓은 듯한 착각을 불러일으킬 정도로 한국에서 건너온 다양한 제품들을 만나볼 수 있으며, 가격은 한국보다 1.5배 정도 비싼 편이다. 매장 내에는 한국 식품, 재료, 간단한 생활용품, 화장품

코너 등도 마련되어 있다. 반찬 코너에
서는 각종 밑반찬과 김치, 젓갈류 구입
이 가능하며, 즉석 식품 코너도 인기가
좋은데, 한끼 식사로 든든한 갈비, 생
선, 제육 등 도시락 종류가 인기다.

여행 TIP

- 매주 주간 세일 상품을 적극 활용하자.
- 팔라마는 작은 규모지만 한식 푸드코트가 있다.
- 팔라마 슈퍼마켓은 체인이며, 와이키키에서
  는 마칼로아 길에 있는 2호점이 가장 접근성
  이 좋다. 팔라마 슈퍼마켓에 갈 계획이라면 옆
  에 위치한 대형 일본 슈퍼마켓 돈키호테(Don
  Quijote)도 들러보자. 다양한 일본 제품도 만나
  볼 수 있다. 24시간 운영한다.

Palama Supermarket

주소	1670 Makaloa St, Honolulu, HI 96814
전화번호	(808) 447-7777
홈페이지	palamamarket.com
영업시간	월~일 08:00~20:00
주차	무료

H Mart

주소	1010 Kaili St, Honolulu, HI 96819
전화번호	(808) 841-8699
영업시간	월~일 09:00~20:30
주차	무료

68 *Whole Foods Market*

유기농 전문
홀 푸드 마켓

건강한 식단을 위한 건강한 재료를 모토로 유기농 식품을 판매하는 홀 푸드 마켓은 하와이 내 카할라 지역과 카일루아 지역을 비롯해 미국 전역, 캐나다, 영국까지 지점을 두고 있는 대형 프랜차이즈 마켓이다. 각종 신선한 과일, 육류, 해산물 등이 판매되고 있으며, 매장 내 푸드코트에 다양한 식단이 마련되어 있어, 구매 후 매장 밖의 쾌적한 야외 테이블에서 식사도 가능하다. 특히, 샐러드 바는 건강한 식재료로 원하는 샐러드 구성이 가능하여 인기가 좋다. 이밖에 다

양한 와인 셀렉션과 각종 커피콩을 구입할 수 있어 와인 및 커피 마니아들에게도 각광을 받는 곳이다. 꼭 구매하지 않아도 이국적인 상품들을 둘러보는 것만으로도 재미가 쏠쏠하다.

여행 TIP

- 푸드코트에서 구입한 음식물과 매장 내 모든 상품은 캐시어 지역에서 계산해야 한다.
- 카할라 매장은 매장 입구 옆쪽에 맥주 바가 있어 간단한 안주와 함께 맥주를 즐길 수 있다.
- 푸드코트는 카일루아 매장이 카할라 매장에 비해 더 다양한 음식들이 준비되어 있다.

좋아요	신선하고 건강한 상품이 많다.
아쉬워요	가격대가 꽤 높은 편이다.

주소 4211 Waialae Ave #2000, Honolulu, HI 96816

전화번호 (808) 738-0820

영업시간 월~일 07:00~22:00

주차 무료

카일루아 지점

주소 629 Kailua Rd Ste 100 Kailua, HI 96734

전화번호 (808) 263-6800

- 카일루아 해변에 가기 전 잠시 들러 피크닉 도시락을 구입해도 좋다.

Part 6
하와이를
즐기다

Section 01

신나는
액티비티

69 *Ocean Activities*

아름다운 해변에서 즐기는

해양스포츠

수중 스쿠터 체험 Submarine Scooter

하나우마 베이 근처의 코코마리나 지역에서 이루어지는 최신 해양스포츠로 아름다운 하와이 바닷속 산책을 위해 초보자가 선택할 수 있는 최고의 액티비티다. 대형 곡면 고글이 장착된 헬멧을 쓰기 때문에 숨쉬기가 편하고, 얼굴이 물에 젖지 않아 화장까지 하고 입수 가능하다. 기존의 씨 워커(Sea Walker, 고글을 쓰고 바닷속을 걷는 액티비티)에서 발전된 형태로, 걷지 않고 작은 모터가 달린 수중 스쿠터를 탄 채 바닷속 탐험이 가능하다. 실제 바닷속에 머무는 시간은 약 20분 정도이고, 수심 6~7m까지 들어간다. 장비에 비해 함께 진행하는 사람의 수가 많아 차례대로 이용하게 되며, 기다리는 동안 스노클링을 즐길 수 있어 일석이조이다.

- 뱃멀미가 있다면 미리 멀미약을 복용하자.
- 만 12세 이상, 신장 110cm 이상만 이용 가능하다.
- 수영복은 미리 착용하고 비치 타올을 준비하자.

추천	신혼/친구/가족/홀로

Bob's 하와이 어드벤처

주소	7192 Kalanianaole Hwy. Suite E112 Honolulu, HI 96801(코코 마리나 쇼핑몰 내)
전화번호	(808) 396-1331
영업시간	월~토 09:00~17:00
예약 방법	유선상 업체로 직접 예약(영어), 또는 현지 한국 여행사를 통해 예약 가능하다. ((808) 924-0123, 매일 08:00~20:00, 하와이 현지시간 기준)

1일 투어 코스

수중 스쿠터 → 점심은 코코마리나 쇼핑센터에서 해결 후 호텔로 돌아와 휴식 → 저녁엔 파라다이스 코브 루아우 (72)

돌고래 스노클링 Dolphin Snorkeling

오아후 섬 서쪽은 돌고래의 서식지로 야생돌고래들이 많은 이곳에서 스노클링을 즐길 수 있다. 바다 한가운데에서 입수하여 스노클링을 즐기다 보면 야생 돌고래들이 쏜살같이 스쳐 지나가니 이때를 놓치지 말고 카메라에 재빠르게 담아 보자. 야생돌고래뿐 아니라 형형색색의 아름다운 물고기들이 군무를 추듯 떼지어 물속을 가르는 장관도 볼 수 있다.

추천	신혼/친구/가족/홀로

돌핀 익스커전(Dolphin Excursion)

주소	Waianae Boat Harbor 85-491 Farrington Hwy, Waianae, HI 96744
전화번호	(808) 239-5579
홈페이지	dolphinexcursions.com
영업시간	월~일 08:00~12:00, 13:00~17:00
예약방법	유선상 업체로 직접 예약(영어), 또는 현지 한국 여행사를 통해 예약 가능하다. ((808) 924-0123, 매일 08:00~20:00, 하와이 현지시간 기준)

1일 투어 코스

돌핀 익스커전 → 오후 와이키키 산책 및 저녁은 하드락 카페(50)

추천	신혼/친구/가족/홀로

EO 와이아나에 투어(EO Waianae Tours)

주소	85-471 Farrington Hwy, Waianae Boat Harbor, Farrington Hwy. Waianae, HI 96792
전화번호	(808) 699-5910
홈페이지	eowaianaetours.com
영업시간	월~일 06:00~20:00
예약방법	유선상 업체로 직접 예약(영어), 또는 현지 한국 여행사를 통해 예약 가능하다. ((808) 924-0123, 매일 08:00~20:00, 하와이 현지시간 기준)

1일 투어 코스

와이아나에 투어 → 오후 와이키키 산책 및 저녁은 하와이 스타일 바 듀크스 (49)

서핑 Surfing

서핑의 본고장인 만큼 하와이 바다의 파도가 주는 즐거움을 체험해보자. 보통 초보자는 액티비티 업체를 통해 서핑 레슨을 받게 되는데, 실제 배운다는 느낌보다는 보드 위에 서서 파도를 체험해보는 느낌이다. 평소 웨이크 보드를 즐기거나 운동 신경이 좋은 사람들은 2시간의 레슨 뒤 바로 서핑을 즐길 수도 있다. 초보자에게는 와이키키 비치 앞이 가장 좋은 포인트이다.

- 수영을 못할 경우 그룹 서핑(4명에 강사 1명)은 이용이 어렵고 개인 레슨이 가능하다.
- 와이키키 비치의 비치 보이들에게서 서프보드 대여나 강습이 가능하다.
- 수영복은 미리 착용하고 비치 타월을 준비하자.

추천	신혼/친구/가족/홀로

한스히드만 서프 스쿨(Hans Hedemann Surf School)

주소	2586 Kalakaua Ave. Honolulu, HI 96815- 6614 (체크인 장소 : 와이키키 파크 쇼어 호텔 내 1층)
전화번호	(808) 924-7778
홈페이지	hhsurf.com
영업시간	월~일 09:00~17:00
예약방법	유선상 업체로 직접 예약(영어), 또는 현지 한국 여행사를 통해 예약 가능하다. ((808) 924-0123, 매일 08:00~20:00, 하와이 현지시간 기준)

1일 투어 코스

오전 서핑 체험 → 점심은 치즈케이크 팩토리 (35) → 오후 와이키키 비치워크 쇼핑 (64) → 저녁은 카할라 호텔 호쿠스로 마무리 (39)

70 *Kualoa Ranch*

대자연 체험
쿠알로아 목장

오아후에서 가장 크고 오래된 목장인 쿠알로아 목장은 병풍같이 펼쳐진 코올라우 산맥과 울창한 열대 우림과 계곡, 조용한 비밀의 섬까지 자연 경관을 배경으로 신나는 체험을 할 수 있는 인기 장소이다. 이곳은 한 때 왕들이 머물던 곳으로 왕족들이 훈련을 받던 신성한 장소이기도 하다.

'쥬라기공원', '첫 키스만 50번째', TV 드라마 '로스트', 'Hawaii 5-0(하와이 수사대)' 등 영화 촬영 장소로 유명한 곳이기도 하며 영화 촬영장을 직접 둘러보는 무비 투어가 제일 인기다.

아름다운 대자연 속에서 모험 가득한 ATV(4륜 오토바이), 승마, 보트를 타고 떠나는 시크릿 아일랜드에서의 액티비

티로 다양하게 하와이를 즐겨보자.
액티비티는 투어 별로 체크인 시간이 다르며, 가능하면 사전 예약 후 투어 시작시간 30분 전까지 체크인 할 것을 추천한다. 시간이 남는다면 목장을 둘러보며 자연경관을 배경으로 멋진 인증샷도 남겨보자. 두 가지 이상 액티비티를 원할 경우 반나절 투어 이용이 가능하고, 네 가지 이상의 액티비티를 원할 경우 점심까지 포함된 일일 투어도 가능하다.

- 영어 울렁증이 있어도 괜찮다. 한국 통역을 담당하는 스태프를 찾아보자. (요일에 따라 다를 수 있으니 예약 시 사전에 확인하자.)

- 개별 액티비티를 선택할 경우 교통편이 제공되지 않는다. (렌터카 이용. 무료 주차) 반나절 또는 종일 패키지를 예약할 경우 와이키키에서 왕복 교통편과 점심이 제공된다.

- 해양 탐험의 경우 일요일과 국경일에는 투어가 진행되지 않는다.

- 승마와 ATV의 경우 나이와 키 제한이 있기 때문에 어린 자녀를 동반한다면 고대 양어장 & 정원, 정글탐험, 해양탐험 등 체험 투어 이용이 가능하다. (ATV 16세 이상, 승마 140cm 10세 이상 105kg 이하)

- 승마의 경우 아름다운 경관을 둘러볼 수 있는 코스이다. 만약 속도감을 즐기길 원하면 ATV를 추천한다.

- 복장은 긴바지, 운동화. 산이라 모기도 좀 있으니 모기약도 챙기면 좋다.

- 쿠알로아 목장 자체 인터넷 페이지에서 사전 예약 시 10% 할인을 제공한다. 한국어 사이트 (http://kualoa.co/howtobook.html)

- 쿠알로아 액티비티를 좀 더 상세히 둘러보고 싶다면 한국어 블로그를 확인해보자. (http://blog.naver.com/kualoaranch)

좋아요	아름다운 경관을 보며 온몸으로 체험하는 다양한 액티비티가 장점이다.
아쉬워요	달리는 말을 기대했다면 실망할 수 있다. 승마는 그룹 가이드 투어이다 보니 자연 경관을 감상하며 줄지어 걷는 정도이다.
추천	신혼/친구/가족/홀로

쿠알로아 랜치 (Kualoa Ranch)

주소	49-560 Kamehameha Hwy, Kaneohe, HI 96744
전화번호	(808) 237-7321
홈페이지	kualoa.com
영업시간	월~일 08:00~17:00 (액티비티별 체크인 시간이 다르다.)
주차	무료
예약방법	인터넷이나 유선상 업체로 직접 예약(영어). 또는 한국 현지 여행사를 통해 예약 가능하다. ((808) 924-0123, 매일 08:00~20:00, 하와이 현지시간 기준)

1일 투어 코스

쿠알로아 목장 1일 투어(점심은 목장 내 뷔페 이용) → 저녁은 와이키키 도라쿠 스시 (34)

71 *Extreme Shocking Tour*

짜릿한 체험 총집합! 쇼킹 투어

눈 앞의 상어로부터 방심은 금물!

무시무시한 야생의 상어를 바로 눈앞에서 관찰할 수 있는 짜릿한 체험 투어이다. 육지에서 5km 정도 떨어진 바다 한가운데에 금속 소재의 케이지를 놓고 안전유리로 처리된 벽면을 설치한 후 케이지 안에서 스노클 장비를 착용하고 입수하여 관찰한다. 실제 케이지 안에 들어가 관찰하는 시간은 20분이지만, 긴장과 스릴 속에서 느끼는 체감 시간은 이보다 길게 느껴질 것이다. 바다의 무법자 상어와의 스릴 넘치는 조우를 경험해보자.

- 평소 멀미를 한다면 멀미약을 미리 복용하자.
- 기본적으로 스노클링 장비는 제공되나 개인장비를 가져올 수 있으며, 수영복을 미리 착용하고 비치 타올과 갈아입을 옷, 선크림, 썬글라스, 모자, 카메라 등을 준비하자.
- 보트 출발이 정시에 이루어지므로 투어 시작 30분 전까지 꼭 개별 체크인 해야 하며 케이지 체험은 약 20분, 투어는 보트 탑승 시간까지 약 2시간 가량 진행된다.
- 케이지 안에 들어가지 않고 배만 함께 탈 수 있는 옵션도 있다.
- 픽업을 요청할 경우 1인 왕복 $55의 추가 요금이 있다.
- 왕복 교통이 필요할 경우 07:00, 09:00, 11:00, 13:00 투어 이용이 가능하다.
- 보트만 탑승할 경우 $70, 샤크케이지 체험은 $120(교통 불포함)이다.
- 매일 오전 7시부터 오후 4시까지 매 시간(6~8월에는 아침 6시 투어도 가능) 운영한다.

좋아요	최대 4.5미터 크기의 상어를 코앞에서 만나는 짜릿한 체험을 할 수 있다.
아쉬워요	바람이나 날씨의 영향을 크게 받는다.
추천	신혼/친구/가족/홀로

주소	66-105 Haleiwa Rd. Haleiwa
전화번호	(888) 991-8415
홈페이지	sharktourshawaii.com
영업시간	월~일 06:00~18:00
예약방법	인터넷이나 유선상 업체로 직접 예약(영어), 또는 현지 한국여행사를 통해 예약 가능하다. ((808) 924-0123, 매일 08:00~20:00, 하와이 현지시간 기준)

1일 투어 코스

샤크 어드벤처 체험 → 할레이바 타운 둘러보기 → 할레이바 타운 내 수제버거 쿠아아이나 (24) 및 마츠모토 쉐이브 아이스크림 (43)

스릴 넘치는 상어낚시 Sharks Fishing

상어낚시는 좀처럼 경험하기 어려운 독특한 체험이다. 저녁 무렵 바다 위에서 오아후 섬을 바라보며, 어둠 속에서 숨죽이며 상어를 기다리는 두근거림과 긴장감, 스릴을 동시에 경험할 수 있다. 무시무시한 상어가 언제 어디에서 나타날지 모르니 방심하지 말자.

- 밤바다는 쌀쌀하니 긴팔 옷을 준비하자.
- 뱃멀미가 걱정된다면 멀미약을 사전에 복용하는 것이 좋다.

좋아요	하와이에서 서식하는 7종의 상어를 운에 따라 잡을 수도 있다.
아쉬워요	야간에만 진행된다.
추천	신혼/친구/가족/홀로

사시미 펀 피싱 (Sashimi Fun Fishing)

요금	$125~
진행시간	21:00~01:00
주소	Kewalo Basin, Honolulu (워드센터 근처)
전화번호	(808) 955-3474
홈페이지	808955fish.com
예약방법	인터넷이나 유선상 업체로 직접 예약(영어), 또는 현지 한국여행사를 통해 예약 가능하다. ((808) 924-0123, 매일 08:00~20:00, 하와이 현지시간 기준)

1일 투어 코스

하와이 명물 트롤리 타고 알라모아나 쇼핑센터로 이동 → 알라모아나 쇼핑센터 (61) → 야간 상어낚시

여행 TIP

- 만 18세 이상만 참가 가능하며 ID 지참 필수 이다.
- 240파운드(약 108kg) 이상은 참가 불가하며, 200파운드(약 90kg)부터 파운드(0.4kg)당 $2씩 추가 요금이 있다.
- 참가 전후 24시간 이내에 스쿠버 다이빙은 절대 금물이다. 혈압에 이상이 올 수 있다.
- 동행 점프를 한 강사에게 팁 주는 것을 잊지 말자.
- $100~$200에 사진 또는 DVD를 신청하여 구매할 수 있다.

스카이다이빙 Sky Diving

섬의 북서쪽 딜링햄 지역에서 진행되며, 하와이 스카이다이빙은 전 세계 어느 곳보다 아름다운 전경을 선사할 것이다. 강사 한 명과 함께 동행 점프를 하게 되며 오아후섬 뿐 아니라 다른 섬까지 보너스로 볼 수 있다. 시원한 바람 속에 아낌없이 몸을 던져 드넓은 태평양을 내려다보며 짜릿하고 아찔한 추락을 경험해보자.

좋아요	12,000피트에서 낙하산이 펴지기 전 구름 위 공중 자유낙하는 정말 짜릿하다.
아쉬워요	날씨 및 안전상의 이유로 취소되는 경우가 있다.
추천	신혼/친구/홀로

요금	$175~
시간	매일 07:00, 10:00, 13:00 (픽업 시간 기준/투어 예약 시 무료 픽업 제공)
주소	68-760 Farrington Hwy. Dillingham Airfield Mokuleia
전화번호	(808) 637-9700
홈페이지	skydivehawaii.com
예약방법	인터넷이나 유선상 업체로 직접 예약(영어). 또는 현지 한국여행사를 통해 예약 가능하다. ((808) 924-0123, 매일 08:00~20:00, 하와이 현지시간 기준)

1일 투어 코스

스카이다이빙 체험 → 와이키키로 돌아와 관람 후 저녁엔 매직 디너쇼 (73)

SE COVE
Section 02
하와이 전통 쇼와
디너를 함께

72 *Polynesian Cultural Center / Paradise Cove Luau*

폴리네시안 문화센터와 파라다이스 코브

한여름 밤의 꿈 같은 하와이 문화 체험 루아우를 만나보자. 루아우란 하와이 전통음식과 쇼가 결합된 연회로, 하와이에서 가장 손꼽히는 루아우와 쇼를 만날 수 있는 곳은 북쪽에 위치한 폴리네시안 문화센터와 서쪽에 위치한 파라다이스 코브이다. 두 곳 모두 야외에 마련된 전통 마을로 문화체험, 하와이안 전통 식사와 쇼를 다양하게 즐길 수 있는 가족형 테마파크이다.

먼저 최대 규모와 역사를 자랑하는 폴리네시안 문화센터는 사모아섬, 피지섬, 통가섬, 타히티섬, 아오테이로아섬, 하와이섬 등 총 6개의 부족마을로 구성되어 있으며, 각 마을마다 각기 다른 테마의 공연과 체험활동을 제공한다.

가장 인기 있는 쇼는 매일 오후 2시 30분에 제공되는 카누 선상 쇼로 화려한 의상의 댄서들의 신나는 무대를 만날 수 있으며, 가장 인기 있는 액티비티는 후킬라우 카누 선착장에서 카누 타기이다. 그 밖에 낚시, 훌라, 우쿨렐레, 불칼, 직물짜기 등 전통 체험을 즐길 수 있다.

저녁 식사는 오후 5시경부터 진행되며 식사 후 7시부터 퍼시픽 극장 야외무대에서 진행되는 최대 규모의 메인 쇼 'Ha'를 감상할 수 있다. 메인 쇼는 100여 명이 동원되는 하와이 최대 규모 민속쇼로 '아이 탄생, 생명의 숨결 HA'가 끊임없이 지속되는 것을 배우는 과정을 보여주는 한편의 드라마이다.

조금 더 아늑하고 분위기 있는 무대를 즐기고 싶다면 서쪽의 코올리나 지역에 위치한 파라다이스 코브 루아루를 찾아보자. 비치 앞에 마련된 작은 전통 마을로 야외에 마련된 바에서 석양을 바라보며 칵테일을 즐기고 레이 만들기, 전통 타투, 낚시, 카누 타기 등의 체험과 하와이안 식사, 훌라댄스 등을 다양하게 즐길 수 있는 곳이다.

전격 비교체험 – 폴리네시안 문화센터 VS 파라다이스 코브

	폴리네시안 문화센터 (PCC)	파라다이스 코브
위치	오아후 북쪽 (와이키키에서 차로 약 1시간)	오아후 서쪽 (와이키키에서 차로 약 40분)
운영일	매일(일요일 제외)	매일 * 야외 무대로 우천시 취소될 수 있으며 그 경우 환불 또는 다시 예약 가능
액티비티 시간	종일 체크인 : 오후 12시	반나절 체크인 : 오후 4시 반
이런분께 추천	전통문화와 쇼를 다양하게 체험하고자 하는 분	넓고 복잡한 곳보다 조금 더 여유로운 여행을 선호하는 분
인기 패키지	앰버서더 프라임 립 패키지 (문화센터 자체 한국 가이드 제공)	오키드 패키지
이건 꼭!	화려한 카누 선상 쇼와 통가 섬의 통쾌한 통가 쇼!	별들이 수놓인 야외무대에서 진행되는 최고 댄서들의 훌라 쇼!
입장료 (주차)	패키지에 따라 $50부터 $250까지 다양(주차 1일 $10)	패키지에 따라 $85부터 $140까지 다양(주차 무료)

- 매표소 바로 옆에 위치한 안내 데스크에서 각 섬 별 공연 스케줄이 포함된 한국어 지도를 구할 수 있다.

- 입장권 외에 패키지가 다양한데 메인 쇼, 저녁 식사, 가이드 포함 여부 등에 따라 차이가 있으니 미리 확인하자. 한국 가이드 요청은 앰버서더 패키지 예약 시 가능하다.

- 폴리네시안 문화센터 한국어 블로그도 둘러보자. (blog.naver.com/pcchawaii)

좋아요	하와이 문화 체험으로 가득한 하루를 보낼 수 있다.
아쉬워요	아이를 동반한 경우 와이키키에서 거리가 있어 문화체험 후 쇼까지 보면 피곤할 수 있다.
추천	신혼/친구/가족/홀로

폴리네시안 문화센터 (Polynesian Cultural Center)

주소	55-370 Kamehameha Highway, Laie, HI
전화번호	(800) 367-7060
홈페이지	polynesia.co.kr
영업시간	월~토 12:00~18:00 (쇼는 밤 9시 정도까지 진행된다.)
주차	1일 주차 $10 내외

1일 투어 코스

해안도로 드라이브 (79) → 폴리네시안 문화센터 체험 및 쇼 관람

- 칵테일 시음을 위해서는 ID를 제시해야 한다.

- 총 3가지 패키지 옵션이 있는데, 음식은 하와이안 뷔페로 동일하나 메인 쇼를 볼 때 좌석과 칵테일 등 차이가 있다. 디럭스 패키지의 경우 서빙을 해주며 채식주의자들은 3일 전 예약 시 별도 메뉴 요청이 가능하다.

좋아요	로맨틱한 하와이 루아우를 체험한다.
아쉬워요	야외무대라 우천 시 취소될 수 있다.
추천	신혼/친구/가족/홀로

파라다이스 코브 루아우 (Paradise Cove Luau)

주소	92-1089 Aliinui Drive, Kapolei
전화번호	(808) 842-5911
홈페이지	paradisecovehawaii.com
영업시간	월~일 17:00~21:00
주차	무료

1일 투어 코스

다이아몬드 헤드 하이킹 (87) → 레인보우 드라이브 인 (21) → 파라다이스 코브 루아우

73 *Polynesian Magic Show*

와이키키에서 즐기는

폴리네시안 매직쇼

여행 일정이 길지 않아 쇼 관람을 위해 멀리 가는 일정이 부담스럽다면 와이키키에 위치한 실내 무대에서 폴리네시안 댄서들의 쇼를 즐겨보자.

가장 인기 있는 와이키키 쇼는 폴리네시안 매직쇼로 마술과 폴리네시안 전통 춤이 환상적으로 이어지는 디너쇼 무대이다. 남녀노소 누구나 즐길 수 있으며, 눈 앞에서 대형 헬리콥터가 사라지는 등 믿기 어려운 경험과 불 쇼를 포함한 화려한 의상의 댄서들의 매혹적인 초대에 빠져보자. 옵션에 따라 쇼만 관람할 수도, 식사를 포함할 수도 있다. 식사 포함 시 일반 디너 메인은 쇼트 립 비프와 데리야끼 치킨이, 고급 디너의 경우 프라임 뉴욕 스테이크와 점보 갈릭 쉬림프가 제공된다.

여행 TIP

- 쇼만 예약할 경우 좌석이 뒤쪽으로 배정되므로 좋은 좌석 확보를 위해 디너가 포함되어 있는 패키지를 이용하자.
- 실내 무대로 에어컨이 가동되니 간단한 재킷 또는 카디건류는 챙겨두자.
- 자녀를 동반한 경우 하이체어의 수량은 한정되어 있으니 미리 체크인해서 수량을 확보하자.
- 댄서들과 사진 촬영도 제공되며 추가 금액으로 사진을 구매할 수 있다.
- 와이키키에서 선셋을 바라보며 하와이 축제 루아루를 즐기고 싶다면 힐튼 하와이안 빌리지에서 진행하는 와이키키 스트라이트 루아우도 이용 가능하다. 저녁은 하와이 전통 뷔페가 제공된다.
  Waikiki Strarlight Luau (808) 941−5828

좋아요	멀리 가지 않고 와이키키에서 멋진 쇼와 디너를 즐길 수 있다.
아쉬워요	실내 무대라 아름다운 자연경관은 볼 수 없다.
추천	신혼/친구/가족/홀로

폴리네시안 매직쇼 (Polynesian Magic Show)

요금	패키지에 따라 $50부터 $120까지 다양
주소	2300 Kalakaua Ave, Honolulu, HI
전화번호	(808) 971−4321
홈페이지	magicofpolynesia.com
영업시간	월〜일 18:00~21:00 (쇼만 볼 경우 19:00부터)
예약방법	인터넷, 유선상 업체로 직접 예약(영어) 또는 현지 한국 여행사를 통해 예약 가능하다. ((808) 924−0123, 매일 08:00~20:00, 하와이 현지시간 기준)

1일 투어 코스

해양스포츠 BOB (69) → 와이키키 매직 디너쇼

74 *Dinner Cruise*

낭만의 선셋
디너 크루즈

하와이의 가장 아름다운 선셋을 볼 수 있는 방법은 와이키키 바다 위에서 바라보는 것이다. 사랑하는 사람과 함께 배 위에서 바라보는 선셋은 감동 그 이상이다. 선셋 디너 크루즈는 모두 와이키키에서 차로 20분 정도 떨어진 곳에 위치한 다운타운 알로하 타워 마켓 플레이스에서 출항한다. 와이키키 앞바다를 순회하며, 크루즈에 따라 약간씩 차이가 있으나 승선 시간은 대부분 1시간 반에서 2시간 정도 소요된다. 그 시간 동안 식사와 하와이 전통 쇼를 함께 즐길 수 있다.

- 디너 크루즈의 경우 리조트 캐주얼이 적당하며 스타오브 호놀룰루 5스타의 경우 드레스 코드가 있다.(반바지, 슬리퍼, 티셔츠는 입장 제한) 정장까지는 아니어도 여자는 알로하 드레스, 남자는 셔츠에 긴 바지 착용이 적당하다. 하와이는 넥타이가 없는 반팔 알로하 셔츠나 알로하 드레스도 격식 있는 옷이므로 한 벌 정도 준비해서 저녁식사 이용 시 활용하면 좋다.

- 매주 금요일은 오후 7시 45분부터 힐튼에서 약 10분간 불꽃놀이가 진행되며 알리카이 크루즈와 아틀란티스 크루즈 이용 시 선상에서 불꽃놀이를 관람할 수 있다.

- 창가석은 별도 옵션이므로 이용을 원한다면 옵션을 추가해서 예약해야 한다. (업그레이드 1인 $20 내외)

- 출항 후 갑판에 올라갈 수 있으니 식사 전 칵테일을 마시며 갑판 위에서 오아후의 멋진 해안을 감상해보자.

- 크루즈의 흔들림은 당일 날씨에 영향을 받을 수 있으니 뱃멀미가 걱정된다면 1시간 전 멀미약을 복용하자.

- 디너가 포함된 크루즈가 부담스럽다면 와이키키 비치에서 저녁 5시 출항하는 칵테일 선셋 크루즈 이용도 가능하다. 배는 작지만 보통 디너 크루즈의 절반 가격으로 이용할 수 있어 부담이 적다. (마이타이 카타마란 (808) 922-5665, www.maitaicatamaran.net/cat/)

스타오브 호놀룰루 Star of Honolulu

총 4층 갑판에 1,500여 명을 수용할 수 있는 가장 큰 크루즈로 일반 뷔페 퍼시픽스타부터 7코스 프랑스 요리가 제공되는 5스타까지 다양하다. 이용하는 갑판과 식사 및 음료, 쇼 등에 따라 구분되며, 가장 인기 있는 옵션은 스테이크와 통 랍스타가 제공되는 3스타 크루즈이다.

스타오브 호놀룰루 (Star Of Honolulu)

주소	1 Aloha Tower Drive, Honolulu, HI
전화번호	(808) 983-7827
홈페이지	starofhonolulu.com
체크인 시간	16:45 (17:30 출항)
주차	알로하타워 내 가능하지만 별도 금액 부과 (시간대별, 셀프 파킹 여부에 따라 차이가 있으나 최소 $5 이상)

알리이카이 Allikai

두 대의 배를 이어 붙인 카타마란 형태의 크루즈로 스타오브 호놀룰루에 비해 좀 더 캐쥬얼하고 함께 칵테일을 마시고 어울릴 수 있는 흥겨운 느낌의 크루즈이다. 식사는 뷔페로 제공된다.

알리이카이 디너 크루즈 (Allikai Dinner Cruise)

주소　　　1 Aloha Tower Drive, Honolulu, HI
전화번호　(808) 539-9400
홈페이지　aliikaicatamaran.com
체크인 시간　17:00
주차　　　알로하타워 내 가능하나 별도 금액 부과

아틀란티스 크루즈 Atlantis Cruise

총 2층 갑판으로 이루어진 하와이에서 가장 빠른 크루즈이나 흔들림이 적다. 다이아몬드 헤드 앞바다를 넘어 하와이의 베버리 힐즈 카할라 지역까지 운항한다. 프라임 립 카빙 서비스가 포함된

뷔페 스타일 디너가 제공된다. 1층 뷔페식과 2층 로얄 선셋 크루즈 선택이 가능하며 로얄 선셋은 스테이크와 랍스타 코스요리가 제공된다.

좋아요	아름다운 선셋을 바다 위에서 보며 쇼와 음식을 즐기는 재미가 있다.
아쉬워요	멀미를 한다면 추천하지 않는다.
추천	신혼/친구/가족/홀로

아틀란티스 아일랜드 스타일 뷔페 크루즈
(Atlantis Island Style Buffet Cruise)

주소　　　1 Aloha Tower Drive, Honolulu, HI
전화번호　(800) 381-0237
홈페이지　atlantisadventures.com
체크인 시간　17:00
주차　　　알로하타워 내 가능하나 별도 금액 부과 아틀란티스는 만 6세 미만의 아이는 티켓을 구매한 보호자 동반 시 무료 이용이 가능하다.
예약방법　인터넷 또는 유선으로 직접 예약(영어) 또는 현지 한국 여행사를 통해 예약 가능하다. ((808) 924-0123, 매일 08:00~20:00, 하와이 현지시간 기준)

1일 투어 코스

오전 알라모아나 해변 (7) → 점심 알라모아나 센터 푸드코트 (22) → 선셋 디너 크루즈

Section 03
전통문화 체험하기

75 *Hula Dance*

하와이의 언어

훌라 배워보기

하와이 민속 춤인 훌라 댄스를 보면 꽃으로 장식한 화려한 의상과 정열적인 동작, 그리고 댄서들의 편안한 미소에 흠뻑 빠지게 된다. 훌라는 하와이 섬 중 하나인 몰로카이와 카우아이에서부터 전해오며 하와이 고대 언어와 문화의 계승을 위해 지금까지도 다양한 노력으로 보존, 발전 되고 있다.

'하와이 언어의 영혼'이라 불리는 훌라는 동작 하나하나 뜻이 담겨 있다. 손끝 하나 동작 하나하나마다 피어나는 하와이의 이야기를 직접 체험해보자.

훌라를 체험할 수 있는 곳

와이키키 쇼핑 플라자 맞은편에 위치한 로얄 하와이안 센터 내 문화 클래스 중에도 훌라 수업이 있다. 센터 중심인 로얄 그로브에서 매주 월/화/금요일 오전 10시부터, 수요일 오후 4시부터 약 1시간 가량 진행된다.

여행 TIP

- 복장은 자유이며 훌라는 맨발로 춘다. 훌라 스커트를 입고 참여하면 더 재미있다.

- 로얄 하와이안 센터의 문화 클래스는 훌라 외에도 로미로미 마사지 배워보기, 레이 목걸이 만들기, 하와이안 퀼트 등 다양한 강좌를 제공한다. (자세한 일정은 로얄 하와이안 문화센터 한국어 홈페이지 참고)

- 로얄 그로브에서는 매주 화~금 오후 6시부터 1시간 가량 훌라 공연이 제공된다. 또한 화/목/토 저녁 7시부터 경쾌한 락과 훌라의 만남인 락-어-훌라 미니 쇼에서 화려한 댄서들의 쇼를 만나보자. 물론 무료이다. 락-어-훌라 미니쇼에 흠뻑 빠졌다면 로얄 하와이안 센터 내 극장에서 진행하는 레전드 인 콘서트도 볼만하다. 추억의 팝 전설들의 부활 무대와 경쾌한 훌라쇼의 진수를 볼 수 있다. (공연 상세정보 rockahulahawaii.com)

- 체험일정은 변경 될 수 있으니 사전에 홈페이지를 확인하자.

좋아요	언제든지 편하게 방문할 수 있다.
아쉬워요	많은 관광객으로 인해 다소 복잡하다.
추천	신혼/친구/아이와/가족/홀로

로얄 하와이안 센터 (Royal Hawaiian Center)

주소	2201 Kalakaua Avenue
전화번호	(808) 922-0588
홈페이지	royalhawaiiancenter.com/kr

1일 투어 코스

와일라나 커피 하우스 브런치 (18) → 와이키키 훌라 체험 → 하와이 필 충만한 티키 바 (53) → 로미로미 마사지 (91)

76 *Vkulele*

아름다운 선율의
우쿨렐레 배워보기

아름다운 우쿨렐레 선율에 맞춰 훌라를 감상하는 것은 하와이의 큰 매력 중 하나이다. 이 앙증맞은 악기의 행복한 소리는 여유로운 하와이 사람들과 참 잘 어울린다.

하와이 민속 악기 우쿨렐레는 하와이어로 '통통 뛰는 벼룩'이란 뜻으로, 이름 그대로 선율도 발랄하고 경쾌하다. 1879년 포르투갈에서 처음 전래되었으며 포르투갈 고유 현악기인 마셰트(Machete)의 변형이다. 우쿨렐레는 현이 4개로 조율이 쉽고 가벼우며 기타보다 배우기도 쉬워 남녀노소에게 사랑받는 악기이다. 소리에 따라 소프라노, 콘서트, 테너, 바리톤으로 나뉘며 이 아담한 크기의 악기에서 독특한 화음들이 하나가 될 때 정말 아름답다.

우쿨렐레는 미국에서 엘비스 프레슬리, 비틀즈 멤버 조지 해리슨 등 스타들로부터 사랑받았으며, 2000년대에 들어서 다시 한번 Youtube(유투브)를 통해 전 세계 사람들로부터 뜨거운 사랑을 받고 있다. 그 중 큰 사랑을 받고 있는 혜성처럼 나타난 우쿨렐레 슈퍼스타 제임스 시마부쿠로는 우쿨렐레 하나로 클래식, 재즈, 락, 하와이, 포크 등 다양한 장르의 벽을 뛰어넘어 기막힌 연주를 선보여 우쿨렐레의 마술사라 불린다. 와이키키 주변에서는 우쿨렐레를 배우고 싶어하는 사람들을 위한 무료 강습이 많다. 문화체험 또한 여행의 값진 경험이므로 부담 없이 우쿨렐레를 만나보자.

쉐라톤 와이키키 호텔 내 우쿨렐레 샵 '푸아푸아'

매일 오후 4시부터 약 30분간 무료 강습이 진행된다. 푸아푸아 매장은 코아로 만든 우쿨렐레부터 수박, 키위 등 과일 모양의 우쿨렐레까지 다양한 종류의 우쿨렐레를 전시하고 있다. 강습 전 미

리 가서 구경하는 것도 재미 있다.

홈페이지 gcea.com

로얄 하와이안 센터

매주 화/목/금요일 12시부터 1시간 가량 무료 강습이 진행된다. 장소는 로얄 하와이안 센터 빌딩 B1층 헤루모아 할래 & 게스트 서비스이다. 자세한 강습 스케줄은 로얄 하와이안 센터 내 인포메이션 데스크에서 안내받을 수 있다. 앙증맞은 우쿨렐레로 싱그러운 하와이 섬을 느끼고 연주해보자.

홈페이지 kr.royalhawaiiancenter.com/info/culturalprogramming

- 무료 강습 시 우쿨렐레도 무료로 대여해주므로 미리 도착해서 수량을 확보하자.

- 대부분 예약은 필요 없으나 때에 따라 무료 강습 스케줄이 변경될 수 있으니 미리 확인하고 이용하자.

- 매년 여름(7월경) 우쿨렐레 페스티벌이 개최된다. 그 기간 내 하와이를 방문할 계획이라면 우쿨렐레 스타들을 만날 수 있는 기회를 잡자. (우쿨렐레 페스티벌 공식 홈페이지 : ukulelefestivalhawaii.org)

- 무료 강습 진행 후 우쿨렐레 구매는 저렴한 모델을 다수 보유한 댄스 기타숍을 이용하자.

- 우쿨렐레를 영상으로 미리 보고 싶다면 일본계 우쿨렐레 슈퍼스타 '제임스 시마부쿠로'의 연주를 꼭 들어보자. 우쿨렐레 선율에 빠지지 않을 수 없게 된다.

추천	신혼/친구/아이와/가족/홀로

우쿨렐레 저렴하게 살 수 있는 곳 (Dan's Guitar)

주소	2000 S Beretania st. # B (와이키키에서 차로 약 15분거리)
전화번호	(808) 942-2900
홈페이지	dansguitars.com 오래 머물 계획이라면 미리 여러 숍을 확인해서 원하는 모델명을 확인한 뒤 주문할 수도 있다. 미리 전화 확인은 필수!

1일 투어 코스

조식 후 호텔 수영장에서 여유로운 오전 → 점심은 하와이 스타일의 듀크스 (49) → 우쿨렐레 강습 → 저녁은 직접 그릴에 구워먹는 재미가 있는 와이키키 쇼어버드 레스토랑 (37), 더불어 와이키키 선셋 감상하기

77 *Festival in Hawaii*

보기만 해도 즐거운 **하와이의 축제**

하와이 여행을 더 즐겁게 만들어줄 축제! 하와이의 다양한 축제와 볼거리를 미리 만나보자.

2월

이동식 놀이기구와 게임, 맛있는 하와이 플레이트 런치와 간식도 맛볼 수 있는 '푸나호우 카니발!'

오바마 대통령의 모교로 유명한 명문 푸나호우 학교에서 주최하는 행사이다.

punahou.edu

4월

매년 약 700만 캔이 소비되는 하와이에서 사랑받는 스팸의 축제 '스팸 잼 축제'

스팸으로 만든 다양한 종류의 음식을 맛볼 수 있으며, 각종 기념품도 구경하고 신나는 훌라댄스와 콘서트까지 즐길 수 있는 축제이다.

spamjamhawaii.com

7월

하와이의 여름을 책임지는 축제 '우쿨렐레 페스티발'

이날이 되면 가족 단위로 의자와 돗자리를 가지고 삼삼오오 공원으로 모여든다. 아름다운 선율 우쿨렐레 연주 속으로 푹 빠져보자! 물론 입장은 무료다.

ukulelefestivalhawaii.org/en

9월

하와이 전통음악과 댄스의 최대
축제 '알로하 페스티발'

한달 간 진행되는 하와이 전통 쇼
케이스로, 하와이 음악, 춤 그리고
문화를 가까이서 관람해보자.

alohafestivals.com

10월 - 11월

초대형 스타들의 총출동!
'하와이 국제 영화제'

태평양 중심에서 열리는 영화를
사랑하는 이들을 위한 문화의 장!
영화 관람 뿐만 아니라 세미나, 워
크샵, 레드카펫 행사 등 영화 관계
자들도 만날 수 있는 기회이다.

hiff.org

HAWAII
INTERNATIONAL
FILM FESTIVAL

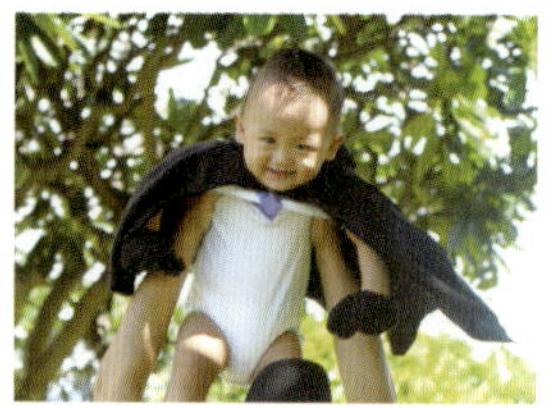

10월 31일

와이키키가 대형 축제의 장으로
변신하는 '할로윈 데이!'

Trick or Treating? 할로윈 데이 만
큼은 완전히 다른 나로 변신해서
와이키키 길거리 행렬 속에 몸을
던져보자!

11월-12월

겨울 속 여름! 서핑대회 서퍼들의
천국 하와이에서 서핑 고수들을
만나볼 수 있는 '반스 트리플 크라
운 서핑대회'

매년 3개 해변에서 세 가지 이벤
트로 치러지는 서핑대회이다. 서
퍼들의 멋진 파도타기를 감상할
수 있는 기회이다.

vanstriplecrownofsurfing.com

12월

형형색색의 대형 트리 장식의
'호놀룰루 시티라이트'

12월이 되면 다운타운은 형형색
색의 불빛과 트리 장식으로 밤이
더 아름답다. 가족 단위로 시원
한 밤바람을 맞으며 추억을 남겨
보자.

honolulucitylights.org

Part 7
다양한
테마로
하와이를 만나다

Section 01
설레는
허니문 여행

78 *Hawaii City Tour*

하와이를 처음 만나는 **시내관광**

카메하메하 동상 King Kamehameha's Statue

이올라니 궁전 맞은편에 위치한 근엄한 카메하메하 대왕 동상은 시내 관광 시 꼭 거쳐가는 기념촬영 장소이다. 금빛 케이프를 걸치고 왼손에는 평화의 상징인 창을 쥐고 있고, 오른손은 높이 들어올린 동상에서 그 옛날 전성기를 누렸던 하와이 왕국의 품격을 느낄 수 있다. 원래 세워지기로 했던 동상은 캡틴 쿡의 하와이 제도 발견 100주년 기념으로 이탈리아에서 주조되어 옮겨지던 중 침몰했기 때문에 다시 만들어 세운 것이다. 매년 노동절인 5월 1일과 카메하메하 데이인 6월 11일에는 화려한 레이(꽃목걸이)로 장식된다.

주소   417 S King St Honolulu, HI 96805
(이올라니 궁전 맞은편)

이올라니 궁전 Iolani Palace

하와이 왕국의 흥망성쇠의 역사가 깃든 소박한 궁전이다. 오전 10시경에는 영어 가이드 투어에 참가하여 궁전을 둘러볼 수 있으며, 다른 시간에는 입장 전 한국어 오디오 기기를 제공받아 자세한 한국어 설명과 함께 투어를 즐길 수 있다. 비운의 마지막 여왕인 릴리우오칼라니가 퇴위 종용을 받아 감금되어 시간을 보내던 방과 침대도 둘러볼 수 있다. 우리에게도 친숙한 하와이 음악 '알로하오에'는 이때 100여 년의 하와이 왕국의 몰락을 슬퍼하며 그녀에 의해 만들어진 노래이다.

요금	영어 가이드 투어 성인 $21.75, 소인(5세~12세) $6 셀프 오디오 투어(한국어 오디오셋 가능) 성인 $14.75, 소인(만5세~만12세) $6 베이스먼트 갤러리 전시관 : 성인 $7, 소인(만5세~만12세) $3
진행시간	가이드 투어 : 화~목 09:00~10:00, 금~토 09:00~11:15 셀프 오디오 투어 : 월 09:00~16:00, 화~목 10:30~16:00, 금~토 12:00~16:00 베이스먼트 갤러리 전시관 : 월~토 09:30~16:00
주소	364 S King St Honolulu, HI 96805
전화번호	(808) 538-1471
홈페이지	iolanipalace.org

알로하 타워 Aloha Tower

높이 56미터의 알로하 타워는 호놀룰루 항구의 상징이며 네모진 시계탑으로, 꼭대기에는 12미터의 깃발 기둥이 세워져 있다. 하와이 360도 뷰를 자랑하는 호놀룰루 항구에서는 각종 디너 크루즈가 매일 출항하고 있으며, 항구 근처의 깨끗한 물에서 예쁜 물고기들에게 먹이를 줄 수도 있다. 항구 내 고든 비어쉬 맥주점 또는 치어스 레스토랑에서 맥주와 치킨 윙을 함께 즐길 수 있다.

여행 TIP

- 주차 비용이 만만치 않으므로, 작은 커피점에서 커피 한 잔을 사고 주차 할인을 받는 것이 좋다. 식사를 즐길 경우도 주차 할인이 있으니 잊지 말고 주차권에 도장을 받자.

주소	1 Aloha Tower Dr Honolulu, HI 96813
전화번호	(808) 566-2337
홈페이지	alohatower.com

국적인 과일, 그리고 돼지피로 만든 케이크(Pig's Blood Cake) 등 신기한 것까지 볼 수 있는 재미가 있다.

해가 지면 차이나 타운은 또 다른 색의 옷을 입는다. 이색 갤러리와 하와이 극장이 있는 예술문화의 중심으로, 라이브 연주를 선보이는 클럽과 지하 술집 등에서 밤문화도 즐길 수 있는 곳이다. 매월 첫째 주 금요일은 퍼스트 프라이데이 나이트(First Friday Night)라는 축제로 다운타운 길거리는 문화, 예술의 거리가 된다. 와인 시음회, 예술작품 전시, 길거리 무료 공연 등 즐길 거리가 다양해 진다.(firstfridayhawaii.com)

차이나 타운 China Town

하와이 경제 중심지인 고층 건물이 즐비한 다운타운에 자리잡은 이색적인 차이나 타운은 오픈마켓으로 유명하다. 하와이 오랜 이민의 역사를 보여주듯 예전의 분위기를 고스란히 간직한 이곳은 시장, 과자점, 약초상, 골동품 상점, 레이 파는 꽃가게, 음식점, 술집 등에서 다양함을 느낄 수 있다.

낮에는 생동감 넘치는 마우나케아 마켓 플레이스(Maunakea Market Palce)를 둘러보자. 싱싱하고 저렴한 야채와 이

> **여행 TIP**
>
> • 낮에는 그 어느 곳보다 활발한 곳이지만 어둠이 내리면 가게들이 모두 문을 닫고 우범지역으로 변하니 주의하자.

추천　신혼/친구/아이와/가족/홀로

1일 투어 코스
이올라니 궁전 → 씨푸드 레전드 식당 딤섬 점심 (57) → 차이나 타운 → 알로하 타워 → 고든 비어쉬 (52)

79 *Coastline Driving*

오아후 블루로드 탐험

해안도로 드라이브 코스

오아후섬 동쪽에는 가슴이 뻥 뚫리는 듯한 환상의 해안 드라이브 코스가 있다. 오아후 섬 투어의 시작점이라고도 할 수 있는 이곳은 렌터카 한 대와 낯선 길을 안내하는 내비게이션만 있으면 언제든지 방문할 수 있다. 중간중간 뷰 포인트에 내려 아름다운 풍경도 감상하고, 그 멋진 풍경 뒤로 기념사진도 남기기에 좋은 곳이다. 와이키키에서 출발해 Kalanianaole Hwy. 국도를 타면 약 30여 분간 너무나 아름다운 해안도로 드라이브 코스에 다 들르게 된다.

자, 이제 창문을 열고 신나는 음악을 들으며 해안도로를 신나게 달려보자.

한국 지도 마을 Mariners Ridge

하나우마 베이 입구 직전에 위치한 뷰 포인트에서 건너편을 바라보면 언덕 위에 옹기종기 모여있는 집들이 보이는데, 그 형태가 마치 한반도 형태를 띈다 하여 일명 '한국 지도 마을'이라 불리는 곳이 있다. 원래 명칭은 '마리나 릿지'이며, 마을이 생기면서 우연히 지금의 한국 지도와 같은 모양이 형성되었다고 한다. 특히 야간에는 이곳 집들의 불빛 때문에 더욱 아름다운 형태의 한국 마을을 만나볼 수 있다.

주소   Hanauma Bay Honolulu, HI 96825 (하나우마 베이로 들어가는 입구 바로 전 건너편에 위치)

할로나 블로우 홀 룩아웃
Halona Blowhole Lookout

거센 파도가 몰아치면 바위 틈새로 바닷물이 솟아올라 마치 고래가 등에서 물을 뿜는 것 같다 하여 고래 분수 구멍이라 이름 붙여진 할로나 분수. 높게는 파도가 6m까지 솟아오르는 매년 많은 관광객이 찾는 관광명소 중 하나다.

주소   8483 Highway 72 Honolulu, HI 96825

샌디비치 Sandy Beach

강한 바람과 잦은 파도로 서퍼들에게 인기 만점인 샌디비치. 넓은 해안선과 고운 모래 덕분에 서핑뿐만 아니라 부기 보딩을 하기에도 제격인 곳이다.

주소   Sandy Beach Park Honolulu, HI 96825

마카푸 포인트 Makapuu Point

에메랄드빛의 파란 바다와 웅장한 산맥이 일품인 마카푸 룩아웃. 운이 좋으면 1월~5월에는 혹등고래도 볼 수 있는 고래 뷰 포인트이기도 하다. 또한, 쭉 뻗은 수평선 중간으로 토끼섬이라 불리는 마나나 섬과 카오리카이푸 섬도 볼 수 있다. 또한 마카푸 룩아웃 바로 옆에 있는 마카푸 포인트 하이킹도 추천한다.

주소   Makapuu Lookout Kalanianaole Hwy Waimanalo, HI 96795

와이마날로 비치 Waimanalo Beach

해안도로의 마지막 코스인 와이마날로 비치 파크는 모래사장의 모래가 상당히 곱고 에메랄드빛의 바다색이 너무나 아름다운 곳이다. 강한 바람으로 파도가 높은 편이라 초급자들에게 수영을 권하지 않는 곳이지만 예쁜 바다색 뒤로 기념사진을 남기기에 좋은 곳이다.

주소 Waimanalo Beach Park 41 Kalanianaole Hwy Waimanalo, HI 96795

여행 TIP

- 1월~5월 사이는 혹등고래 시즌으로 멀리서 혹등고래가 자주 목격된다.
- 꼬불꼬불한 해안도로 드라이브 코스는 운전이 익숙한 운전자에게 추천한다.
- 동쪽 해안도로에 마련된 뷰 포인트는 모두 무료 주차 가능하다.
- 늦은 밤 시간대에는 방문을 피하는 것이 좋다.

좋아요 시원한 바닷바람과 가슴이 맑아지는 시원한 뷰가 너무나도 아름다운 곳이다.

아쉬워요 인기 뷰 포인트 스팟은 주차공간이 부족해 대기시간이 발생할 수 있다.

추천 신혼/친구/아이와/가족/홀로

1일 투어 코스

해안도로 드라이브 (79) → 카일루아 해변 (8) → 차이나맨스 햇

80 Chinaman's Hat

중국 모자 섬이라 불리는
차이나맨스 햇

마카데미아 넛 아울렛를 지나 차로 10분 정도 노스 쇼어 방향으로 운전을 하다 보면 오른쪽에 원뿔형의 차이나맨햇 섬을 만날 수 있다. 쿠알로아 비치파크에 위치한 차이나맨스 햇은 사람이 살지 않은 작은 섬으로 마치 그 모양이 중국 모자를 닮았다 하여 붙여진 이름이다. 이 섬은 쿠알로아 공원에서 바다쪽으로 약 450m 정도 떨어진 거리이며, 수영으로 왕복한다면 40분 정도 소요된다고 한다. 오아후 섬 바깥에 있는 섬 중 가장 유명한 곳으로, 파도가 높지 않고 바닷물이 맑아 카약과 스노클링을 즐기기에 적합한 곳이다. 햇빛에 비쳐 반짝이는 파란 바다와 초록빛의 깨끗한 잔디가 마치 아름다운 풍경화를 보는 듯 착각을 일으키게 하는 곳이다. 오아후 섬 투어 중 잠시 들러 사진을 찍기 좋은 곳으로, 멀리서 차이나맨스 햇을 머리에 올리고 특별한 기념사진을

찍어보자.

여행 TIP

- 파도가 잔잔해 어린아이들의 물놀이 장소로 좋다.
- 공원 맞은편에는 넓은 잔디밭이 있어 피크닉이나 휴식을 취하기 좋다.
- 잔디밭 위에서 바다를 배경으로 점프샷을 찍어보자. 멋진 여행 사진을 남길 수 있다.

좋아요	파란 바다와 초록빛 잔디의 색깔 대비가 너무나 아름다운 곳이다.
아쉬워요	모래밭의 모래가 고운 편이 아니다.
추천	신혼/친구/아이와/가족/홀로

주소 Kualoa Regional Park
49–479 Kamehameha HWY Kaneohe, HI 96744

1일 투어 코스
쿠알로아 목장 (70) → 차이나맨스 햇 → 지오바니 새우 트럭 (25)

Section 02
다함께 떠나는
가족여행

81 *Honolulu Zoo & Waikiki Aquarium*

와이키키에서 가볍게 만날 수 있는

호놀룰루 동물원과 와이키키 아쿠아리움

호놀룰루 동물원 Honolulu Zoo

와이키키 근처에 위치한 가족 친화적 동물원과 수족관을 찾아보자.

호놀룰루 동물원은 와이키키에서 다이아몬드 헤드 방면으로 위치하고 있으며 총 1,700여 종에 이르는 각종 동물, 조류, 파충류 등 다양한 종류와 규모를 자랑한다. 동물원을 거니는 공작과 하와이에만 서식하는 새 네네(하와이 기러기)를 포함하여 하와이안 매, 몽구스, 땅거북이, 하마, 호랑이, 사자, 사슴, 코끼리, 기린 등 동물들을 직접 만나보자. 동물원은 1시간 반 정도면 둘

러볼 수 있고, 가족 단위로 하루 피크
닉을 즐기기에 좋다.

여행 TIP

- 와이키키에서는 동물원 주차장이 제일 저렴
하다. 동물원 구경 후 와이키키를 둘러볼 예
정이라면 주차는 동물원에 하는 편이 좋다.

- 동물원 관람 후 바로 옆에 위치한 카피올라니
공원을 찾아보자. 드넓은 녹색의 잔디와 시원
한 나무그늘 아래 편안한 휴식을 취하기 좋다.

- 주말에는 가족 단위로 즐길 수 있는 무료 공
연도 많이 진행된다.

좋아요	어린아이들과 해양 액티비티가 쉽지 않을 때 찾기 좋다.
아쉬워요	주차가 어려울 수 있다.
추천	신혼/아이와/가족

입장료	어른 $14, 아이 $6(만 3~12세), 만 2세 이하 무료
주소	151 Kapahulu Avenue, onolulu, HI 96815
전화번호	(808) 926-3191
홈페이지	honoluluzoo.org
영업시간	월~일 09:00~16:30
주차	동물원 입구 Kapahulu ave (1시간 약 $1)

1일 투어 코스

호놀룰루 동물원 → 점심 마루카메 우동 (23) → 오후
와이키키 산책 & 저녁은 하드 락 카페 (50)

와이키키 아쿠아리움 Waikiki Aquarium

규모는 크지 않지만 1904년에 만들어진 만큼 역사가 긴 수족관으로, 총 400여 종의 신기하고 다양한 종류의 해양 생물, 산호류 등을 만나 볼 수 있어 어린아이들에게 인기가 좋다.

입장료	어른 $12, 어린이, 청소년 $5(만 4~12세), 3살 이하 무료
주소	2777 Kalakaua Avenue Honolulu, HI 96815
전화번호	(808) 932-9741
홈페이지	waikikiaquarium.org
영업시간	월~일 09:00~16:30
주차	무료 (아쿠아리움 앞 주차공간이 협소하므로 카피올라니 공원을 따라 길거리 주차)

1일 투어 코스

브런치 헤븐리 (16) → 아쿠아리움 → 점심은 간단하게 와이키키 푸드코트 (22) → 오후는 파라다이스코브 루아우 (72)

여행 TIP

- 입장권을 구매하면 무료 오디오 음성 지원 이용이 가능하다. (영어)

- 65세 이상의 경우 경로 우대 할인가 $6로 이용 가능하다.

- 시간이 허락된다면 미리 아쿠아리움 월별 이벤트를 확인해보자.(waikikiaquarium.org/visit/calendar)

- 옆섬 마우이 여행을 계획한다면 마우이 오션 센터가 와이키키보다 규모가 훨씬 크며, 상어가 헤엄치는 오션 터널도 있다.

좋아요	형형색색의 다양한 열대어를 보는 재미가 있다.
아쉬워요	생각보다 규모가 작다.
추천	신혼/아이와/가족

82 *Bishop Museum*

체험하는 박물관
비숍 뮤지엄

세계 최초 폴리네시안 문화 박물관으로 1988년 찰스 비숍이 카메하메하 왕가의 최후 후손이자 아내인 베니스 파우아히 비숍을 추모하기 위해 설립한 박물관이다. 하와이 섬의 문화와 역사뿐 아니라 태평양 주변 섬들의 인류학적, 생물학적 연구 자료들을 보유하고 있다.

메인 빌딩은 하와이언 홀로 고대 하와이언들의 일상 및 왕족들의 유품들을 살펴볼 수 있다. 2층에는 하와이언 전통 악기들이 마련되어 있으며, 튜토리얼 비디오를 통해 직접 악기를 연주해 볼 수 있다. 하와이언 홀의 중앙에는 거대한 고래 조형물이 천장에 매달려 있는데, 리노베이션 당시에도 이 조형물은 그대로 남겨두었다고 한다.

비숍 뮤지엄의 백미는 역시 체험 학습이 가능하다는 것이다. 입장 시 주어지는 지도 및 안내서에 따라 프로그램 시간과 장소를 찾아가 관람 및 체험할 수 있다. 최근 들어 어린이 관람객들을 중심으로 한 교육적인 내용으로 구성하는 노력이 프로그램에 반영되고 있다. 그 중 오랫동안 가장 사랑받는 라바 멜팅 데모는 어린이 관람자들에게 맞춰 진행되며, 박물관 스텝이 비디오 자료를 통해 화산 분출 과정 설명과 함께 생성된 암석들을 직접 만져볼 수 있도록 해준다. 스텝이 직접 안전복을 착용하고 안전지대에서 실제 라바에 종이를 대서 불이 붙는 과정을 보여주기도 한다. 현재는 낮 12시에 사이언스 어드벤처 센터 핫스팟 씨어터에서 만2세~만10세 사이의 어린이 관람객들을 위

한 쇼가 진행되며, 오후 2시 30분에 한 번 더 진행되는 쇼는 나이 제한 없이 관람 가능하다.

플래네타리움 Planetarium

플래네타리움 쇼는 작은 영화관처럼 생긴 곳의 천장 전체가 화면으로 이루어져있는 곳으로, 좌석이 한정되어 있어 시작 시간보다 최소 15분 이전 대기 후 관람 가능하다. 현재는 오전 11시에 진행되는 만화와 노래들로 구성되어 어린 관람객들에게 인기인 '마이 백야드 플래네타리움 쇼'와 오전 11시 30분에는 천장 전체로 구성된 스크린으로 별자리를 찾아보는 '더 스카이 투나잇 쇼'가 진행된다. 오후 1시 30분에 진행되는 '웨이파인더즈 쇼'는 고대 하와이언들이 과학 기술이 발달하지 않았던

시대에 오로지 하늘의 별자리를 통해 하와이에서 타 지역 섬으로 이동하는 놀라운 내비게이션 기술에 대한 영상 관람쇼가 진행되고, 오후 3시 30분에는 나사의 천체 위성으로 촬영된 하와이 섬들에 대한 영상 '아이즈 온 아일랜드 어쓰 쇼'가 마련되어 있다. 이밖에도 매주 수요일, 금요일, 일요일 오후 1시에는 고대 하와이언들이 만들었던 방법 그대로 팔찌를 만들어보는 하나 카 리마, 헤 아포 알로하 프로그램이 진행되어 여행 기념품을 스스로 만들어 간직할 수 있다. 이 경우는 재료비가 포함된 10달러의 추가 티켓 구매가 필요하다. 오랜 세월 자신들에게 주어진 모든 자연의 산물들에 감사하며 평화롭게 살아온 하와이언들의 삶을 들여다 볼 수 있는 값진 경험이 될 것이다.

좋아요	체험 가능한 프로그램, 가족 여행객 중 어린 자녀가 있는 경우 교육적인 목적으로 좋다.
아쉬워요	와이키키에서 거리가 있는 편이다.
추천	아이와/가족/홀로
입장료	일반 성인 $22.95/씨니어(만 65세 이상) $19.95/소인(4~12) $14.95, 만 3세 이하 영유아 무료 (2016년 기준)
소요시간	모든 내용 관람 기준 5~6시간
주소	1525 Bernice St Honolulu, HI 96817 버스: 와이키키 쿠히오 거리 (알라모아나 방향) 2번 택시: 와이키키에서 편도 $30~$40
전화번호	(808) 847-3511
홈페이지	bishopmuseum.org
주차	$5

1일 투어 코스

헤븐리 아침식사 (16) → 비숍 뮤지엄 → 고마 테이 라멘 알라모아나 지점 (26) → 알라모아나 쇼핑 (61) → 하드 락 카페에서 맥주와 안주 (50)

83 *Sealife Park*

돌고래와 함께 수영을! **씨라이프 파크**

오아후 섬의 동쪽에 위치한 씨라이프 파크는 일종의 해양 테마파크로 각종 해양동물 쇼와 체험 프로그램들이 마련되어 있다. 규모 자체는 크지 않으나 무엇보다 매력적인 점은 야외 시설로, 바다와 바로 맞닿아 있어 에메랄드빛의 아름다운 오션뷰를 즐길 수 있는 것이다. 야외에 마련된 오션 극장에서 매일 바다사자, 펭귄, 물개, 돌고래 쇼가 진행되어 색다른 맛을 준다. 그러나 무엇보다 씨라이프 파크의 명성의 중심점은 역시 돌고래 프로그램이다.

돌핀 엔카운터 Dolphin Encounter

얕은 수심으로 설계된 전용 풀장에서 돌고래 조련사의 수신호 체험과 함께 직접 돌고래를 만져보고 키스도 해보는 프로그램으로, 체험 내내 미소를 짓는 듯한 귀여운 돌고래에게 반하지 않을 수 없을 것이다.

돌핀 스윔 어드벤쳐 Dolphin Swim Adventure

기본적으로 돌핀 엔카운터 프로그램의 수신호 체험을 통해 돌고래와 친숙해진 뒤, 돌고래 지느러미를 잡고 수영을 즐겨볼 수 있다. 영화 속 주인공이 되어 돌고래와 함께 모험을 떠나는 상상을 더하면 기쁨은 배가 될 것이다.

돌핀 로얄 스윔 Dolphin Royal Swim

돌고래 체험의 결정판이라 할 수 있는 돌핀 로얄 스윔은 두 마리의 돌고래와 함께 수영을 한다는 점으로 먼저 두 마리의 돌고래와 악수, 뺨에 키스 등 친숙한 행동들로 친밀감을 높인 뒤 프로그램의 하이라이트인 '풋 푸쉬'를 즐기게 된다. 풋 푸쉬란 두 마리의 돌고래

등지느러미를 잡고 수영을 즐기다 돌
고래들이 수면 밑에서 참가자의 발바
닥을 앞으로 밀어줘 허리 정도의 높이
에서 수면을 가로질러 앞으로 나아가
게 되는 짜릿한 체험이다. 이 밖에도
바다표범과의 수영(씨라이언 스윔) 및
샤크트렉(상어 체험) 등 여러 체험 프
로그램이 마련되어 있다.

여행 TIP

- 각 프로그램 별로 신체조건 또는 나이 제한이
  있으니 예약 전 살펴보자.
- 타올은 개인이 준비해야 하며, 외부음식 반입
  이 금지되어 있다. 해양동물 보호를 위해 화
  학제품이 첨가되지 않은 선크림 준비도 필수
  이다.
- 입장권만으로도 즐길 수 있는 해양동물 쇼이다.

좋아요	체험 가능한 프로그램. 가족 여행객 중 어린 자녀가 있는 경우 좋다.
아쉬워요	체험 프로그램들의 가격대가 높은 편이다.
추천	아이와/가족
입장료	대인 $39.99 / 소인 $24.99 (세금 불포함) (2015년 말 기준)
주소	41-202 Kalanianaole Highway #7 Waimanalo, Hawaii 96795 USA 버스 : 와이키키에서 출발 - 22번 칼라카우아 대로변 / 23번 쿠히오 거리
전화번호	(808) 259-2500
홈페이지	sealifeparkhawaii.com
영업시간	매일 10:30~17:00
주차	전용 주차장(주차료 별도 1일 $5)

예약방법	씨라이프 파크 해당 홈페이지, 또는 전화 예약/현지 한국여행사 (808) 924-0123

1일 투어 코스

헤븐리 브런치 (16) → 씨라이프 파크 → 하와이 퓨전
푸드 로이스 디너 (33)

하와이오션 극장 쇼	10:00 / 14:00 / 16:00
돌핀 코브 쇼	12:30 하루 단 한번
펭귄 쇼	10:45 하루 단 한번
바다표범 쇼	11:30 / 14:50
터치풀	불가사리, 성게, 어린 거북이 등을 직접 만지고 체험 가능

프로그램	시간	나이	신체조건	가격대 (세금 불포함)
돌핀 엔카운터	9:30/11:00 /13:45/15:15	만 8세 이상 혼자 참가 가능 / 만 1세~7세는 어른 동반	구명조끼가 맞아야 함	$129.99 (유아할인 : 12~24개월 유아 $49.99/인당+세금)
돌핀 스윔 어드벤쳐	10:15/11:45 /13:00/14:30	만 13세 이상 혼자 참가 가능 (단 스스로 수영 가능해야 함) / 만 8세~만 12세는 어른 동반	키 120cm 이상 / 구명조끼가 맞아야 함	$189.99
돌핀 로얄 스윔	9:30/11:00 /13:45/15:15	만 13세 이상 혼자 참가 가능 (단 스스로 수영 가능해야 함) / 만8세~12세는 어른 동반	키 120cm 이상 / 구명조끼가 맞아야 함	$254.99
샤크트렉	10:00/11:00 /13:30/14:30	만 13세 이상 혼자 참가 가능 (단 스스로 수영 가능해야 함) / 만8세~12세는 어른 동반	키 120cm 이상 / 구명조끼가 맞아야 함	$69.99
씨라이언 스윔	10:00/11:30	만 13세 이상 혼자 참가 가능 (단 스스로 수영 가능해야 함) / 만8세~12세는 어른 동반	키 120cm 이상 / 구명조끼가 맞아야 함	$69.99

84 *Dole Plantation*

파인애플 농장에서 하는 달콤한 기차여행

돌 플랜테이션

파인애플 하면 떠오르는 브랜드 '돌 (Dole)'의 최초 농장인 돌 플랜테이션은 야심에 찬 20대 초반의 하버드 졸업생이었으며, 후에는 파인애플 제왕으로 불리게 된 제임스 돌에 의해 만들어졌다. 돌은 하와이의 기후와 토양에 맞는 농작물 선택과 아시아로부터 들어온 값싼 노동력으로 현재 전 세계가 인정하는 파인애플 브랜드가 되었다. 섬 일주 시 근처의 유명한 트럭 새우를 맛보고 난 뒤 디저트로 즐길 파인애플 아이스크림을 먹기 위해 방문하는 여행객들로 언제나 붐비는 장소이다.

파인애플 열차 Pineapple Train

장난감 기차 같은 아기자기한 기차를 타고 파인애플 농장을 둘러보는 투어로, 20여 분간 기차를 타고 노스 쇼어를 가로지르는 동안 가이드가 파인애플과 창설자 제임스 돌의 창업 신화를 재미있게 설명해준다.

영업시간	09:30~17:00
입장료	대인 $9.50, 소인(4~12세) $7.50(4세 이하 무료)

파인애플 미로 Pineapple Maze

기네스북에 기록된 가장 큰 미로로 상공에서 보면 마치 UFO 착륙 흔적인 크롭 서클처럼 보이는 거대한 파인애플 모양이다. 미로의 비밀 장소에는 곳곳에 8개의 부스가 마련되어 있는데, 이 부스들을 모두 방문하고 출발점으로 돌아오면 미션 성공!

영업시간	09:30~17:00
입장료	대인 $7, 소인(4~12세) $4

여행 TIP

- 최고의 인기 파인애플 아이스크림 주문 시 'Sipper Cup Float'를 주문하면 파인애플 모양의 컵에 제공되며, 기념품으로 가져갈 수 있다.
- 파인애플 미로 8개의 부스를 제한 시간 안에 방문한 기록을 매표소에 가져가면 기념품이 제공된다.
- 다양한 파인애플 기념품을 판매한다.
- 크리스마스 당일에는 문을 닫는다.
- 비지터 센터 내에 맛있는 로컬 음식을 판매하는 카페를 운영한다.
- 파인애플 사탕, 파인애플 와인 등 다양한 파인애플 맛의 식품류를 판매한다.

좋아요　체험 가능한 프로그램. 가족 여행객 중 어린 자녀가 있는 경우에 특히 좋다.

아쉬워요　와이키키에서 거리가 멀어 이곳만 방문하기에는 비효율적이다. 반드시 노스 쇼어 투어 여행 일정으로 짜야 한다.

주소　64-1550 Kamehameha Hwy. Wahiawa, HI 96786

전화번호　(808) 621-8408

홈페이지　dole-plantation.com

영업시간　비지터 센터 09:30~17:00
Plantation Grille: 10:30~16:30

주차　주차 무료

1일 투어 코스

새우 트럭 (25) → 파아라아 카이 베이커리 (45) → 돌 플랜테이션

85
Humpback Whale Lunch Cruise

야생 혹등고래의 우아한 점프를 바로 눈 앞에서! **혹등고래 런치 크루즈**

매년 12월 중순에서 말 사이 알래스카에 머물던 혹등고래들이 번식을 위해 따뜻한 하와이로 이동하여 4월경까지 머문다. 혹등고래는 몸길이 11~16m, 몸무게 30~40t의 육중한 몸을 가진 포유류로 현재 멸종위기에 처한 동물이다. 혹등고래가 번식을 위해 하와이에 방문하는 시기에 혹등고래들을 관찰할 수 있는 런치 크루즈를 운영하는데, 운이 좋을 경우 배 바로 옆에서 혹등고래가 점프하여 입수하는 모습이나 숨을 내쉬기 위해 물 위로 떠올라 물을 뿜어대는 장관을 경험할 수 있다.

디너 크루즈로 명성 있는 스타오브 호놀룰루 혹등고래 크루즈 프로그램은 크루즈 내내 이리저리 이동하며 고래를 관찰하는 재미와 더불어 레이 만들기(하와이 전통 꽃 목걸이)와 훌라 댄스

프로그램도 함께 진행되어 남녀노소 불문하고 즐거운 시간을 보낼 수 있다.

- 오후에 다른 일정 진행을 원할 경우, 체크인 타임 오전 8시 30분 경의 이른 아침 출발하는 모닝 크루즈를 이용할 수 있다.
- 픽업 차량을 요청하여 이용 가능하며 오전 11시 전후로 픽업 차량을 이용할 수 있다.
- 고래 촬영을 위해서 카메라를 계속 켜두어야 적시에 셔터를 누를 수 있으므로 카메라 배터리를 충분히 충전해 놓는 것이 좋다.

Star of Honolulu Whale Watching Cruise

가격　성인 $69 (세금 불포함 / 교통편 불포함 / 런치 포함) / 소인의 경우 매년 프로모션 할인가로 확인 / 교통편 추가 가능 – 교통편 1인 $12 (세금 불포함/변경 가능성 있음)

주소　Pier 8, Aloha Tower Marketplace. 1 Aloha Tower Drive. Honolulu HI

전화번호　(808) 983–STAR (7827)

홈페이지　starofhonolulu.com

영업시간　12월 말경~4월초 매일 (크루즈 시간 약 2시간 30분)

주차　유료 (항구 내 주차장)

Atlantis Whale Watching Cruise

가격　성인 $87 (세금 불포함/교통편 불포함/런치 포함) / 소인의 경우 매년 프로모션 할인가로 확인

주소　Pier 6, Aloha Tower Marketplace. 1 Aloha Tower Drive. Honolulu HI

전화번호　(800) 381–0237

홈페이지　atlantisadventures.com

영업시간　12월 말경~4월초 매일 (크루즈 시간 약 2시간 30분)

주차　유료 (항구 내 주차장)

예약방법　각 홈페이지 또는 전화 예약. 현지 한국여행사 (808) 924–0123

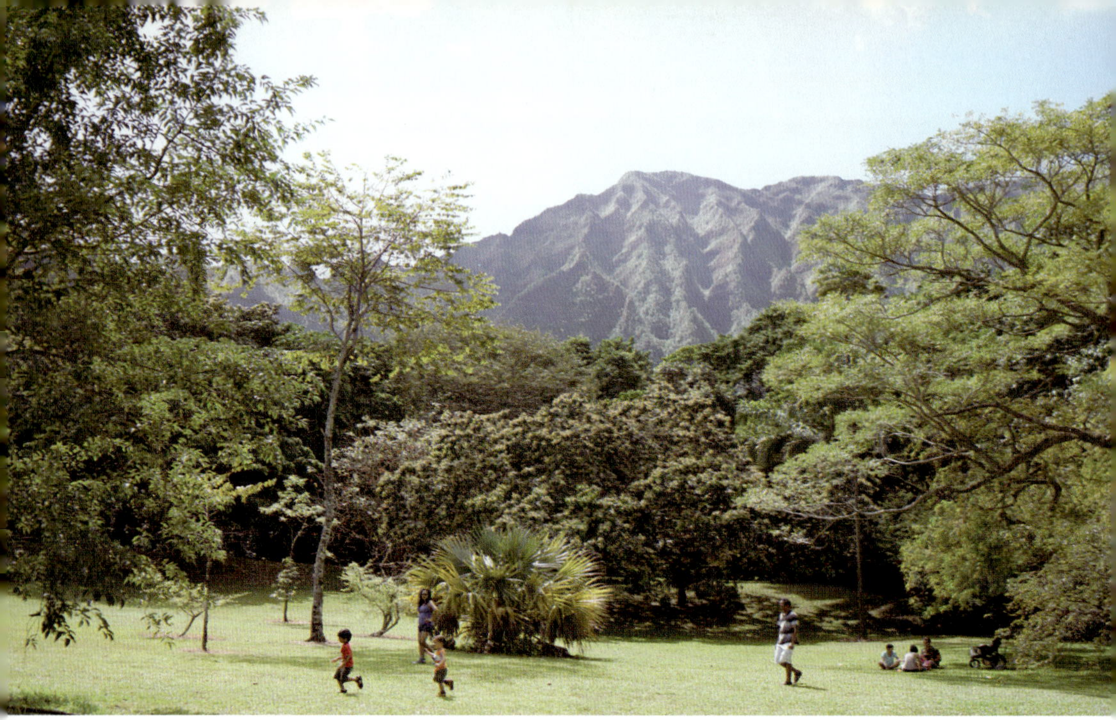

86 Hoomaluhia Botanical Garden

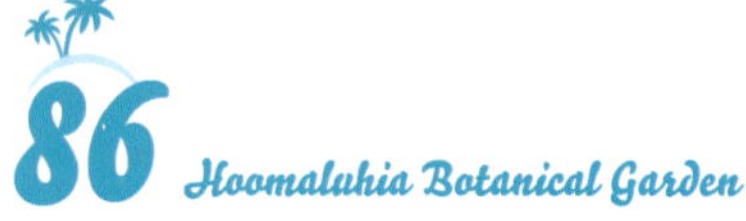

자녀와 함께하는 숲 속 정원의 무료 낚시

호오말루히아 보태니컬 가든

호오말루히아 보태니컬 가든은 400에이커 규모의 울창한 숲속에 위치한 아름다운 꽃과 나무를 비롯해 다양한 식물을 접할 수 있는 낭만적인 하와이식 가든 파크이다. 특히 가든 중간에 위치한 32에이커의 호수에서는 물새들에게 먹이를 주는 등의 자연학습을 할 수 있어 어린 자녀를 둔 가족들에게 인기가 높다. 가든에는 다양한 나무나 식물에 명칭과 설명이 간략하게 안내되어있어 식물 학습에 좋다. 뿐만 아니라 주말에는 어린 아이들의 낚시 체험을 위해 간이 낚싯대를 무료로 렌트해주고 있어 간단하게 낚시 체험도 즐길 수 있다. 도심을 벗어나 조용한 가든 내에서 신선하고 상쾌한 공기를 마시며 산책을

하다 보면 일상에 지친 마음까지 건강해지는 느낌을 받을 수 있는 호오말루히아 가든, 주말에 가족들과 둘러보기 제격인 장소이다.

여행 T!P

- 주차비, 입장료 모두 무료이다.
- 낚시 무료 체험 시간은 토~일 10:00~14:00, 낚시 체험을 위한 낚싯대를 비지터 센터에서 무료 렌트가 가능하다.
- 낚시 미끼로 사용할 빵이나 과자를 미리 준비해 가는 것이 좋다.
- 햇빛를 피할 수 있는 선글라스와 모자는 필수로 준비해가자.
- 웅장한 산맥 아래 위치한 가든으로 주변에 큰 산맥을 뒤로 기념촬영을 하기에 좋다.
- 입구에 마련된 비지터 센터에 가장 먼저 들러 가든 안내지를 받자.

좋아요 산속에 위치한 가든으로 상쾌한 공기를 마시며 산책로를 걷기만해도 건강해지는 느낌이다.

아쉬워요 날씨가 너무 더운 날에는 방문을 피하는 것이 좋다.

추천 아이와/가족

주소 45–680 Luluku Rd, Kaneohe, HI 96744 (게이트를 지나 길을 따라 5분 정도 안쪽으로 더 가야 함)

영업시간 매일 09:00~16:00 (크리스마스, 새해 첫날 휴무)

1일 투어 코스

호오말루히아 보태니컬 가든 → 마우이 파이어 로스트 치킨 (28) → 카일루아 해변 (8)

Section 03
친구와, 또는 혼자
떠나는 자유여행

87 *Diamond Head Hiking*

오아후 그린라인 탐험 **다이아몬드 헤드 하이킹**

하와이 여행이라 하면 아름다운 해변에서 느긋한 낮잠과 함께 휴식을 취하는 장면을 연상하게 된다. 그런 하와이에서 하이킹을 즐긴다는 건 뭔가 색다른 재미를 느낀다는 것이다. 하와이 하이킹의 매력은 코스의 정상에 올랐을 때 반짝이는 아름다운 백만불짜리 경치를 만끽할 수 있다는 점이다. 하이킹으로 나만의 특별한 하와이 여행을 완성해 보자.

카피올라니 공원을 지나 카피올라니 커뮤니티 칼리지 방향으로 10분 정도 드라이브를 하다 보면 다이아몬드 헤드 국립공원에 다다른다. 다이아몬드 헤드는 해발 232m, 분화구의 지름이 1,200m에 달하는 약 10만 년이나 된 사화산으로 고대 하와이인들이 신성한 장소로 여겼던 곳이다. 바다로부터 솟아오른 용암산으로 다이아몬드를 커팅했을 때의 모양을 닮았다 해서 다이아몬드 헤드라 불린다. 와이키키 해변과 더불어 하와이를 대표하는 상징이다. 오아후 섬의 여러 하이킹 코스 중 가장 인기 있는 코스로, 왕복 1시간 30분 정도 걸리며, 정상에서 바라보는 와이키키 해변의 경치는 하와이에 와 있다는 사실을 다시금 느끼게 해준다. 시작 부분 평범한 등산로와 달리 정상에

다다랐을 때는 높은 계단을 올라야 한다. 다이아몬드 헤드 중간쯤 올랐을 때 산을 뚫어 만든 동굴을 지나게 되는데, 예전에는 각자 손전등을 준비해 가야 하는 번거로움이 있었지만, 지금은 동굴 안에 조명이 설치되어 있어 가볍게 통과할 수 있다. 동굴을 지나 많은 계단을 걸어 올라가면 벽면 사이로 눈부시게 아름다운 와이키키 해변이 모습을 드러낸다. 햇빛이 반사되어 반짝반짝 빛나는 해변을 보고 있노라면 등산의 피로감이 말끔히 사라지는 듯하다. 오아후의 최고 절경이라 해도 손색이 없을 만큼 정상에서 보이는 와이키

키 해변은 마치 한 폭의 멋있는 그림같다. 오른쪽 방향으로 와이키키 호텔들이 한눈에 들어오며 호텔 앞 해변에서 서핑을 즐기는 사람들도 관찰할 수 있다. 아름다운 해변을 사진에 담아보지만 사진으로는 절대 다 표현할 수 없는 풍경이 안타깝기까지 하다.

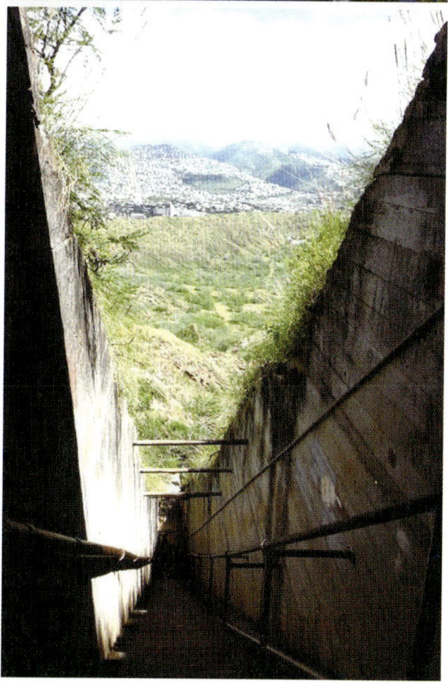

여행 TIP

- 입장료(유), 공중화장실(유), 매점(유)
- 겨울시즌에는 개장시간인 새벽 6시에 해돋이를 볼 수 있다.
- 그늘진 곳이 많지 않아 선글라스, 모자, 물은 필수다.

좋아요	비교적 짧은 하이킹 코스로 아름다운 와이키키 해변을 한눈에 볼 수 있다.
아쉬워요	그늘이 많지 않아 햇빛이 강한 오후 2시경은 피하는 것이 좋다.
추천	신혼/친구/가족/홀로
입장료	걸어서 입장 시 $1, 자동차 입장 시 주차비 포함 $5
주소	Diamond Head Rd. Honolulu (와이키키에서 차로 약 10분 소요)
영업시간	06:00~18:00(16:20까지 입장 가능)
왕복 소요시간	약 2시간

1일 투어 코스

이른 아침 다이아몬드 헤드 등반 → 보가츠 카페 아침식사 (19) → 하나우마 베이 스노클링 (9) → 스팸 무수비로 가볍게 런치 (29) → 숙소로 돌아와 휴식 후 멋진 저녁식사 앨런 웡스 (38) → 와이키키 비치워크 쇼핑 및 구경 (64)

88 *Ko'olina / waikele / Coralcreek / Luanahills / Hawaii Prince / Turtlebay Golf Club*

나이스 샷!
하와이 추천 골프장 모음

아름다운 경관, 온화한 바람과 바다를 끼고 있는 지형, 일년 내내 라운딩 하기에 최적의 조건을 갖추고 있는 하와이는 전 세계적으로 유명한 PGA 토너먼트가 열리고 있는 골프의 천국이다.

하와이 골프 알아보기

• 라운딩 공략의 중점은 대부분 버뮤다 잔디로 이루어진 건조한 그린 파악 및 바람 읽기에 있다.

• 하와이의 전 골프장은 캐디가 없다. 전동 카트, 또는 클럽백 수레를 사용해 플레이 해야 하며, 전동 카트는 2인승으로 작동법이 비교적 간단해 누구나 이용 가능하며, 반드시 카트 전용 길에서만 운행하도록 한다.

• 대부분 코스들의 그린피는 $100~$200 사이로 그리 낮은 편은 아니며, 리조트형 골프 코스를 이용 시 리조트 숙박을 할 경우 할인 가격이 적용되기도 한다.

• 클럽은 일반적으로 $50 내외로 대여 가능하며, 코스마다 제공되는 브랜드는 다르나 캘러웨이, 핑, 테일러메이드 급으로 준비되어 있다. 대부분 렌탈 클럽들의 컨디션은 상급으로 이용에 불편이 없다.

• 의상은 컬러가 있는 상의가 기본이며, 반바지, 운동화도 허용되지만 골프 슈즈 이용 시 스파이크 슈즈가 제한되는 코스도 있으니 미리 살펴두자.

코올리나 골프 클럽 Ko'olina

PGA, LPGA 코스로 알려져 있는 코올리나 골프 코스는 오아후 골프 코스 중 단연 으뜸으로 가장 아름다운 코스로 꼽을 수 있다. 카트에 최신식 인공위성 내비게이션 시스템이 장착되어 있어, 위치 자동 계산을 보여주어 편리하다. 하와이에서는 찾아보기 힘든 고급 클럽하우스가 있고, 이 골프장 마크인 딱정벌레는 골퍼 및 관광객들에게 인기가 있어 골프 셔츠나 골프 용품 쇼핑을 하기도 한다.

코스	18홀 / 72파 / 6867 야드
주소	92-1220 Alii Nui Drive Kapolei, HI 96707
전화번호	(808) 676-5300
홈페이지	koolinagolf.com

와이켈레 골프 클럽 Waikele

테드 로빈슨에 의해 설계된 오아후 유일의 와이켈레 프리미엄 아울렛과 근접해 있으며, 진주만, 푸른빛의 바다 멀리 다이아몬드 헤드까지 볼 수 있는 아기자기한 코스이다. 전반 9홀은 언덕이 많고, 후반 9홀은 평탄한 다운힐 지형이라 스코어 내기가 수월하다. 가족여행 시 골퍼들이 라운딩 하는 동안, 동반자는 와이켈레 쇼핑몰에서 쇼핑을 즐기기에도 좋다.

코스	18홀 / 72파 / 5983 야드
주소	94-200 Paioa Place, Waipahu, HI 96797
전화번호	(808) 676-9000
홈페이지	golfwaikele.com

코랄크릭 골프 코스 Coral Creek

아름다운 코스 설계를 위해 지하에 묻혀있는 산호를 캐내 18홀 양편에 깔아 인공 개천을 만들어놓은 코스로 크고 작은 연못을 중간 중간에 배치하고, 페어웨이 양쪽에 OB지역 대신 개천을 만들어 긴장감을 더한다. 한국 드라마 '신이라 불리운 사나이'의 촬영이 이루어진 장소이기도 하다.

코스	18홀 / 72파 / 6870 야드
주소	91-1111 Geiger Rd Ewa Beach, HI 96706
전화번호	(808) 441-4653
홈페이지	coralcreekgolfhawaii.com

루아나힐즈 골프 코스 Luanahills

바람산으로 유명한 팔리 코올라우 산맥 깊은 곳에 위치한 코스로, 열대 우림 한가운데서 라운딩하는 느낌을 준다. 계곡 깊숙한 곳에 있어 업 다운이 심한 페어웨이와 벙커들로 둘러쌓여 있어 스코어 내기가 쉽지 않으니 여분의 볼을 넉넉히 준비하는 것이 좋다. 앞쪽 나인홀은 산맥을 끼고 있어 넓은 전경을 만끽할 수 있고, 백 나인 홀은 열대림 깊숙히 자리하는 디자인으로 한 코스에서 두 가지의 느낌으로 라운딩을 즐길 수 있다.

코스	18홀 / 72파 / 6595 야드
주소	770 Auloa Road Kailua, HI 96734
전화번호	(808) 262-2139
홈페이지	luanahills.com

하와이 프린스 골프 클럽 Hawaii Prince

아놀드 파머와 에드 시에 의해 설계된 하와이 유일의 27홀 코스로 각각 9홀로 구성된 A, B, C 코스는 원하는 코스의 조합으로 자신의 코스를 만들어 볼 수 있는 재미가 있다. 비교적 평지로 그린도 넓은 편이나 바람이 많이 부는 편이라 바람을 잘 읽고 플레이를 진행하는 것이 스코어를 내는 관건이 된다. 이곳은 골프 초보자에서부터 전문 골퍼급 모두에게 추천하는 인기 코스이다.

코스	27홀 (A, B, C 각각의 9홀 코스)
주소	91-1200 Fort Weaver Road Ewa Beach, HI 96706
전화번호	(808) 944-4567
홈페이지	princeresortshawaii.com

터틀베이 골프 클럽(파머스 코스) Turttlebay

오아후섬의 최북단에 있는 터틀베이 리조트 내의 골프 코스로 아놀드 파머에 의해 설계된 코스다. 미 LPGA 개막전인 SBS 오픈으로 잘 알려진 곳으로, 매년 1월 터틀베이 챔피언 쉽, PGA투어가 개최된다. 좁은 페어웨이, 빠른 그린, 곳곳의 해저드 등으로 쉽지 않은 코스라 상급자에게 추천되는 코스다.

코스	18홀 / 72파 / 7199 야드
주소	57-091 Kamehameha Highway Kahuku, HI 96731
전화번호	(808) 293-8574
홈페이지	turtlebaygolf.com

89 *Hidden Beaches in Oahu*

숨겨진 오아후 명소를 찾아서

오아후 서쪽은 최근 디즈니 리조트가 생긴 아름다운 코올리나 지역과 신나는 워터파크, 돌고래들의 서식지로 유명한 곳이다. 시간이 허락한다면 서쪽 도로 끝까지 드라이브를 떠나보자. 서쪽 해안도로는 동쪽과는 또 다른 느낌이지만 아름답기는 마찬가지다. 서쪽 도로가 끝나는 지점까지 달리면 조용한 해변을 여럿 만날 수 있으며 잠시 쉬면서 스노클링을 즐긴 후 서쪽 도로 끝 지점까지 달려보자. 숨겨진 아름다운 경관이 기다리고 있다.

서쪽 마카하 지역은 돌고래들이 많이 서식하기로 유명한 곳으로 운이 좋으면 무리지어 이동하는 돌고래들도 볼 수 있다.

- 서쪽은 관광객이 많지 않은 지역으로 조용하다는 장점은 있으나 현지인들이 많이 거주하는 곳이자 노숙자들이 많은 곳이기도 하다.
- 야생돌고래와 수영을 하고 싶다면 서쪽 마카하에서 출발하는 돌고래 스노클링 크루즈 프로그램에 참여해보자. 단, 돌고래들이 헤엄치는 속도를 따라잡기 쉽지 않다. 상세 프로그램 문의는 하와이 현지 여행사를 이용하면 된다.

북서쪽의 히든비치

스카이다이빙이 진행되는 북서쪽의 딜링햄 에어필드가 있는 Farrington Highway가 끝나는 곳에서부터 히든비치를 찾아 떠나는 여행이 시작된다. 비포장 도로로 사륜구동 차량만 진입이 가능하며 도보로 이용할 경우 약 30~40분 정도 소요된다. 한적한 비포장 도로를 따라 가다 보면 아름다운 비치를 만나게 된다. 여유로운 이곳 사람들이 그물 낚시와 수영을 즐기는 곳이다. 모래밭에 자리를 깔고 시원한 바람과 경치를 감상해보자. 운이 좋으면 자주 출몰하는 바다표범 몽크씰(Monk Seal)을 만날 수 있다.

- 표지판이 없어 찾기 쉽지 않으니 미리 지도상에서 위치를 확인하자.
- Farrington Highway 끝나는 지점에 이르면 비포장도로가 나오는데, 그 길을 따라 주차장이 있는 곳까지 차를 몰고 가면 작은 표지판을 볼 수 있다. 사륜구동 차가 아닐 경우 그곳에 주차를 하면 된다. (무료)
- 바다표범은 주의 보호를 받고 있는 동물이니 가까이 가거나 만지지 않도록 한다.
- 노스 쇼어 할레이바 타운, 또는 파인애플 농장 등 방문과 함께 구성해도 좋다.
- 별도 화장실과 샤워시설은 없다.

좋아요	사람 많은 곳이 싫다면 가보기에 좋다.
아쉬워요	별도 표지판이 없어 길을 잃을 수 있다.
추천	신혼/친구와/홀로

주소	Hidden Beach Oahu, Pearl City, Hawaii 96782

1일 투어 코스

다운타운 관광 (78) → 히든 비치 → 할레이바 타운 구경 및 새우 트럭 (25)

90 *Laniakea Beach*

하와이 바다거북이 휴식을 취하는
라니아케아 해변

노스 쇼어 지역은 하와이 야생 거북이들의 서식지로 알려져 있는데, 그 중 일명 '거북이 비치'라 불리는 라니아케아에서는 많은 바다거북을 볼 수 있다. 주로 해가 따뜻한 오후 시간에 모래사장에서 낮잠을 자며 쉬고 있는 바다거북을 쉽게 볼 수 있다. 거북이는 하와이 주 정부에서 지정한 멸종위기 동물 중 하나로 여러 가지 방법으로 보호를 받고 있다. 그 일환으로 라니아케아 비치에 출몰하는 거북이 중 30여 마리에는 전자칩이 부착되어 있으며, 이를 통해 모래사장으로 올라오는 거북이들의 건강 상태를 지속적으로 추적 관리한다고 한다. 뿐만 아니라 라니아케아 해변에는 주 정부 소속의 관리인이 상주하는데, 이들은 거북이가 모래사장으로 올라오면 주위에 경계선을 쳐서 사람들이 거북이에게 가까이 접근하는 것을 방지한다. 다만 경계선 외곽에서는 얼마든지 거북이를 볼 수 있고 사진 촬영도 허가된다. 또한 관리인은 거북이에 부착된 전자칩을 통해 육지로 올라온 거북이의 나이와 성별 및 이름 등을 파악하고 관광객들에게 알려줌으로써 거북이에 대한 친근감을 느낄 수 있도록 도와준다. 거북이 해변에 들러 커다란 야생 바다거북과 기념 촬영을 해보자.

좋아요	하와이 바다거북을 가까이에서 볼 수 있다.
아쉬워요	해변 공원이 따로 마련되어 있지 않고 초행길에는 찾기가 어렵다.
추천	친구/가족/신혼/홀로

주소	Laniakea Beach Haleiwa, HI 96712 (와이키키에서 차로 약 1시간 30분 소요)
투어 시간	약 30분
주차	라니아케아 비치 도로 건너편 무료 공터 주차

1일 투어 코스

와이메아 베이 (13) → 라니아케아 해변 → 할레이바 타운

여행 TIP

- 날씨가 좋지 않은 날에는 바다거북을 보기 어렵다.
- 수영과 스노클링을 할 수 있다.
- 거북이 보호 차원에서 쳐 놓은 빨간줄을 절대 넘지 말고 궁금한 것은 관리자에게 물어보자.
- 거북이를 만지거나 먹이를 줘서는 안 된다.
- 'Laniakea Beach' 입구 표시가 따로 되어 있지 않아 초행길에는 찾기 어려울 수 있다.
- 매년 많은 방문객이 몰리는 해변가는 항상 교통체증이 문제가 되어 마을주민의 항의로 라니아케아 주차장을 폐쇄했지만, 2015년 이후 다시 오픈해 해변 바로 앞에 주차가 가능하게 되었다.

91 *Hawaiian Massage, Lomi Lomi*

여행의 피로를 200% 녹여줄

하와이 전통 로미로미 마사지

로미로미는 하와이어로 '문지르다'라는 의미로, 수백 년 동안 내려온 고대 마사지 기법이다. 이 마사지 기법은 '선택 받은 자'라 불리우는 카후나(치료사)들에 의해 전수되어 오늘날까지 내려오는 전통 기법으로, 지친 신체와 영혼을 동시에 치료하는 목적으로 사용되었다.

고대의 하와이언들은 사춘기, 사별 등의 삶의 큰 변화가 일어났을 때 그 충격을 완화하기 위한 목적으로 사용되어 왔으며 창시자인 마가렛 마차도가 대중화에 힘써 오늘날의 형태로 발전되었다. 로미로미 마사지는 사랑의 손으로 애정 어린 치료를 통해 마음으로부터의 자유와 신

스파 퓨어

가격	1인 30분 $70~
주소	400 Royal Hawaiian Avenue Honolulu, HI 96815 (코드야드 매리엇 호텔 1층 위치)
전화번호	(808) 924-3200
홈페이지	spapurewaikiki.com
영업시간	매일 09:00~22:00

체적 고통으로부터의 자유를 추구해 온 정신 교감 마사지라고 볼 수 있다. 손목에서 팔꿈치 사이의 팔로 천천히 문질러 뭉친 근육을 풀어주며, 등에 뜨거운 돌을 올리기도 한다. 마치 기를 불어넣듯 마사지 시술자는 피시술자의 호흡을 느껴 이 호흡에 맞춰 리드미컬하게 진행되며, 각종 오일로 피부 마찰을 줄인다. 마사지의 동작들은 마치 춤을 추는 듯한 모습이며, 신체의 곡선을 따라 물이 흐르듯 감미롭게 진행된다. 이 마사지는 혈액순환을 원활하게 하며 신경 기능에 효과적이다. 더불어 뭉친 근육의 통증 완화와 불필요한 수분과 독소를 제거하는 역할도 한다. 고대 하와이언의 애정 어린 손길이 전해주는 에너지를 충전하여 활기찬 휴가를 만들어보자.

핀 마사지

가격	1인 70분 $60 (세금 및 팁 불포함)
주소	1750 Kalakaua Ave #3801, Honolulu, HI 96826 (센츄리 센터)
전화번호	(808) 237-9638
홈페이지	pinthaimassage.com
영업시간	매일 09:00~22:00

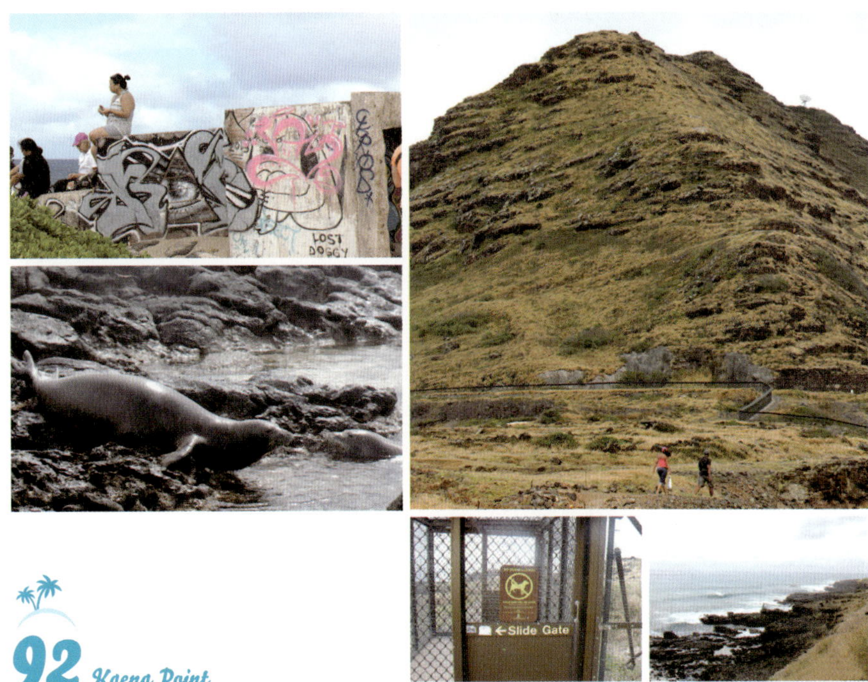

92 *Kaena Point*

카에나 포인트에서

야생 물개 몽크씰을 만나다

정글 숲 하이킹과는 또 다른 매력이 있는 해안 하이킹, 하와이 서쪽 끝 카에나 포인트 하이킹 코스를 소개한다. 오아후 섬 서쪽 땅끝에 위치한 이곳은 해안선을 따라 멋진 풍경과 함께 하이킹을 할 수 있는 곳으로 유명하다. 시야가 탁 트인 트레일을 따라 약 30여 분을 걷다 보면 철제 펜스와 마주치게 되는데, 이는 멸종 위기에 처한 조류들을 외부로부터 보호하기 위해 설치되었다고 한다(사람들의 출입은 가능하나 새에게 해를 끼칠 수는 있는 개와 같은 동물의 출입은 금지되어 있음). 펜스를 지나 또 약 20분 정도 걷다 보면 해안가에 다다르게 되는데, 이곳에선 종종 해변이나 바위 틈 사이에서 물

장난을 치고 있는 하와이 물개 몽크씰을 만나는 행운도 얻을 수 있다. 야생 몽크씰이 서식하는 이곳에서는 휴식을 취하기 위해 가끔씩 모래 사장으로 올라와 낮잠을 자곤 하는데, 몽크씰을 직접 보기 위해 많은 사람이 이곳을 찾기도 한다.

또한 바닷물이 투명하고 맑아 바닷물에서 스노클링을 즐기기에도 제격이다. 아직은 관광객보다는 현지인들에게 더 유명한 하이킹 코스이지만, 차로는 도달할 수 없는 오아후 섬 최서단을 직접 걸어서 목적지에 도착했을 때 의미 있는 하와이 코스가 될 것이다.

여행 TIP

- 입장료(무료), 화장실(무), 매점(무), 코스 난이도(중)
- 몽크씰과 최소 150 피트를 거리를 둬야 한다.
- 식수, 운동화, 선글라스, 모자, 선크림을 준비하자.
- 그늘이 없는 하이킹 코스로 너무 더운 날에는 방문을 피하는 것이 좋다.
- 2인 이상 함께 하이킹을 하는 것이 좋다.

좋아요	탁 트인 해안 경치를 바라보며 하이킹을 할 수 있다.
아쉬워요	야생 몽크씰을 항상 볼 수 있는 것은 아니다.
추천	친구/가족

주소	Kaena Point Trail Waialua, HI 96791
투어 시간	왕복 약 2~3시간
주차	Farrington hwy. 서쪽 끝 비포장 도로 바로 전 주차장이 있다. (위 지도 참고)

1일 투어 코스

코올리나 비치 (11) → 카에나 포인트

Section 04
안락한 여행의
보금자리를 완성하는
오아후 숙소

93 *Accommodation in Oahu*

여행 목적에 꼭 맞는

오아후 숙소 찾기

대부분 하와이 방문객들은 오아후 섬 와이키키 호텔 밀집 지역에 머무르는 것이 보통이다. 다양한 가격대, 비치와 쇼핑몰 근접성 등을 비교하여 나의 휴가와 꼭 맞는 호텔을 선택해보자.

※ 다음 가격대는 평균치 기준이며, 시즌별, 룸 타입별로 더 저렴하거나 높을 수 있음

❶ 실속파 숙소

물가가 비싼 하와이에서 숙박에 드는 비용은 만만치 않다. 숙박 비용은 줄이고 쇼핑, 투어 등에 비중을 두고 있다면 저렴하면서도 실용적인 숙소 선택이 필수이다.

• 1박당 $100 이하

Waikiki Gateway Hotel

와이키키 초입에 위치한 호텔로 주로 세미나 또는 컨벤션의 방문객이 많이 이용하는 비즈니스 호텔이라고 볼 수 있다.

주소	2070 Kalakaua Avenue, Honolulu
전화번호	(808) 955-3741
홈페이지	waikikigateway.com

Aqua Island Colony

와이키키 중앙, 알라와이 쪽에 위치하며 가격대비 비치 근접성 및 편의 시설 근접성이 좋은 편이다.

주소	445 Seaside Avenue Honolulu, HI
전화번호	(808) 923-2345
홈페이지	aquaresorts.com/oahu-hotels/island-colony-hotel/home

• 1박당 $150 전후

Ala Moana Hotel

최대 쇼핑몰인 알라모아나 센터 옆에 위치하고 있어 쇼핑몰 접근성이 뛰어나며, 도보 10여 분 내로 알라모아나 비치가 있다. 2015년 말 객실 전체 내부수리를 마쳐 더욱 모던하고 깔끔한 이미지로 바뀌었다. 한국어 웹사이트가 있어 예약 및 정보수집이 편리하다.

주소	410 Atkinson Drive Honolulu, HI 96814
전화번호	(808) 955-4811
홈페이지(한국어)	kr.alamoanahotel.com

Aston Waikiki Beach Hotel

실속파 신혼여행객들에게도 인기가 점점 높아지는 호텔로, 길 하나 건너에 바로 비치가 있어 가격대비 비치 근접성이 뛰어나다.

주소	2570 Kalakaua Ave Honolulu
전화번호	(808) 922-2511
홈페이지	astonhotels.com

Sheraton Princess Kaiulani

와이키키 중심가 하얏트 리젠시 옆쪽에 자리한 호텔로 비치까지 도보 3~4분 거리이며, 조식 평이 좋은 편이다.

주소	120 Kaiulani Ave Honolulu, HI 96815
전화번호	(808) 922-5811
홈페이지	princess-kaiulani.com

Waikiki Resort

대한항공 소유의 호텔로 대한항공 직원들의 숙소로 이용된다. 한국인 직원들이 상주하고 있어 이용이 편리하며, 2층에는 한식당 '서울정'이 자리하고 있다.

주소	2460 Koa Avenue Honolulu, HI 96815
전화번호	(808) 922-4911
홈페이지	waikikiresort.com

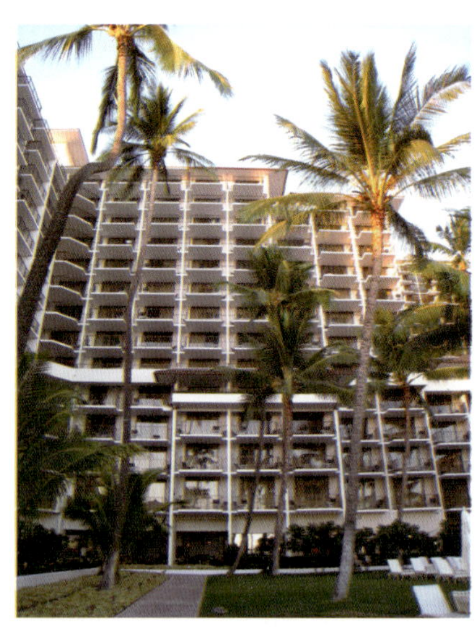

❷ 신혼여행 인기 숙소

대형 체인 호텔들이 대부분이며, 바다와 근접하여 아름다운 뷰를 선사하여 신혼 여행객들의 로맨틱한 허니문 숙소로 꾸준히 사랑받고 있다.

Sheraton Waikiki

와이키키 내 타 호텔들의 작은 수영장과 달리 비치와 맞닿아 있는 대형 수영장이 가장 큰 장점이며, 와이키키 중심부에 있어 편의시설 접근성도 뛰어나다.

주소	2255 Kalakaua Avenue Honolulu, HI 96815
전화번호	(808) 922-4422
홈페이지	sheraton-waikiki.com

Hyatt Regency Waikiki

와이키키 중심에 위치하고 있으며, 길 건너에 비치를 마주하고 있다. 룸 컨디션이 좋은 편이고 '나호올라'라는 자체 스파 브랜드를 보유하고 있다.

주소	2424 Kalakaua Avenue Honolulu, HI 96815
전화번호	(808) 923-1234
홈페이지	waikiki.hyatt.com

Waikiki Beach Marriott

길 건너에 비치를 마주하고 있으며, 룸 컨디션이 좋은 편이다. 고급 스파를 보유하고 있고 동물원과 근접해 있다.

주소	2552 kalakaua avenue,oahu Honolulu, HI 96815
전화번호	(808) 922-6611
홈페이지	marriottwaikiki.com

Moana Surfrider, A Westin Resort & Spa

와이키키 중심가에 있으며, 우아하고 고풍스러우면서도 고급스러운 외관은 백년이 넘는 호텔이라 믿기 어려울 정도이다. 호텔에서 비치로 바로 연결되어 있으며, 룸 역시 로맨틱하게 꾸며져 있어 신혼 여행객들에게 적격이다.

주소	2365 Kalakaua Ave Honolulu, HI 96815
전화번호	(808) 922-3111
홈페이지	moana-surfrider.com

❸ 가족여행 인기 숙소

가족여행의 인기 숙소는 콘도 형태나 리조트 형식의 숙소이다. 4인 이상 가족이 움직일 때는 식사 비용도 만만치 않고, 각자의 입맛에 맞춰 식사 때마다 식당을 선정하는 것도 쉽지 않기 때문에 요리가 가능한 콘도 형태의 숙소를 선호하는 편이다. 리조트 형식의 숙소는 어린 자녀가 있거나, 휴식을 위해 찾는 여행객, 리조트 내에 식당, 어린이 클럽 및 각종 편의 시설이 잘 갖추어져 편리함을 추구하는 여행객들이 선호하고 있다.

Embassy Suites by Hilton Waikiki Beach Walk

가족형 호텔로 약 300달러 정도부터 시작하며, 조식 뷔페와 리조트 요금이 포함되어 있어 합리적인 호텔이다. 조식 뷔페에는 오믈렛 스탠드가 있어, 직접 원하는 재료를 골라 오믈렛 주문이 가능하다. 한국어 사이트로 정보수집 및 예약이 가능하다.

주소 201 Beach Walk, Honolulu, HI 96815
전화번호 (808) 921-2345
홈페이지(한국어) kr.embassysuiteswaikiki.com

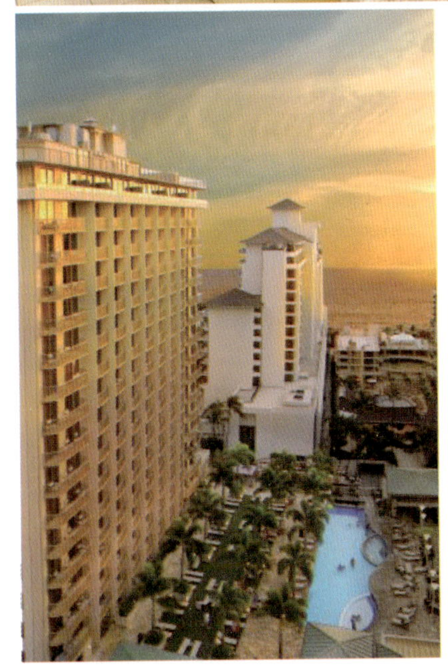

Aston Waikiki Beach Tower

콘도 형식의 숙소로 요리가 가능한 주방과 주방
기구 등이 마련되어 있다. 럭셔리한 분위기로
400달러대로 시작하여 가격은 꽤 높은 편이다.

주소	2470 Kalakaua Avenue Honolulu, HI 96815-3265
전화번호	(808) 926-6400
홈페이지	astonwaikikibeachtower.com

Hilton Hawaiian Village

리조트 형식의 숙소로 여러 동의 건물들로 이루
어져 있고, 리조트 내에서 쇼핑, 식사, 물놀이까
지 모두 해결할 수 있다. 어린 자녀들을 위한 키
즈 클럽인 펭귄 클럽을 보유하고 있으며, 인접한
바다에 라군이 있어 각종 물놀이와 스노클링을
즐길 수 있다. 리조트 내에 잠수함 투어를 위한
작은 항구가 있으며, 루아우 쇼 등 각종 즐길거
리가 준비되어 있다.

주소	2005 Kalia Road Honolulu, HI 96815
전화번호	(808) 949-4321
홈페이지	hiltonhawaiianvillage.com

Halekulani Hotel

모든 면에서 럭셔리함을 추구하는 부티크 호텔
로 최고급 레스토랑과 낭만적인 비치바를 보유
하고 있다.

주소	2199 Kalia Road Honolulu, HI 96815
전화번호	(808) 923-2311
홈페이지	halekulani.com

Aulani, A Disney Resort & Spa in Ko Olina

현재까지 가장 신생 호텔로 와이키키에서 약 1
시간 떨어진 섬의 서쪽에 위치하는 부티크 형 리
조트이다. 디즈니 계열 호텔이지만, 어린이보다
는 성인을 타켓으로한 럭셔리한 분위기이며, 최
고급 스파를 이용할 수 있다. 중심가에서 떨어진
곳이라 최고급 형태의 휴식을 목적으로 한 여행
에 적합하다.

주소	92-1185 Ali'inui Drive Kapolei, HI 96707
전화번호	(866) 443-4763
홈페이지	resorts.disney.go.com/aulani-hawaii-resort

❹ 럭셔리 숙소

최고의 휴가를 선사하는 럭셔리함의 결
정체로 숙소에 머무는 것만으로도 휴가
의 완성도를 높일 수 있는 호텔들이다.

Section 05
여행 선물 고민 끝!
하와이에서 선물하기
좋은 기념품

94 *Souvenirs from Hawaii*

하와이 인기 기념품 총 집합

하와이를 담은 예쁜 기념품 베스트 10

여느 여행지와 마찬가지로 하와이에도 세계 각지에서 모여드는 관광객의 시선을 사로잡기 위해 아기자기하고 예쁜 기념품들을 주위에서 쉽게 찾아볼 수 있다. 대부분의 제품은 무지개, 해변, 꽃, 거북이, 파인애플, 혹은 서퍼와 같이 하와이를 대표하는 이미지를 기본 바탕으로 예쁘고 평온한 하와이의 느낌을 제품에 입혀 여행을 추억하고 싶어하는 여행객들에게 많은 사랑을 받고 있다.

특히 귀여운 훌라걸이 그려진 훌라걸 비치백을 들고 해변가에서 예쁜 포즈로 기념 샷을 남겨보기도 하고, 가까운 가든이나 해변에 놀러갈 때 간단하게 도시락을 넣어갈 수 있는 하와이 꽃모양의 도시락 가방은 실용성으로도 매우 만족스럽다. 빈티지 비치백은 하와이 패션을 한껏 세련되게 연출할 수 있다. 저렴한 가격대의 무지개가 그려져 있는 귀여운 슬리퍼 키체인과 냉장고 자석은 컬러별로 구입해 친구들에게 선물하기에 안성맞춤이다. 또한, 하와이에서 판매하는 오아후 지도 냉장고 자석과 거북이 향초는 기념품으로 추천하는 인기 아이템이기도 하다.

❶ 몬스테라/빈티지 아일랜드 에코백

판매처　　돈키호테 마트
가격　　　$7.99

❷ 훌라걸/거북이 비치백

판매처	면세점
가격	$18.00

❸ 도시락 가방

하와이 서퍼백

판매처	돈키호테 마트
가격	$4.99

하와이 풍경 도시락 가방

판매처	와이키키 푸드 팬추리, 코코코브
가격	$12.99

❹ 파우치

하와이 패션백

판매처	와이키키 푸드 팬추리, 코코코브
가격	$12.99

훌라걸 코스메틱 백

판매처	와이키키 해밀턴
가격	$6.99

❺ 키체인

레인보우 슬리퍼 키체인

판매처	면세점
가격	$3.99~$4.99

이니셜 키체인

판매처	돈키호테 마트
가격	$4.99

❻ 백팩

판매처	면세점
가격	$24.99

❼ 냉장고 자석

판매처	아일랜드 마그넷 (알라모아나 센터 1층에 위치)
가격	$3.99

❽ 냉장고 집게 자석

판매처	아일랜드 마그넷 (알라모아나 센터 1층에 위치)
가격	$6.99

❾ 향초

판매처	힐러헤리
가격	$4.99~5.99

❿ 우드 제품

판매처	헤밀턴
가격	$2.99

하와이 인기 간식 베스트 7

어느 지역을 여행하든 새로운 곳의 마트 구경은 여행 중 큰 재미가 아닐 수 없다.
하와이에서 토산품을 포함한 인기 간식을 미리 알아보고 한국으로 돌아갈 때 지인
들을 위한 선물도 구입해보자.

❶ 마우나 로아 마카다미아 넛 초콜렛
Mauna Loa Macadamia Nut Milk Chocolate

하와이 유명 브랜드 마우나로아에서 나오는
마카다미아 넛 밀크 초콜릿. 패키지 디자인
이 고급스러워 선물용으로 인기가 높은 편
이다.

판매처　월마트

❷ 하와이안 호스트 마카다미아 넛 초콜릿
Hawaiian Host Macadamia Nut Milk Chocolate

통 마카다미아 넛 2개가 초콜릿 안에 들어
있어 아삭아삭 씹히는 맛이 좋다.

판매처　월마트

❸ 마우이 스타일 포테이토 칩
Maui Style Potato Chips

3가지 맛이 있으며 미니 사이즈부터 점보
사이즈까지 다양하다.

판매처　월마트, 푸드랜드, ABC 스토어

❹ 마우이 쿠키
Cookkwee's Maui Cookies

달콤하면서 고소한 하와이 스타일의 쿠키로
선물용으로도 좋다.

판매처　월마트, ABC 스토어

❺ 마우나로아 마카다미아 넛 캔
Mauna Loa Macadamia Nut

종류는 모두 5가지로 구성되어있으며, 6개
의 캔이 함께 들어있는 박스와 자신이 원하
는 맛의 마카다미아 넛만 골라 낱개 구매도
가능하다.

판매처　월마트, 코스코, 돈키호테, ABC 스토어

❻ 하와이안 아이 코나 커피
Hawaiian Isles Kona Coffee

Vanilla Macadamia Nut 맛이 가장 인기가 좋은 하와이안 커피
이다.

판매처　월마트, 돈키호테

❼ 로열 코나 커피 Royal Kona Coffee

6개의 플레이버로 구성된 커피로 6팩이 깔끔하게 포
장되어 있는 트라벌 팩이 인기가 높다.

판매처　월마트

Section 06
하와이 여행을 더욱
특별하게 즐기는 방법

95 *The Best Snapshot in Hawaii*

하와이에선 나도 화보 스타

하와이에서 스냅사진 촬영하기

요즘 해외여행 트렌드인 여행지에서 스냅사진 찍기는 이제 여행의 필수 코스로 자리매김했다. 특히 신혼여행지로 각광 받고 있는 하와이에서는 예쁜 커플 스냅사진을 남기는 것이 어느 곳보다 특별하다. 바람에 휘날리는 멋스러운 드레스를 입고 햇빛에 반짝이는 와이키키 해변 뒤로 연예인 못지않은 근사한 기념사진을 남겨보자.

하와이 동네 사진사, 론킴 Ron Kim

'하와이 동네 사진사'라는 닉네임으로 더욱 유명한 론킴은 하와이 주 정부의 정식 허

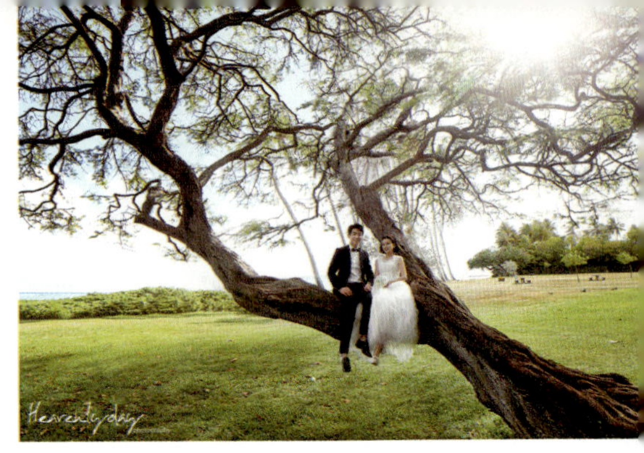

된 웨딩사진과는 또 다른 매력과 추억을 선물하는 스냅사진을 통해 하와이에서의 소중한 추억들을 사진 속에 담아보자.

블로그	hawaiisajin.co.kr
이메일	hawaiisajin@naver.com
카카오톡 아이디	hawaiisajin

가를 받고 활동 중인 현지 스냅사진 전문 작가이다. 구도가 잘 잡힌 세련된 사진은 물론 10년 이상 오랜 하와이 거주 경험을 바탕으로 외지인들은 알지 못하는 아름다운 명소를 배경으로 하와이의 아름다움을 사진 속에 담아내는 것이 특징이다.

신혼여행의 행복함, 낯선 지역 여행에서 오는 설레임, 하와이의 멋진 풍경, 이 모든 것이 한 장의 사진 속에 잘 녹아 들어 시간이 흘러 언제 보아도 여행 당시의 아름다운 감정들이 새록새록 생각나게 하는 사진들. 화려하게 연출

헤븐리 데이 Heavenly Day

'사진은 추억의 조각이다.'를 회사 모토로 삼고 있는 헤븐리 데이 스냅은 하와이 여행객들의 설렘과 기대에 부응해 투명한 감성으로 바다처럼 아름다운 장면을 카메라에 정성스럽게 담는다. 촬영한 사진을 보며 추억의 조각들을 꺼내보면서 다시 한번 가슴 뛰게 행복했던, 천국 같았던 그때의 멋진 날을 회상할 수 있게 만드는 곳이다.

전화번호	(808) 373-0891
웹사이트	www.heavenlyday.co.kr
카페	cafe.naver.com/heavenlyday
카카오톡 아이디	heavenlyday1

Part 8
하와이의
또 다른 매력에
반하다 - 옆 섬

96 *Lanai Island & Molokai Island*

라나이 섬과 몰로카이 섬

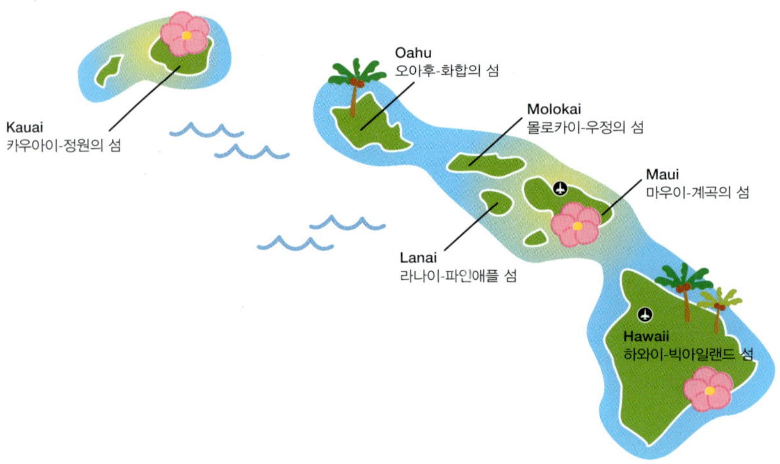

라나이 섬 Lanai Island

1920년대 초 돌 파인애플 회사에서 사들여 한때는 세계 최대 파인애플 생산지였던 라나이는 이 때문에 '파인애플 섬'이라는 애칭을 갖고 있다. 현재는 세계적인 럭셔리 호텔 라인 포시즌 리조트가 들어서 있는 고급 휴양지로, 현재는 오라클 사의 경영자인 래리 앨리슨이 섬의 98%를 소유하고 있다.

섬의 유일한 마을 라나이 시티는 목조 건물이 대부분이고 굉장히 조용한 곳으로 유럽의 작은 마을같은 느낌을 주는 곳이다. 식당, 주유소 등의 편의 시설은 많지 않지만, 바쁜 도시 생활에서 벗어나 조용히 휴식을 즐기기를 원한다면 적극 추천한다.

라나이 숙소 Accommodation in Lanai

❶ 럭셔리 숙소
Four Seasons Resort Lanai

1박에 1,000달러를 호가하는 최고급 리조트로 예산만 충분하다면, 환상적인 휴가를 즐길 수 있는 리조트이다. 리조트 숙박 그 자체만으로도 최고의 휴가를 즐길 수 있다.

주소　　　1 Manele Bay Rd, Lanai City, HI 96763
전화번호　(808) 565-2000
홈페이지　fourseasons.com/lanai

❷ 실속파 숙소
Hotel Lanai

그저 자연을 벗삼아 산과 바다를 즐기고 조용한 곳에서 책을 읽는 등 소박한 신선 놀음을 원하지만 럭셔리 리조트는 부담스럽다면, 아담한 펜션 느낌의 호텔 라나이를 추천한다. 기본 룸은 1박당 200달러 미만이며, 별도의 코티지도 약 300달러 선으로 소박한 라나이 휴가를 즐길 수 있다.

주소　　　828 Lanai Ave, Lanai City, HI 96763
전화번호　(808) 565-7211
홈페이지　hotellanai.com

원데이 트립(마우이 출발)

숙박이 어렵다면 마우이에서 머무는 중 라나이 1일 투어를 즐길 수 있다. 하와이 트릴로지에서는 라나이에 도착하여 스노클링 및 짧은 라나이 시티투어를 즐기는 상품을 제공한다. 스노클링을 즐기게 될 홀로포에 비치는 1997년 미국에서 가장 아름다운 비치로 뽑힌 곳으로 포시즌 리조트 투숙객들만 이용 가능하도록 제한하는데, 트릴로지에서는 단독으로 허가를 받아 트릴로지 이용객도 이곳에서 스노클링을 즐길 수 있는 장점이 있다.

하와이 트릴로지 – 디스커버 라나이

일정	라하이나 항구 출발 → 라나이 섬으로 세일링 중 아침식사 → 라나이 섬 마넬레 항구 도착 → 훌로포에 비치에서 스노클링 또는 스누바 → 현지인 밴을 타고 라나이 시티 투어 → 마넬레 항구로 돌아와 트릴로지 전용 식당에서 점심식사로 바비큐 → 라하이나 항구 복귀
가격	디스커버 라나이 $205 (스누바 이용 시 $59 추가) (팁, 세금 불포함)
체크인 시간	06:00 (06:30 출발) / 09:30 (10:00 출발)
소요시간	약 8시간
주소/주차	658 Front St, Lahaina, HI 96761 (라하이나 항구 공용주차장으로 트릴로지 파킹 간판이 있고, 체크인 시간 즈음에는 직원들이 대기하고 있다. 주차비는 10달러이며, 신용카드로만 결제 가능하다.)
전화번호	(808) 874-5649
홈페이지	sailtrilogy.com
네이버 카페	cafe.naver.com/sailtrilogy

몰로카이 섬 Molokai Island

유럽 문물이 들어오면서 새로운 병에 대한 면역력이 없던 하와이 원주민들은 한센병으로 고통 받던 시기가 있었고, 우리나라로 치면 소록도와 같이 이러한 한센병 환자들을 격리 수용했던 섬으로 그들을 돌보았던 다미안 신부의 성스러운 업적으로 유명한 곳이다. 이와 더불어 많은 사람이 훌라의 본고장이라고 믿고 있는 곳이다.

라나이와 같이 조용한 곳에서 휴식을 즐기기에 좋은 곳으로, 주민이 총 만 명도 되지 않는 아주 작은 시골마을 같

은 곳이다. 편의시설 및 숙박시설이 발달하지 않았기 때문에 숙박이 용이하지 않아 당일 여행을 권한다. 하와이 세인트 투어에서는 호놀룰루 또는 마우이에서 출발하는 투어들을 제공하고 있으며, 칼라우파파 국립공원 및 칼라와오 지역 투어로 다미안 신부의 업적 및 섬의 역사를 들으며 몰로카이 만의 때묻지 않은 자연을 느껴볼 수 있다. 꼭 종교인이 아니더라도 바쁜 일상을 탈출하여 힐링의 시간을 찾아 여행하는 여행객들에게 삶의 소중함을 느껴볼 수 있는 값진 시간이 될 것이다.

하와이 세인트 투어

온라인 예약이 가능하며 주 내선 비행편이 포함되어 있는 상품이므로 온라인 상으로 정확한 여권 상의 본인 정보를 입력 후 전화로 확인할 것을 권한다. 호놀룰루 출발의 경우 와이키키 지역 호텔에서 픽업이 제공되며, 투어는 모두 영어로 진행된다.

가격	호놀룰루 또는 마우이 출발(왕복 항공 포함) $315 (세금 및 팁 별도)
체크인 시간	06:00 (06:30 출발) / 09:30 (10:00 출발)
소요시간	약 8시간 (비행편 포함 내용이므로 오차 있을 수 있음)
전화번호	(877) 255-8532
홈페이지	hawaiisainttours.com
이메일	info@makanikai.com

여행 TIP

- 한국 가이드와 함께 떠나는 1일 이웃 섬 투어

다이나믹 투어

20년 경력의 하와이 현지 옆섬 1일 관광 전문사로 카우아이 섬, 마우이 섬, 빅아일랜드를 한국인 가이드와 함께하는 1일 코스가 알차게 짜여있다.

카카오톡 예약 문의	808HAWAII
이메일	info@dynamichawaii.com
할인 혜택 받기	쿠폰 p.439

Section 01
사랑이 이루어지는
낭만의 섬,
마우이

N
0 2km
마우이 섬
Hana Airport
Hana
Nahiku
Wailua
Kipahulu
Kaupo
Hanawi Natural Forest Reserve
Hana Forest Reserve
할레아칼라 국립공원
Haleakala National Park
97
Koolau Forest Resv
Haleakala National Park
Kipahulu Forest Reserve
Kahikinui Forest Reserve
Makawao Forest Reserve
알리이 쿨라 라벤더(라벤더 농장)
Ali'i Kula Lavender
그랜마스 커피하우스
Grandma's Coffee House
102
100
Kulla Forest Reserve
테데스키 와이너리
Tedeschi Winery
100
Haiku-Pauwela
Haiku
Halimaile
Makawao
Pukalani
Maui
Kula
Keokea
Paia
Spreckelsville
Haleakala Hwy
Pilani Hwy
Kula Hwy
마우이 새우 트럭 게스트 쉬림프
Geste Shrimp
마우이 커피 로스터
Maui Coffee Roasters
103
Kahului Airport
에스톤 마우이 루
Aston Maui Lu
코코넛 피쉬 카페
Coconuts Fish Cafe
키헤이 카페
Kihei Cafe
마우이 코스트 호텔
Maui coast Hotel
포 시즌스 마우이 앳 와일레아
Four Seasons Maui at Wailea
104
102
102
104
104
Kihei
S Kihei Rd
와일레아-마케나
Wailea-Makena
Ahihi Kinau Natural Area Resv
마우이 세우
Puunene
Mokulele Hwy
Kuihelani Hwy
Waihee
Waihee-Waiehu
마우이 시사이드
Maui Seaside
102
Wailuku
Waikapu
Maalaea
Maaiaea Bay
몰로키니
Molokini
98
Kahakuloa
West Maui Forest Resv
이아오 주립공원
Iao Valley State Park
마우이 오션센터
Maui Ocean Center
호놀루아 베이
Honolua Bay
99
Kapalua
Kapalua-West Maui Airport
카아나팔리
Kaanapali
Lahaina
레오다스 키친 엔 파이 샵
Leoda's Kitchen and Pie Shop
103
Kahoolawe
Honokohau Bay
Oneloa Bay
Kapalua Golf Club Plantation Course
Kapalua Golf Academy
Kapalua
Napili-Honokowai
Honoapiilani Hwy
Kapalua-West Maui Airport
Kaanapali Golf Courses
Kaanapali
더 웨스틴 마우이 리조트 & 스파
The Westin Maui Resort & Spa
104
고래 박물관
Whaler's Village
99
하얏트 리젠시 마우이 리조트 & 스파
Hyatt Regency Maui Resort & Spa
104
알로하 믹스드 플레이트
Aloha Mixed Plate
101
라하이나 타운
Lahaina Town
Kelawea
Mauka Park
더 아울렛
The Outlet of Maui
101
99

97 *Haleakala National Park*

웅장한 일출과 일몰 할레아칼라 국립공원

할레아칼라는 반신(半神)이었던 마우이가 낮을 길게 하기 위해 태양을 가두어 놓았다는 전설에서 유래한 '태양의 집'이라는 뜻의 하와이어다. 세계 최대의 휴화산으로 마우이 섬 남동부에 위치해 있으며, 높이 3,000m가 넘는 이곳은 일출 감상 장소로 유명하다. 분화구에는 멸종 위기의 은검초(잎이 은으로 된 검과 같아 붙여진 이름)가 자생하고, 네네라는 토종 거위가 서식하고 있다.

분화구 일대는 마치 화성에라도 온 것 같은 착각이 들게 하는 웅장하고 독특한 지형을 갖추고 있다. 보통은 일출을 보기 위해 새벽 3~4시쯤 관광객들이 몰려 때로 이 시간에는 긴 차량의 행렬을 보기도 한다. 차량으로 정상 근처까지 접근 가능하여 보통 차량으로 이동하지만 종종 자전거를 타고 등반하는 이들도 볼 수 있다. 이 분화구를 중심으로 할레아칼라 국립공원이 조성되어 있으며 동쪽 능선에 분화구와 카파훌루 계곡, 오헤오 연못지대가 있고 분화구 안쪽의 산길에서는 승마와 도보여행을 할 수 있다. 분화구 가장자리에는 미국 국방부와 하와이 주립대, 미시간대학에서 운영하는 하얀 반구 형태의 천체물리학 연구가 이루어지는 사이언스 시티가 자리잡고 있다. 산 정상에서 구름을 내려다보며 생애 최고로 아름다운 일출을 감상해보자.

- 산 정상은 기온이 매우 낮으니 일출 관람을 위해 떠나기 전 담요나 두꺼운 옷을 준비하자.
- 급커브의 연속이므로, 안전 운전은 필수이다.
- 공원 내에는 주유소나 매점이 없으니 미리 주유량을 확인하고 커피나 따뜻한 음료 및 간식을 준비하는 것이 좋다.

요금	개인차량 $20
주소	Makawao, Hawaii 96768
전화번호	(808) 572-4400
홈페이지	nps.gov/hale/planyourvisit
영업시간	매일 24시간 **국립공원 중앙 비지터 센터** (7000ft/2134m) 08:00~15:45 **할레아칼라 비지터 센터**(9740ft/2969m) 06:00~15:00

1일 투어 코스

할레아칼라 국립공원 (97) → 테데스키 와이너리와 라벤더 농장 (100)

할레아칼라 일출 하루 일정

05:00 ~ 10:00	할레아칼라 국립공원(일출시간에 맞춰 도착해야 하는 일정)
10:00 ~ 11:00	아침식사(그랜마스 커피하우스)
12:00 ~ 13:30	테데스키 와이너리&알리이 쿨라 라벤더
14:00 ~ 15:00	점심식사(코코넛 피쉬 카페)
15:00 ~ 16:00	레오다스 키친 앤 파이(바나나 크림파이)
16:30 ~ 19:00	라하이나 타운(라하이나 아울렛, 프런트 스트릿, 고래 박물관)
19:00 ~ 20:00	저녁식사(알로하 믹스드 플레이트)

98 *Molokini Snorkeling*

해저 화산 분화구에서 즐기는 **몰로키니 스노클링**

마우이 남서부 해안은 건조 지역으로 거의 맑고 화창한 날씨이며 햇볕이 강하다. 와일레아 지역은 럭셔리 리조트들과 수준 높은 골프 코스가 자리하고 있다.

몰로키니 스노클링 Molokini Snorkeling

초승달 모양의 해저 화산 분화구인 몰로키니 섬은 마우이 남서쪽 해안에서 약 5km 떨어진 작은 섬으로 주립 해양 생물 및 조류 보호 구역이다.

마우이를 방문하는 대부분의 방문객들이 최고의 스노클링, 또는 스쿠버 다이빙 포인트로 손꼽는 장소이다. 시리도록 푸르고 맑은 바다에서 250여 종의 열대어를 만나볼 수 있다. 몰로키니 스노클링을 제공하는 업체들은 다양하게 있으며, 대부분 스노클링 시 스누바(산소 탱크를 배 위에 띄워놓고 줄을 매고 5~6m 수심으로 들어가는 액티비티), 거북이 관람을 함께 제공한다. 보통 마알라에아 하버에서 출발하며, 스노클링에 알맞도록 잔잔한 바다 상태가 유지되는 이른 아침에 출발하는 편이다.

투어 업체 – 트릴로지 Trilogy

다양한 마우이 오션 액티비티 전문 업체로 좋은 평을 오래 유지하고 있다. 네이버 카페도 있어 한국어로 정보 수

집 및 질문, 예약이 가능하다. 몰로키니 스노클링은 물론 선셋 크루즈, 혹등고래 크루즈(매년 12월~4월 사이 고래 출몰기간) 등 다양한 상품이 준비되어 있다.

- 스노클링을 즐길 때 조류 보호를 위해 섬에 올라가서는 안 된다.
- 뱃멀미가 있다면 미리 멀미약을 챙기자.
- 태양이 뜨거운 편이니 환경보호를 위해 화학제품 선크림보다는 긴팔을 준비하는 것이 좋다.
- 예약은 필수이며 인터넷 예약 시 할인이 있으니 미리 인터넷으로 예약하자.

좋아요	네이버 카페가 있다.
아쉬워요	마우이에서만 즐길 수 있다.

가격	몰로키니 스노클링 $129 (스누바 이용 시 $59 추가) (세금 및 팁 별도)
체크인 시간	06:45 (07:00 출발) / 07:45 (08:00 출발)
소요시간	약 5시간 30분
주소	항구이기 때문에 정확한 주소가 없다. 아래 주소의 작은 상점 맞은편 Slip#99에서 첫 번째 투어 출발이며, Slip#62에서 두 번째 투어가 출발한다. 마알라에아 제너럴 스토어 132 Maalaea Rd, Wailuku, HI 96793
주차	마알라에아 항구(투어 전 선지급 $3 / 시간이 넉넉한 경우, 마우이 오션 센터에 무료 주차 후 도보로 항구 이동)
전화번호	(808) 874-5649
홈페이지	sailtrilogy.com
네이버 카페	cafe.naver.com/sailtrilogy

1일 투어 코스

몰로키니 스노클링 (98) → 키헤이 카페 (102)

99 *Lahaina Town / Honolua Bay*

평화로운 고래 마을과 서핑 포인트

라하이나 타운,
고래박물관,
호놀루아 베이

웨스트 마우이 지역은 호텔, 리조트 밀집 지역으로 한 때는 하와이 왕족의 휴양지였으며, 현재는 고급 리조트, 쇼핑, 레스토랑 밀집 지역이다.

라하이나 타운 Lahaina Town

카훌루이 공항에서 45분 거리에 있는 라하이나 타운은 한때 하와이 왕국의 수도이면서 포경 산업으로 전성기를 누리던 고래잡이 마을이다. 현재는 겨울철 알래스카에서 번식을 위해 오는 고래들을 관람하는 포인트이다.

라하이나 타운에 들어서면 마을 전체가 거대한 갤러리의 느낌을 줄 정도로 각종 예술품 갤러리가 끝없이 늘어서 있다. 유화, 사진, 조각, 장식품 등 다양한 종류의 예술품들은 눈을 즐겁게 한다. 라하이나 타운의 인기 포인트는 미국에서 가장 큰 것으로 알려진 반얀 트리이다. 라하이나 법원청사와 라하이나 하버 앞에 있는 이 반얀트리는 높이 18m가 넘으며, 작은 블럭 구역 하나를 모두 뒤덮을 정도의 넓이다. 이 반얀트리 주변은 언제나 작은 전시회나 행사가 있으며 관광객, 현지인들의 만남의 장소로 이용된다. 라하이나 마을에서 바라보는 아름다운 일몰과 함께하는 한잔의 달콤한 칵테일은 여행을 더욱 특별하게 해줄 것이다.

고래 박물관 Whale Museum

웨스틴 호텔 옆 90여 개의 매장이 들어서 있는 웨일러스 빌리지 한쪽에 자리잡은 고래 박물관은 19세기 왕성했던 포경 산업의 역사를 고스란히 간직하고 있다. 배에서 사용되었던 집기들이 나 선원들의 사진들 뿐 아니라 그들의 애환과 삶의 발자취를 보여주는 각종 전시품들이 눈길을 끈다.

입장료	무료
주소	2435 Kaanapali Pkwy Lahaina, HI 96761
전화번호	(808) 661-5992
영업시간	10:00~18:00

호놀루아 베이 Honolua Bay

라하이나에서 북쪽으로 약 20분 거리에 있는 호놀루아 베이는 겨울철 서핑 포인트로 특히 프로 서퍼들에게 인기 있는 포인트이다. 강한 홀로우 파도는 오랫동안 파도를 탈 수 있기 때문에 서퍼들의 사랑을 독차지하고 있으며, 여름철에는 파도가 잔잔하여 스노클링과 스쿠버 다이빙을 즐길 수 있다. 만 위에서 내려다 보는 전경도 일품이다.

주소	Honolua Bay Kapalua, HI 96761

100 *Tedeschi Winery / Alii Kula Lavender Farm*

업 컨트리 마우이

테데스키 와이너리와 알리이 쿨라 라벤더 농장

업 컨트리 마우이는 구릉지대의 선선한 날씨 덕에 이전부터 타로, 고구마, 양파 등의 농작물 재배와 목장으로 유명하다.

테데스키 와이너리 Tedeschi Winery

파인애플 와인이라 하면 고개를 갸우뚱할지 모르지만, 파인애플의 본고장 마우이에서는 그리 놀랄 일은 아니다. 와이너리에 도착하면 마치 수목원에 와 있는 듯 높은 나무들이 울창한 가운데 동화 속에 나올법한 예쁜 하얀 집이 보인다. 시원한 나무 냄새가 가슴속까지 파고든다. 와이너리의 입구에는 이곳에 사는 예쁜 고양이 한 마리가 앉아 방문객을 맞이한다.

- 와인 시음을 위해 여권 또는 나이(만 21세 이상)를 증명할 수 있는 신분증을 소지해야 한다.
- 가벼운 와인이지만, 운전자는 절대 음주 금물!
- 가이드 투어 : 10:30 / 13:30 (만 21세 이상만 참여 가능)

주소	14815 Piilani Hwy, Kula, HI 96790
전화번호	(808) 878-6058
홈페이지	mauiwine.com
영업시간	10:00~17:30
주차	무료

와이너리의 실내는 각종 와인들로 깔끔하게 차려져 있고, 친절한 직원이 시음을 권한다. 시음 가능한 와인은 세 종류로 단맛에 따라 달라지는데, '마우이 블랑'이 가장 인기 있는 와인이다. 알코올 도수가 높지 않아 가볍게 즐길 만한 와인으로 파인애플 향과 함께 달콤한 맛이 일품이다. 드라이브 후 호텔로 돌아가 로맨틱한 마우이 선셋과 더불어 와인 한 잔을 즐겨봐도 좋겠다.

알리이 쿨라 라벤더 농장
Alii Kula Lavender Farm

농업에 모든 인생을 걸었던 농장주 알리 창(1942년~2011년)의 애정이 듬뿍 담겨 있는 이 농장은 가는 길부터 유럽의 한 시골길을 연상케 하여 운전하는 내내 즐거움을 만끽할 수 있다. 뛰어난 전망과 40여 종의 라벤더 꽃들이 만발하여 여행에 향기를 더해준다. 시원하고 맑은 공기에 은은한 라벤더 향이 더해져 기분이 좋아지며, 시원스레 펼쳐진 전망은 연신 사진기의 셔터를 눌러대도 멈출 수가 없다. 이곳의 라벤더 제품들은 바디 용품에서 쿠키, 꿀까지 다양하

게 마련되어 있으며, 꽤 인지도가 높은 편이다. 기념품으로도 손색이 없으니 기프트 숍을 둘러보는 것도 좋다.

여행 TIP

- 데일리 워킹 투어는 개인당 $12이고 09:30, 10:30, 11:30, 13:00, 14:30에 있다. 매일 가이드 투어를 제공하고 있으며 미리 예약을 하고 이용할 경우 $2 할인 가격으로 이용할 수 있다.

주소　　1100 Waipoli Rd. Kula Maui HI 96790
전화번호　(808) 878-3004
홈페이지　aliikulalavender.com
영업시간　9:00~16:00
주차　　무료

1일 투어 코스

할레아칼라 국립공원 (97) → 테데스키 와이너리와 라벤더 농장 (100)

101 *The Outlet of Maui*

마우이의 쇼핑 천국 더 아울렛 오브 마우이

더 아울렛 오브 마우이는 30개에 가까운 브랜드와 레스토랑이 입점해 있는 마우이 최초의 아울렛이다. 마우이 역사를 간직한 라하이나 오션 프론트에 있어 접근성도 편리하고 무엇보다 항구 도시 라하이나 느낌이 물씬 묻어 나오는 마우이 빈티지 스타일의 아울렛이 정말 예쁜 곳이다. 한국인들에게 인기가 높은 Coach 매장부터 기념품을 저렴하게 구입할 수 있는 Hilo Hattie 아울렛과 아기옷을 판매하는 Carter's, Tommy Hilfiger, Gap 등 규모는 크지 않지만 실속 있는 매장들로만 구성되어 반나절 쇼핑 시간을 보내기에 충분하다.

- 가장 먼저 안내 데스크에서 쿠폰북을 받자. 입점한 매장의 실속 있는 쿠폰부터 마우이 여행 지도까지 함께 실려있어 알차게 사용할 수 있다.
- 실내 아울렛인 이곳은 중간 중간 쉴 수 있는 야외 테이블이 마련되어 있으며 새롭고 깨끗한 시설에 조용한 분위기이다.
- 쇼핑 후 해당 매장에서 주차 티켓에 주차 도장을 꼭 받아야 한다.
- 하드 락 카페, 루스 크리스 스테이크 하우스 같은 분위기 좋은 레스토랑이 입점해있다.
- 훌라 공연과 우쿨렐레 공연이 진행된다.

주소   900 Front Street Lahaina, Hawaii 96761

전화번호   (808) 661-8277

영업시간   연중무휴 09:30~22:00

주차   발레데이션 받으면 무료 주차 가능
(와이네에 스트리트와 파팔라우아 스트리트의 진입로로 편리한 주차 공간 제공)

1일 투어 코스
더 아울렛 오브 마우이 → 라하이나 타운 (99) → 레오다스 키친 앤 파이 샵 (103)

입점한 매장 리스트

퍼퓸매니아
워렌 & 애나벨스
루스 크리스 스테이크 하우스
Pi 아티산 피자리아
윈덤 배케이션 리조트
윌슨 레더
토미 히피거
스케쳐스
마이클 코어스
마우이 선글라스
더 러기지 팩토리
럭키 브랜드 아울렛
케이 쥬얼러스 아울렛
힐로 해티 아울렛
하드 락 카페
게스 공장 직영 매장
크록스
코치
캘빈 클라인
카터스 베이비 & 키즈
브룩스 브라더스
바나나 리퍼블릭
갭 공장 직영 매장
ABC 스토어
아디다스 아울렛 스토어
솔스티스 선글라스 아울렛 매장
Aloha Swimwear Outlet
HIC Surf Outlet
와치 스테이션 인터내셔널

102 *Delicious Foods in Maui*

알아두면 유용한 **마우이 인기 맛집들**

코코넛 피쉬 카페 Coconuts Fish Cafe

미국 유명 사이트에서 마우이 음식점 중 가장 리뷰가 많고 평이 좋아서 방문하게 되었던 키헤이 코코넛 피시 카페. 마우이에는 신선한 생선으로 요리한 맛있는 맛집들이 즐비한다. 그중 관광객과 마우이 현지인들에게 큰 사랑을 받고 있는 하와이 멕시칸 스타일의 코코넛 피시 카페의 인기는 단연 으뜸이다. 이곳의 대표 메뉴 피시 타코(Fish Taco)는 일단 큰 사이즈 타코가 2조각으로 제공되어 식사 대용으로 손색이 없다. 코코넛 피시 카페의 타코가 특별한 이유 중 하나는 피시, 코울슬러, 토마토와 함께 마지막으로 토핑으로 올려진 망고살

사 때문인데 상큼하고 달콤한 망고 맛
이 다른 재료와 잘 어울려져 딱 하와이
스타일 타코를 맛보는 느낌이다.
100만 개의 피시 타코를 판매할 만큼
큰 인기를 얻고 있다. 또한 그릴드 오
노(Grilled Ono)는 하와이 생선인 Ono
를 그릴에 바삭하게 구워 만든 생선 버
거다. 이 생선은 참치와 비슷한 식감으
로 마치 닭가슴살 같은 느낌이 난다.
또한, 버거 안에는 홈메이드 코울슬러
가 듬뿍 올라가 있어 생선의 담백한 맛
과 새콤하고 신선한 코울슬러 맛이 잘

어우려져 색다르면서 맛있는 생선 버
거 맛을 완성시킨다.

여행 TIP

- 스테이크, 치킨, 야채 타코 중 선택 가능하다.
- 서핑보드 모형으로 만들어진 테이블이 인상
  적이다.
- 서비스가 친절하다.

좋아요	하와이 생선으로 구성된 메뉴로 새로운 생선 요리를 맛볼 수 있다.
아쉬워요	항상 손님들로 붐벼 음식점 안이 복잡하다.
추천	신혼/친구/아이와/가족/홀로

가격	$11~$15 (1인 기준)
추천메뉴	피쉬타코 : (Fish Taco) $11.95, 그릴드 오노 샌드위치 (Grilled Ono) $11.50
주소	1279 S Kihei Rd Kihei, HI 96753
전화번호	(808) 875-9979
홈페이지	coconutsfishcafe.com
영업시간	10:00~21:00
주차	쇼핑센터 내 무료 주차

1일 투어 코스

코코넛 피쉬 카페 → 라하이나 타운 (99) → 레오다스 키친 앤 파이 샵 (103)

제스트 쉬림프 Geste Shrimp

새우 트럭으로 유명한 오아후만큼 마우이에는 새우 트럭이 많지는 않다. 하지만 이중 오아후만큼이나 맛, 가격 모두 만족시킨 새우 트럭 제스트 쉬림프가 있다. 마우이 공항 근처 카홀루이에 위치한 제스트 쉬림프는 한적한 도로변에 있어 처음 방문이라면 찾아가는 데 어려움이 있다.

이곳의 대표 메뉴인 하와이안 스켐피 (Hawaiian Scampi)는 고소한 마늘향과 담백한 새우, 그리고 이곳만의 특별한 양념으로 맛깔스러운 새우 요리를 완성시킨다. 적당히 들어간 버터로 부담스럽지 않고 손가락 크기보다 큰 새우도 살이 제법 많다. 스파이시 파인애플 플레이트(Spicy Pineapple)는 매콤한 양념에 달콤한 파인애플 맛이 곁들어져 매콤달콤하게 참 맛이 좋다. 특히 당도가 높아 달콤하기로 유명한 마우이 파인애플로 만들어 매콤하게 양념된 파인애플의 풍미가 느껴진다.

> **여행 TIP**
>
> - 모든 접시에는 13개의 새우가 제공된다.
> - 사이드로 크랩맥 셀러드와 라이스가 함께 나온다.
> - 음식을 앉아 먹을 수 있는 테이블이 없지만 바로 옆에 위치한 카홀루이 비치 파크로 이동해 식사를 하기 좋다.

좋아요	커다란 새우 요리와 맛있는 크랩 맥 샐러드가 함께 제공되어 가격대비 만족도가 높다.
아쉬워요	저녁 시간대에는 영업을 하지 않으며 월요일과 일요일 또한 영업을 하지 않는다.
추천	신혼/친구/아이와/가족/홀로

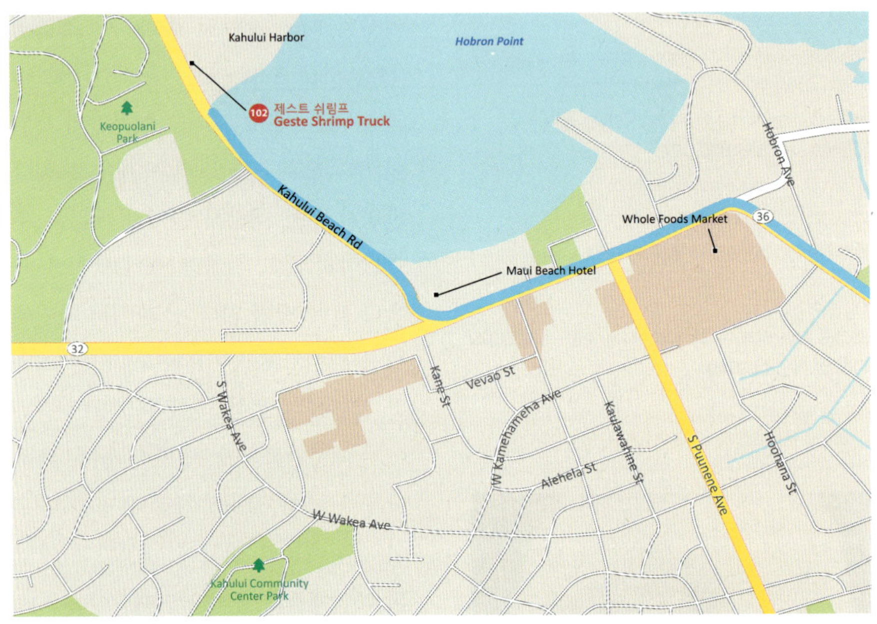

가격	$13 (1인 기준)
추천메뉴	하와이안 스캠피(Hawaiian Scampi) $13, 스파이시 파인애플(Spicy Pineapple) $13
주소	170 West Kaahumanu Avenue Kahului, HI 96732, United States (카훌루이 하버 앞에 위치)
전화번호	(808) 298-7109
홈페이지	gesteshrimp.com
영업시간	화~토 11:00~17:30 월~일 휴무
주차	트럭 앞 공터

1일 투어 코스

마우이 새우 트럭 제스트 쉬림프 → 마우이 커피 로스터 (103)

키헤이 카페 Kihei Caffe

마우이에서 하와이식 브런치를 즐기고 싶다면 키헤이 카페를 추천한다. 이른 아침 이곳을 방문하면 맛집임을 인증하듯 이른 시간과 상관없이 한없이 길게 줄지어 기다리는 손님들을 볼 수 있다. 바로 건너편에 비치 파크가 있어 날씨가 좋은 날에는 바닷가가 보이는 야외 테이블에서 브런치를 즐기기에 좋은 곳이다. 먼저 음식 주문을 한 뒤에 빈 테이블에 자리를 잡고 앉아 있으면 직원이 주문한 음식을 서빙해주는

방식이다.

이곳의 인기 메뉴인 프렌치 토스트 (French Toast)는 블루베리, 파인애플 & 코코넛, 바나나 & 마카다미아 넛 토핑을 취향에 따라 추가($2)할 수 있다. 특히 프렌치 토스트에 곁들어먹는 코코넛 시럽은 완벽한 하와이식 브런치를 완성시킨다. 또한 포크 프라이드 라이스 에그(Pork Fried Rice and Eggs)는 짭짤하게 볶은 현지식 돼지고기 볶음밥으로 한국의 간장으로 양념한 볶음밥과 흡사하다. 2개의 계란 후라이도 함께 나오며 계란 익힘을 선택할 수 있다. 또한, 로코모코(Loco Moco)로 주문 시 라이스를 포크 프라이드 라이스 에그로 주문하면 더욱 맛좋은 로코모코를 맛볼 수 있다.

여행 TIP

- 많은 테이블이 있지만 주문 전에는 테이블을 미리 잡아놓지 말라는 문구가 크게 적혀있다. 주문을 한 뒤에도 빈 테이블이 없을 경우 종업원이 테이블을 안내해준다.
- 디저트로는 커다란 시나몬 롤이 인기가 좋으며 식사 후 따뜻한 커피와 함께 맛보는 것을 추천한다.
- 테이블 사이로 닭이 흘린 음식물을 쪼아먹기도 한다.
- 다양한 기념품을 판매한다.

좋아요	건너편 바닷가를 보며 하와이식 브런치를 즐길 수 있다.
아쉬워요	어느 때 방문해도 긴 대기시간을 고려해야 한다.
추천	신혼/친구/아이와/가족/홀로

가격	$9~$12 (1인 기준)
추천메뉴	프렌치 토스트(French Toast) $8.50, 로코모코 포크 프라이드 라이스 에그(Loco Moco with Pork Fried Rice and Eggs) $10.95
주소	1945 S Kihei Rd Kihei, HI 96753
전화번호	(808) 879-2230
홈페이지	kiheicaffe.net
영업시간	05:00~14:00
주차	쇼핑센터 내 무료 주차

1일 투어 코스
몰로키니 스노클링 (98) → 키헤이 카페

알로하 믹스드 플레잇 Aloha Mixed Plate

하와이식 바베큐와 현지 음식을 다양하게 판매하는 곳이다.

추천메뉴	로코모코(Loco Moco), 갈비&바베큐 치킨 믹스 플레이트(Galbi & BBQ Chicken Mixed Plate)
주소	1285 Front St Lahaina, HI 96761
전화번호	(808) 661-3322
영업시간	08:00~22:00

그랜마스 커피하우스
Grandma's Coffee House

빈티지한 녹색집이 인상적인 이곳은 한적한 시골마을에 올드한 카페로 커피, 아침, 점심 메뉴가 맛있는 미국식 테이크아웃 음식점이다.

추천메뉴	커피, The 'Bills Eye' Breakfast
주소	9232 Kula Hwy Kula, HI 96790
전화번호	(808) 878-2140
영업시간	07:00~17:00

1일 투어 코스
할레아칼라 국립공원 (97) → 그랜마스 커피 하우스 → 테데스키 와이너리와 라벤더 농장 (100)

103 *Leoda's Kitchen and Pie Shop & Maui Coffee Roasters*

마우이 현지인들도 사랑하는

디저트 맛집

레오다스 키친 앤 파이 샵
Leoda's Kitchen and Pie Shop

라하이나에 위치한 레오다스 키친 앤 파이 샵은 다이닝과 베이커리를 함께 운영하는 현지인들 사이에는 이미 좋은 평을 얻고있는 맛집이다. 아침, 점심, 저녁 모두 서빙하며 샌드위치, 버거, 샐러드 등 다양한 미국식 메뉴가 준비되어 있다. 음식 외에도 파이가 유명한 이곳은 다양하고 예쁜 파이를 앞에 진열장에서 보고 자신이 원하는 메뉴를 골라 선택할 수 있다. 이곳의 인기메뉴는 단연 바나나 크림파이(Banana Cream Pie)로, 둘이서 나눠먹기 좋은 아담한 사이즈다. 파이 안에는 부드러운 커스터드 크림이 가득 들어있다. 숟가락으로 부드럽게 퍼먹기 좋으며 일반 베이커리에서 판매하는 파이보다 단맛이 강하지 않아 많은 양을 먹어도 부담이 덜하다. 시원한 아이스 커피와 함께 먹기 좋은 달콤한 디저트이다.

여행 TIP
- 간단하게 테이크아웃해 근처 해변가에서 즐겨보자.

좋아요	식사, 디저트를 한번에 해결할 수 있다.
아쉬워요	바나나 크림파이를 테이크아웃 시 더운 날씨에는 크림이 금방 녹아내릴 수 있으니 가까운 거리 이동만 가능하다.
추천	신혼/친구/아이와/가족/홀로

가격	$8.50~
추천메뉴	식사 : 코코넛 프렌치 토스트(Coconut French Toast), 시어드 아히 튜나 에그 베네딕트(Seared Ahi Tuna Eggs Benedict), 치킨 와플 마히(Chicken n Wafflesmahi), 타코 샌드위치(Taco Sandwich) 파이: 초콜릿 마카다미아 넛(Chocolate Macadamia Nut), 키라임 파이(Keylime Pie), 바나나 크림파이(Banana Cream Pie) $8.50
주소	820 Olowalu Village Rd Lahaina, HI 96761
전화번호	(808) 662-3600
홈페이지	Leodas.com
영업시간	07:00~20:00
주차	음식점 앞 무료 주차

1일 투어 코스
코코넛 피쉬 카페 (102) → 라하이나 타운 (99) → 레오다스 키친 앤 파이 샵

마우이 커피 로스터 Maui Coffee Roasters

마우이 공항(OGG) 근처에 마우이 커피 로스터는 최고의 마우이 커피로 선정된 유명 맛집이다. 빈티지한 인테리어가 돋보이는 이곳은 아침식사, 점심식사, 커피, 디저트류가 제공되며 샌드위치, 랩, 샐러드 같은 간단한 메뉴가 다양하게 준비되어있다. 간단한 식사를 즐기기에도 좋고 티타임을 갖기 위해 잠시 들르기에도 좋은 장소이다. 빨간색의 훌라걸 로고가 그려진 인상적인 컵에 담긴 커피는 신선한 원두를 갓 볶은 듯 향이 깊고 진하며, 한 모금 맛보면 입안 가득 퍼져나가는 향이 매력적이다. 일반 커피도 맛이 좋으며 신선한 우유를 섞어 만든 라떼 또한 인기가 높다. 또 다른 인기 메뉴는 크랩 샐러드 샌드위치(Crab Salad Sandwich)인데, 부드럽게 다진 크랩에 마요네즈를 섞어 신선한 야채와 따끈한 빵과 함께 나오는 샌드위치는 커피 한 잔과 함께 먹기에 제격이다.

좋아요	공항과 가까운 거리에 있어 접근성이 좋다.
아쉬워요	카페인이 강한 편이다.
추천	신혼/친구/가족/홀로

가격	$2~$9 (1인 기준)
추천메뉴	크랩 샐러드 샌드위치(Crab Salad Sandwich) $8.25, 아메리카노(Americano) $2.40
주소	444 Hana Hwy Kahului, HI 96732
전화번호	(808) 877-2877
홈페이지	mauicoffeeroasters.com
영업시간	월~토 07:00~18:00 일 08:00~16:00
주차	쇼핑센터 내 무료 주차

1일 투어 코스

마우이 새우 트럭 제스트 쉬림프 (102) → 마우이 커피 로스터

104 *Accommodations in Maui*

마우이 섬 숙소

실속파 숙소 V.S. 럭셔리 숙소

마우이 섬의 숙소는 섬의 서쪽 카아나팔리 지역이나 남쪽 와일레아 지역에 고급 리조트들이 밀집해 있다. 어느쪽이든 카훌루이 공항에서는 차로 1시간~1시간 반 정도의 거리이며, 아일랜드 에어를 이용할 경우, 라하이나 타운에서 차로 15분 정도 거리인 카팔루아 공항을 이용할 수 있어 숙소가 카아나 팔리라면 유리하다. 마우이 숙소들은 휴양에 알맞게 설계되어 리조트에서 모든 것을 해결할 수 있는 리조트 형식의 숙소들이 보통이다.

❶ 실속파 숙소

Maui Coast Hotel

1박에 $150~ (2인 1실 기준, 세금 별도, 뷰 및 입실 인원에 따라 다름)

키헤이 지역 카마로레 비치 파크 근처에 위치한 3성급 호텔로 가격대비 깨끗하고 모던한 분위기로 인지도가 높다. 키헤이 지역에는 다양한 맛집이 있어 식도락 여행자들에게 추천한다.

주소	2259 S Kihei Rd, Kihei, HI 96753
전화번호	(808) 874-6284
홈페이지	mauicoasthotel.com

Aston Maui Lu

1박에 $150~ (2인 1실 기준, 세금 별도, 뷰 및 입실 인원에 따라 다름)

애스톤 계열의 호텔들은 가격대가 비교적 합리적이다. 2008년도에 리노베이션을 마친 호텔로 큰 야외 수영장은 마우이 섬 모양을 하고 있다. 주차료도 무료라 실속파 마우이 여행자에게 제격이다.

주소	575 S Kihei Rd, Kihei, HI
전화번호	(808) 879-5881
홈페이지	astonmauiluhotel.com

Maui Seaside

1박에 $100~ (2인 1실 기준, 세금 별도, 뷰 및 입실 인원에 따라 다름)

마우이 숙소 중 가장 경제적인 호텔이라 룸이 작은 것이 흠이지만, 알뜰파 여행자에겐 깔끔하고 쾌적한 숙소라 무난하다. 카훌루이 공항과 매우 가까운 거리라 이동이 용이하다.

주소	100 West Kaahumanu Avenue, Kahului, HI
전화번호	(808) 877-3311
홈페이지	seasidehotelshawaii.com

❷ 럭셔리 숙소

The Westin Maui Resort & Spa

1박에 $350~ (2인 1실 기준, 세금 별도, 뷰 및 입실 인원에 따라 다름)

아름다운 비치 뷰와 고급 킹사이즈 침대(Westin Heavenly Bed)가 구비된 룸은 신혼여행 숙소로 적격이다. 라하이나 타운과 차로 10여 분 거리이며, 리조트 중앙에 마련된 인공 연못에는 홍학이 살고 있다. 한국어 공식 홈페이지가 있어 미리 숙소 정보 파악이 용이하다.

주소	22365 Kaanapali Parkway, Maui, HI
전화번호	(808) 667-2525
홈페이지	starwoodhawaiikorea.com/maui/wm

Hyatt Regency Maui Resort and Spa

1박에 $350~ (2인 1실 기준, 세금 별도, 뷰 및 입실 인원에 따라 다름)

라하이나 타운과 가까운 섬의 서쪽에 위치해 있으며, 동양적인 분위기로 꾸며져 있다. 호텔 내에 펭귄이 살고 있으며, 파인애플이 심어져 있는 등 정원도 아름답게 꾸며져 있다.

주소	200 Nohea Kai Dr, Kaanapali, HI
전화번호	(808) 661-1234
홈페이지	maui.hyatt.com

Four Seasons Maui at Wailea

1박에 $800~ (2인 1실 기준, 세금 별도, 뷰 및 입실 인원에 따라 다름)

섬의 남쪽에 있는 최고급 럭셔리 호텔 라인으로 가격대만 해도 만만치 않지만, 많은 설명이 필요 없는 럭셔리 숙소의 결정판이라고 볼 수 있다.

주소	3900 Wailea Alanui Dr, Wailea, HI 96753
전화번호	(808) 874-8000
홈페이지	fourseasons.com

마우이 자유여행 2박 3일 일정

	D-1	D-2	D-3
5:00			
6:00			
7:00	오아후에서 출발 → 마우이 공항 도착 (비행시간 약 37분)		할레아칼라 국립공원(일출시간에 맞춰 도착해야 하는 일정)
8:00	렌터카 픽업	몰로키니 스노클링 (일주일 전 사전 예약하기)	
9:00	아침식사(마우이 커피 로스터)		
10:00	호놀루아 베이 스노클링 (마우이 커피 로스터를 기준으로 북서쪽으로 이동)		아침식사 (그랜마스 커피하우스)
11:00			
12:00		점심식사(키헤이 카페)	테데스키 와이너리 & 알리이 쿨라 라벤더
13:00	점심식사(알로하 믹스 플레이트)	레오다스 키친 앤 파이 (바나나 크림파이)	
14:00	호텔 체크인		점심식사(제스트 쉬림프)
15:00	라하이나 타운 (프런트 스트릿, 고래 박물관)	더 아울렛 오브 마우이	렌터카 반납
16:00			
17:00	저녁식사(키모스 레스토랑)		
18:00		저녁식사(코코넛 피시카페)	
19:00			

렌터카로 가볍게 떠나는 하루 일정

	D-1
7:00	아침식사(마우이 커피 로스터)
8:00	
9:00	서쪽 해안 드라이브(마우이 커피 로스터를 기준으로 북서쪽으로 이동)
10:00	
11:00	
12:00	점심식사(알로하 믹스드 플레이트)
13:00	
14:00	라하이나 타운(라하이나 아울렛, 프런트 스트릿, 고래 박물관)
15:00	
16:00	레오다스 키친 앤 파이(바나나 크림파이)
17:00	
18:00	파이나 타운(공항 근처에 작은 빈티지 시골마을)
19:00	

Section 02
대자연을 그대로
간직한 환상의 섬,
카우아이

카우아이

N
0 2km

Princeville
킬라우에아 등대
Kilauea Lighthouse
하날레이
Hanalei
Kilauea
Princeville
Airport

Na'Pali Coast
State Park
Hono'onapali
Natural
Reserve Area
Ku'la Natural
Area Reserve
칼라라우 전망대
Kalalau Lookout
Koke E
State Park
Moloaa Forest
Reserve
Anahola

Puu Ka Pele
Forest Reserve
Na Pali-Kona
Forest Reserve
Alaka'i
Wilderness
Preserve
Mamalahoa
Forest Resv
Kealia Forest
Reserve
컨트리 키친
Kountry Kitchen
110
Kealre
자바카이
(카파점)
Java Kai
110
Lihue-Koloa
Forest Reserve
슬리핑 자이언트
Sleeping Giant
Kapaa
부바스 버거(카파점)
Bubba Burgers(Kapaa)
110

Waimea Canyon
State Park
Wailua
Homesteads
와일루아
Wailua
105 와이메아 캐니언
Waimea Canyon
Barking Sands
Pacific Missile
Range Facility Airport
Wailua River
State Park
와일루아 폭포
Wailua Falls

Hanamaulu

Kekaha
케카하 비치
Kekaha Beach
와이메아
Waimea
카라헤오 카페
Kalaheo Cafe
110
리후에
Lihue
Puhi
리후에 공항
Lihue Airport

쉬림프 스테이션
(와이메아 지점)
Shrimp Station
110
Pakala
Village
하나페페 전망대
Hanapepe Valley Lookout
Omao
하무라스 사이민
Hamura's Saimin
110

Kaumakani
Hanapepe
Kalaheo
Lawai
Koloa
앨러튼&맥브라이드 가든
Allerton&Mcbryde Garden

Port Allen Airport
스파우팅 혼
Spouting Horn
포이푸
Poipu
110 부바스 버거(포이푸점)
Bubba Burgers(Poipu)

카우아이 부분 확대 1

0 2km

웨스틴 프린스빌 리조트
Westin Princeville Resort
Kalihiwai
Bay
Waintha
Bay
부바스 버거
(하날레이 지점)
Bubba Burgers
110
프린스빌
Princeville
111
Kilauea National
Wildlife Refuge
Hanalei
Bay
Woods Nine
Golf Course
Kalihikai
Park
Kalihiwai
Princeville
Golf Course
Princeville
Airport
나아이나 카이 보태니컬 가든
Na 'Aina Kai
Botanical Garden
108
Kuhio Hwy
자바 카이
(하날레이 지점)
Java Kai
110
Hanalei National
Wildlife Refuge

카우아이 부분 확대 2
Kamokila Rd
Hateilio Rd
Hookipa Rd
Lenakila Rd
Kamokila Rd
Eggerking Rd
Nonou Rd
Hateilio Rd
Koki Rd
Nonou Rd
와일루아
Wailua
Kapas Bypass
Kuhio Hwy
Aleka Loop
Papaioa Rd
Kuhio Hwy
쉬림프 스테이션
(카파점)
Shrimp Station
110
코트야드
바이 메리어트
Courtyard
by Marriott
111
후킬라우 라나이
Hukilau Lanai
110
애스톤 아일랜더 온 더 비치
Aston Islander On the Beach
111
Poliahu Park
Kuamoo Rd
풀고사리 동굴 투어
Fern Grotto Tours
107
Kuhio Hwy
0   500m

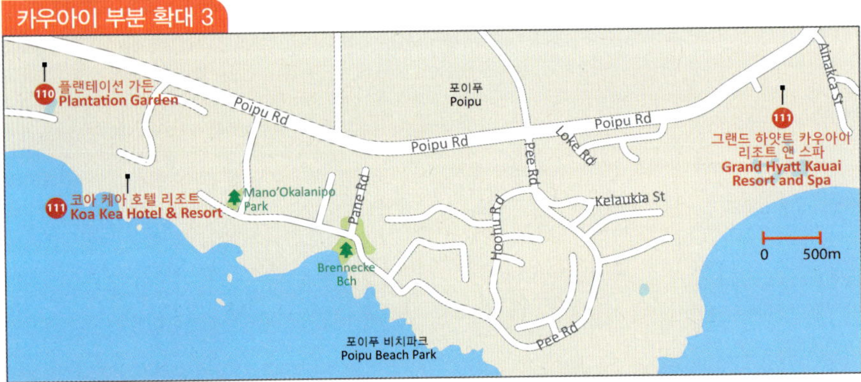
카우아이 부분 확대 3
플랜테이션 가든
Plantation Garden
110
Poipu Rd
포이푸
Poipu
Poipu Rd
Poipu Rd
Loke Rd
Ainakca St
그랜드 하얏트 카우아이
리조트 앤 스파
Grand Hyatt Kauai
Resort and Spa
111
코아 케아 호텔 리조트
Koa Kea Hotel & Resort
111
Mano'Okalanipo
Park
Pane Rd
Pee Rd
Hoohu Rd
Kelaukia St
Brennecke
Bch
포이푸 비치파크
Poipu Beach Park
Pee Rd
0   500m

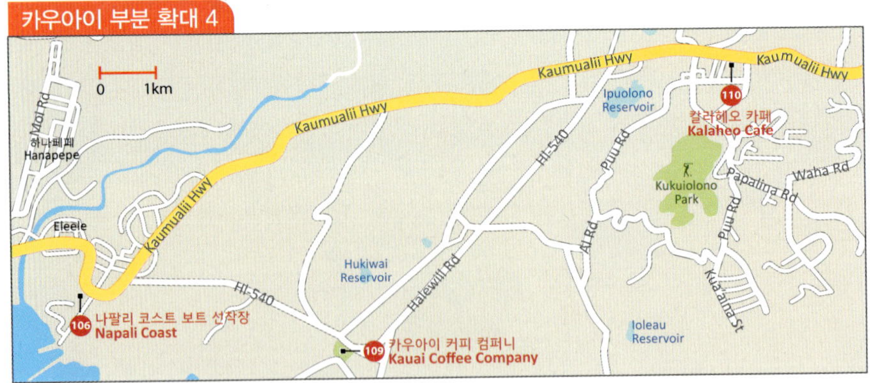
카우아이 부분 확대 4
Moi Rd
0   1km
Kaumualii Hwy
Kaumualii Hwy
Kaumualii Hwy
하나페페
Hanapepe
Eleele
Kaumualii Hwy
Ipuolono
Reservoir
Kaumualii Hwy
HI-540
칼라헤오 카페
Kalaheo Cafe
110
Puu Rd
Kukuiolono
Park
Papalina Rd
Waha Rd
Puu Rd
Kua aina St
HI-540
Hukiwai
Reservoir
Haleswili Rd
나팔리 코스트 보트 선착장
Napali Coast
106
카우아이 커피 컴퍼니
Kauai Coffee Company
109
Ai Rd
Ioleau
Reservoir

105 *Waimea Canyon*

하와이 속 그랜드캐니언

와이메아 캐니언

하와이 제도 중 가장 오래 된 섬은 바로 카우아이 섬으로, 6만 년이 넘는 오랜 세월과 자연이 스스로 빚은 병풍 같은 풍경의 와이메아 캐니언은 여행 중 꼭 들러야 할 곳이다. 사진으로 다 담아내기엔 아쉬움이 남는 신비로운 대협곡, 하와이의 그랜드캐니언을 만나보자. 20km 이상 계속 되는 협곡이 파노라마 처럼 펼쳐져 경이롭게 다가온다. 이 협곡은 폭이 1.6km, 깊이가 1,000m에 이른다. 와이메아 캐니언에 이르는 길은 두 가지 길이 있는데, 50번 코케에 로드를 타고 올라 경치를 감상한 후 또 다른 느낌의 550번 와이메아 캐니언 드라이브 도로를 이용해 내려오는 코스를 추천한다. 와이메아 캐니언으로 내려오는 경치가 더 좋고 운전하기에 길이 수월하기 때문이다.

와이메아 캐니언 전망대부터 푸아히나히나, 코케에, 칼라라우, 자동차로 갈 수 있는 카우아이 최북단 전망대 푸우 오킬라 전망대까지 다양한 전망대를 만날 수 있다. 정상에 도착하면 저 멀리 푸른 나팔리 코스트와 붉은빛과 황토빛의 와이메아 캐니언이 자태를 드러낸다. 와이메아 캐니언 자체 전망대도 장관이지만 나팔리 코스트와 와이메아 캐니언이 조화를 이루는 최고의 전망까지 꼭 도전해보자.

- 각 전망대마다 화장실이 있으며 상점과 레스토랑은 와이메아 캐니언 전망대부터 약 5km 지점인 코케에 주립공원에서 이용 가능하다.
- 하이킹을 좋아한다면 코케에 주립공원과 와이메아 캐니언 80km 하이킹에 도전해보는 것도 잊지 못할 추억이 될 것이다. 코케에 롯지 박물관에서 좀 더 자세한 하이킹 정보를 얻을 수 있다.

좋아요 풍경이 그림같이 아름답다.

아쉬워요 본토 그랜드 캐니언 사이즈를 기대했다면 실망할 수 있다.

추천 신혼/친구/가족/홀로

주소 koke'e Road Waimea, Kauai, HI 96752

전화번호 (808) 274-3344

1일 투어 코스

포이푸 비치 파크 → 카우아이 커피 컴퍼니 (109) → 쉬림프 스테이션 점심 (110) → 와이메하 캐니언 관람

106 *Napali Coast*

크루즈 타고 절경 즐기기 **나팔리 코스트**

해안 절벽 나팔리 코스트는 와이메아 캐니언과 함께 카우아이 대표 관광 명소로 손꼽히는 곳이다.

모험을 좋아한다면 특수 제작된 고무 보트를 타고 오션 래프팅에 도전해도 좋고, 가벼운 마음으로 세일링을 즐기고 싶다면 나팔리 코스트 크루즈도 괜찮다. 크루즈도 성향에 따라 스노클링 크루즈, 선셋 또는 디너 크루즈 등을 선택할 수 있다.

스노클링 크루즈의 경우 대부분 아침 일찍 출발해 점심 전후로 돌아오는 일정이며 디너 크루즈의 경우 오후 2시 전후로 출발해 선셋까지 보고 돌아오는 일정이다. 카우아이 스노클링의 인기 만점 해양생물은 스핀 돌고래와 하와이 바다거북이며, 시즌에 따라서 고래도 볼 수 있다.(보통 12월 중순부터 4월 중순) 카우아이 남쪽에 위치한 포트알렌에서 출발하며 항구에 관련 회사들이 모여있다. 좌석이 있다면 당일 예약도 가능하지만 사전 인터넷 예약을 통해 예약하는 편이 확실하며 할인 혜택도 있다. 해안을 따라 펼쳐지는 자연의 신비감에 매료되는 순간을 만끽해 보자.

좋아요	아름다운 자연을 눈으로 즐기며 다른 사람들과 흥겹게 어울릴 수 있는 시간이다.
아쉬워요	멀미를 한다면 멀미약을 복용하자.
추천	신혼/친구/가족/홀로

Captain Andy's

주소	Port Allen Marina Center 4353 Waialo Road, Ste. 1A~2A Ele'ele, HI 96705
전화번호	(800) 535~0830
홈페이지	napali.com
영업시간	월~일 07:00~20:00
주차	무료

1일 투어 코스

와이메아 캐니언 드라이브 (105) → 나팔리 코스트 선셋 디너 크루즈

- 가장 좋은 뷰가 제공되는 일등석은 제일 앞 좌석과 해안선이 보이는 우측 좌석이다. 단, 앞 좌석은 물이 많이 튈 수 있으니 젖어도 되는 옷을 미리 준비하자. 물이 튀는 게 싫다면 제일 뒷좌석이 안전하다.

- 보통 남쪽의 포트알렌에서 출발하며 투어나 회사에 따라 약간씩 차이가 있으나 나팔리 코스트까지 왕복 3~4시간 정도 소요된다. 물이 튀고 바닷바람이 쌀쌀할 수 있으니 겉옷은 미리 준비하자.

- 크루즈는 날씨의 영향을 받을 수 있으므로 투어 참여 전 미리 확인하고 바람으로 당일 항로가 변경되지 않는지 확인해보는 것도 좋다. 나팔리 코스트의 비경 관람은 꼭 사수해야 한다.

107 *Smith's Fery Grotto*

고대의 성지,

풀고사리 동굴

카우아이 동남쪽 여행의 하이라이트인 풀고사리 동굴은 옛날 원주민 왕족의 결혼을 올렸던 성스러운 곳이다. 이 동굴에서 사랑하는 연인과 손을 잡으면 영원한 사랑이 이루어진다는 전설이 있어 많은 커플들의 결혼식이 거행된 곳이기도 하다. 아쉽게도 2006년부터는 낙석의 문제로 동굴 바로 앞까지 갈 수는 없지만, 그 전설은 여전히 이어지고 있다.

풀고사리 동굴 투어는 와일루아 강에서 작은 유람선을 타고 시작된다. 동굴

로 향하는 동안 하와이 전통 음악 연주와 훌라 댄스 공연을 즐길 수 있으며, 간단한 훌라 동작과 하와이 언어까지 배울 수 있어 알로하 분위기를 마음껏 느낄 수 있다. 시원한 바람을 가르며 와일루아 강을 지나 선착장에 도착하면 5분 정도의 숲길을 지나 풀고사리 동굴에 도착하게 된다. 카우아이의 신비한 장소라 불리는 이곳은 풀고사리들이 동굴에 매달려 역방향으로 자라는 신비로운 광경을 감상할 수 있으며 이국적인 하와이 꽃들과 나무들도 한층 분위기를 더한다.

풀고사리 동굴 앞에 울려 퍼지는 사랑의 세레나데. 사랑하는 사람의 손을 잡고 하와이안 웨딩송을 들으며 사랑을 맹세해 보자. 와일루아로 돌아오는 길에는 선장의 가이드를 받으며 멋진 풍경도 보너스로 즐길 수 있다.

- 풀고사리 동굴이 있는 와일루아 강은 카우아이 최대의 강이며 하와이 문화발상지로 많은 전설과 유적을 간직한 역사적인 장소이다.
- 풀고사리 동굴 투어 전 두 개의 물줄기를 내뿜는 오파에카아 폭포도 감상해보자.
- 잔잔한 와일루아 강을 따라 카약을 체험하는 것도 카우아이 자연을 가까이서 체험할 수 있는 방법 중 하나이다.
- 인터넷 예약 시 약간의 할인이 적용된다.

좋아요	거꾸로 매달려 있는 고사리풀 경관이 신비롭다.
아쉬워요	손잡을 누군가가 함께 없다면 외로울 수 있다.
추천	신혼/친구/가족

Smith's Fern Grotto Tours

가격	1인 성인 $20, 소인 $10
주소	174 Wailua Road Kapaa, HI
전화번호	(808) 821-6895
홈페이지	smithskauai.com/fern-grotto
투어	월~일 09:30, 11:00, 14:00, 15:30
영업시간	(와일루아 마리나 스테이크 파크에 직접 예약 / 투어 15분 전까지 체크인)
소요시간	약 1시간 20분
주차	무료 (와일루아 지역 호텔은 투어 예약 시 무료 셔틀이 제공되니 예약 시 확인하자.)

1일 투어 코스

오파에카아 폭포 감상 → 풀고사리 동굴 → 후킬라우 라나이 점심 (110) & 와일루아/카파 지역 둘러보기 → 북쪽 프린스빌 드라이브

108 *Na ʻĀina Kai Botanical Garden*

정원의 섬 카우아이의 **보태니컬 가든**

'정원의 섬'이라 불리는 카우아이의 아름다운 식물원을 방문해보자. 아름다운 열대 식물들과 조각상들의 조화를 보며 자연을 감상할 수 있다.

나아이나 카이 가든
Na ʻĀina Kai Botanical Garden

하와이어로 '바다 옆의 땅'이란 뜻의 이 정원은 북쪽의 킬라우에아만과 맞닿아 있어 아름다운 경관을 보며 정원 트래킹을 즐길 수 있는 곳으로 유명하다. 정원은 총 30만 평에 이르며 다양한 열대식물과 과일뿐 아니라 테마별로 곳곳에 전시된 70여 개의 조각상은 재미를 더한다. 생각하는 로댕을 패러디한 생각하는 개구리상도 만날 수 있다. 카우아이 정원에서 직접 만져보고 냄새 맡아보고 열대과일을 맛보면서 오감으로 자연을 느끼는 하루를 만들어 보자.

여행 TIP

- 정원 투어는 가이드 투어만 가능하며 오키드 하우스 비지터 센터에서 시작된다. 온 가족을 위한 패밀리 투어는 화~금요일까지 진행되며, 약 2시간 정도 소요된다. 9시 반과 오후 1시 반(금요일은 9시 반만 운영)이며 투어 시작 최소 30분 전까지 입장해야 한다.

- 남쪽 포이푸 근처에 머물 계획이라면 영화 '쥬라기 공원'으로 유명해진 모튼 피그 거목을 볼 수 있는 앨러튼 가든(Allerton Garden) 또는 최대규모를 자랑하는 맥브라이드 가든 (McBryde Garden) 투어 이용도 가능하다. 스파우팅 혼(물기둥) 입구 맞은편에 있다.

좋아요	조각과 정원의 아름다운 조화. 기호에 맞춘 다양한 가이드 투어를 제공한다.
아쉬워요	정원 내 레스토랑은 없다. 간단한 간식은 구매할 수 있다.
추천	신혼/친구/아이와/가족/홀로
소요 시간	투어에 따라 다르며 짧게는 1시간 반에서 길게는 5시간까지
가격	투어에 따라 다르며 1인 $35~
주소	4101 Wailapa Rd # B Kilauea, HI 96754
전화번호	(808) 828-0525
홈페이지	naainakai.org
영업시간	화~금 9시부터 투어 별로 다양
주차	무료

1일 투어 코스
카파지역 브런치 컨트리 키친 (110) → 보태니컬 가든 투어 → 북쪽 드라이브 → 킬라우에아 등대 & 프린스빌

109 *Kauai Coffee Company*

향긋한 카우아이 커피를 경험하는

카우아이 커피 컴퍼니

파라다이스 섬 카우아이에서 아로마 향 가득한 커피 한 잔을 즐겨보자. 카우아이 커피 농장은 와이메아 캐니언 드라이브 가는 길에 잠깐 들러 카우아이의 대표 커피도 마음껏 시음하고 농장체험도 할 수 있는 장소이다. 보통 하와이 커피는 빅아일랜드의 코나 커피가 대표로 생각되는데, 하와이 최대의 커피 농장은 바로 3,400에이커에 이르는 카우아이 커피 농장이다. 입구의 기념품 가게를 지나면 카우아이 커피 역사를 느낄 수 있는 커피 박물관과 커피 시음 공간이 마련되어 있다. 풍부한 화산의 토양과 태평양의 따뜻한 태양, 그리고 시원한 무역풍이 카우아이 커피에 맛을 더한다. 개인 기호와 취향에 따라 다양하게 맛볼 수 있는 커피 시음 공간은 초콜릿 맛, 마카다미아 맛, 바닐라 맛, 블루베리 등을 시음할 수 있다.

커피 농장 투어는 가볍게 진행되는 셀프 투어로, 입구에서 원하는 샘플 커피를 선택해 마시면서 커피 나무에서부터 한 잔의 커피가 완성되기까지를 체험하는 소박한 투어이다.

좋아요	신선하고 맛있는 카우아이 커피를 시음할 수 있다.
아쉬워요	가이드 투어가 없다.
추천	신혼/친구/아이와/가족/홀로
주소	870 Haleweli Road, Kalaheo, HI 96741
전화번호	(808) 335-0813
홈페이지	kauaicoffee.com
영업시간	월~일 09:00~17:00(6~8월 17:30까지)
입장료	무료
주차	무료

1일 투어 코스

포이푸 비치 → 스파우팅 혼 → 하나페페 전망대 → 카우아이 커피 컴퍼니 → 와이메아 캐니언 (105)

여행 TIP

- 무료 시음 외에도 커피 컴퍼니 내 작은 카페에서 아이스크림, 핫도그 등 간단한 간식 구매가 가능하다.
- 커피를 많이 구입할 계획이라면 카우아이 커피클럽에 가입하면 조금 더 할인혜택이 있다. 멤버 가입 회비는 무료이며 입구에서 간단히 신청서를 작성하면 된다.

110 *Delicious Foods in Kauai*

카우아이의 맛있는

아침, 점심, 저녁

정원의 섬 카우아이의 숨은 맛집을 찾아보자. 아침은 향긋한 커피향을 느낄 수 있는 현지의 맛집을, 점심은 저렴하면서 든든한 플레이트 런치로, 저녁은 멋진 뷰와 맛있는 음식을 자랑하는 레스토랑에서 맛보는 것은 어떨까?

 아침

자바카이 Java Kai

$10 내외 (1인 기준, 팁, 세금 별도)

친절한 서비스와 풍부한 맛의 커피가 트레이드마크이며, 추천메뉴는 벨기에 와플(Belgian Waffle)이다.

좋아요	친절, 분위기, 맛 모두 좋다.
아쉬워요	주류는 없다.

주소	Hanalei Center .5183 Kuhio Hwy Hanalei, HI 96714
전화번호	(808) 826-6717
홈페이지	javakai.com
영업시간	매일 06:00~19:00

컨트리 치킨 Kountry Kitchen

$15 내외(1인 기준, 팁, 세금별도)

아기자기한 인테리어와 다양한 메뉴를 골라 먹는 재미가 있다. 추천메뉴는 라우 오믈렛(Luau Omelette)! 하와이 전통음식 칼루아피그와 시금치 양파의 오묘한 조화가 새롭다. 코코넛 시럽과 마카다미아 넛 팬케이크도 추천한다.

좋아요	마카다미아 넛 팬케이크의 맛을 더해줄 코코넛 시럽이 맛있다.
아쉬워요	브런치만 제공한다.

주소	4-1485 Kuhio Hwy, Kapaa, HI 96746
전화번호	(808) 822-3511
영업시간	월~일 06:00~13:30

카라헤오 카페 Kalaheo Cafe and Coffee Company

$20 내외(1인 기준, 팁, 세금별도)

식사도 하고 커피 구경도 하고 일석이조다.
화~목은 저녁도 5시부터 가능하다. 추천메뉴는
본조 브리또(Bonzo Burrito)!

좋아요	와이메아 캐니언 가는 길에 즐기는 맛있는 브런치 식당이다.

주소	2-2560 Kaumualii Hwy Kalaheo, HI 96741
전화번호	(808) 332-5858
홈페이지	kalaheo.com
영업시간	월 06:30~14:30 화~토 06:30~14:30 / 17:00~21:00 일 06:30~14:00

하무라 사이민 Hamura's Saimin

$10 내외(1인 기준, 팁, 세금별도)

현지인들이 추천하는 맛있는 쌀국수 식당으로,
추천메뉴는 스페셜 사이민(Special Saimin), 릴
리코이 쉬폰 파이(Lilikoi Chiffon Pie)다.

좋아요	국물요리가 그립다면 만족스러운 한 끼 해결이 가능하다.
아쉬워요	정통 쌀국수가 아니라 일식 퓨전이다.

주소	2956 Kress St, Lihue, HI 96766
전화번호	(808) 245-3271
영업시간	월~목 10:00~22:30 금~토 10:00~24:00 일 10:00~21:30

 점심

쉬림프 스테이션 Shrimp Station

$12 내외 (1인 기준, 팁, 세금별도)

추천메뉴는 코코넛&갈릭 쉬림프(Coconut &
Galic Shrimp)가 인기 메뉴이다.

좋아요	맛도 좋고 가격도 착하다.
아쉬워요	새우 껍질 까는 것이 귀찮다.

홈페이지	shrimpstation.com

와이메아 지점

주소	9652 Kaumualii Hwy, Waimea, HI 96796
전화번호	(808) 338-1242
영업시간	월~일 11:00~17:00

카파 지점

주소	4-985 kuhio hwy Kapaa, HI
전화번호	(808) 821-0192
영업시간	월~일 11:00~20:30

부바스 버거 Bubba's Burgers

$6~ (1인 기준, 팁 및 세금 별도)

카우아이에서 가장 맛있는 맛집으로 손꼽히는 부
바스 버거는 카우이산 비프로 만들어 육즙이 가
득한 버거 패티가 일품인 수제버거 전문점이다.
추천메뉴는 테리야키 버거(Teriyaki Burger), 어
니언 링(Onion Ring)이다.

홈페이지	bubbaburger.com

카파 지점	4 Kuhio Hwy #104, Kapaa, HI 96746
하나레이 지점	5-5161 Kuhio Hwy, Hanalei, HI 96714
포이푸 지점	2829 Ala Kalanikaumaka Rd, Koloa, HI 96756

플랜테이션 가든 레스토랑&바
Plantation Garden

$30 (1인 기준, 팁, 세금별도)

정원이 보이는 야외 테라스 자리가 명당이다. 식사 후 정원을 둘러보자. 추천메뉴는 아히투나(Ahi Tuna), 홈메이드 바비큐 비프(BBQ Beef), 오이 모히토(Cucumber Mojito)이다.

좋아요	아름다운 경관과 맛있는 음식이 장점이다.
주소	2253 Poipu Rd Koloa, HI 96756
전화번호	(808) 742-2121
홈페이지	pgrestaurant.com
영업시간	월~목 17:30~21:00

🍂 저녁

후킬라우 라나이 Hukilau Lanai

$30~ (1인 기준, 팁, 세금별도)

하와이안 스타일의 아름다운 뷰. 실내와 야외 모두 이용 가능하다. 5코스 요리가 제공되는 테이스트 메뉴(Taste Menu)가 인기이다. (사전 예약 필수, 17:00~17:45 사이만 가능)

좋아요	18:00~21:00 진행되는 라이브 연주를 들으며 즐기는 로맨틱한 저녁을 즐길 수 있다.
아쉬워요	예약 없이 갈 경우 대기 시간이 길 수도 있다.
주소	Kauai Coast Resort, 520 Aleka Loop, Kapaa, HI 96746
전화번호	(808) 822-0600
홈페이지	hukilaukauai.com
영업시간	화~일 17:00~21:00

111 *Accommodations in Kauai*

카우아이 숙소

실속파 숙소 V.S. 럭셔리 숙소

카우아이 섬의 숙소는 남쪽의 포이푸 비치 근처 리조트들과 노을이 아름답기로 유명한 북쪽의 프린스빌 리조트들로 크게 나뉜다. 공항에서 가깝고 주요 여행지들의 중간에 위치한 포이푸 근처 숙소가 여행하기 편리하며, 북쪽의 하이킹을 원하는 경우 프린스빌 근처 호텔도 편리하고 좋다.

❶ 실속파 숙소

Aston Islander On the Beach

3.5성급으로 1박에 $130~ (2인 1실기준, 세금 별도, 뷰 및 입실인원에 따라 다름)

가격대비 시설, 위치, 서비스가 뛰어난 호텔로 아일랜드풍 가구들과 발코니에서 카우아이를 즐길 수 있다. 룸 내 전자레인지 이용이 가능하며 풀장에서 바비큐 그릴 이용도 가능하다. 주차도 무료다.

주소	440 Aleka Place, Kapaa, Kauai, HI 96746
전화번호	(808) 924-2924
홈페이지	astonhotels.co.kr

• 리후에 공항에서 차로 약 15분 소요

Courtyard by Marriott Kauai at Coconut Beach

1박에 $190~ (2인 1실 기준, 세금 별도, 뷰 및 입실인원에 따라 다름)

조용한 코코넛 비치에 자리잡은 코트야드 메리어트 호텔은 고풍스런 목조가구와 하와이안 스타일의 침대 시트 등이 아기자기함을 더한다. 연인을 위한 숙소이다.

주소	650 Aleka Loop, Kapaa, HI 96746
전화번호	(808) 822-3455
홈페이지	marriott.co.kr/hotel/hawaii-hotels.mi

• 리후에 공항에서 차로 약 15분 소요

❷ 럭셔리 숙소

Westin Princeville Resrot

4성급 숙소로 1박에 $400~ (2인 1실 기준, 세금 별도, 뷰 및 입실인원에 따라 다름)

카우아이 경관을 마음껏 누릴 수 있는 리조트 빌라로 서비스 또한 일품이다. 각 룸마다 간이 주방이 제공되므로 가족 단위의 투숙객에게도 인기이다.

주소   838 Wyllie Road, Princeville, Kauai, HI 96722

전화번호   (808) 827-8700

홈페이지   princeville.com

- 리후에 공항에서는 차로 약 40분 소요

Grand Hyatt Kauai Resort and Spa

4.5성급 숙소로 1박에 $400~ (2인 1실 기준, 세금 별도, 뷰 및 입실인원에 따라 다름)

정원의 섬 카우이아이와 잘 어울리는 하와이안 스타일의 아름다운 호텔이다. 공항에서 가깝고 포이푸 비치와도 가까워 이용이 편리하다.

주소   1571 Poipu Rd, Poipu, Kauai, HI 96756

전화번호   (808) 742-1234

홈페이지   hyatt.com/hyatt/index.jsp

- 리후에 공항에서는 차로 약 30분 소요

Koa Kea Hotel & Resort

4.5성급 숙소로 1박에 $400~ (2인 1실 기준, 세금 별도, 뷰 및 입실인원에 따라 다름)

카우아이의 최고급이자 가장 아름다운 부티끄 호텔이다.

주소   2251 Poipu Road, Poipu, Kauai, HI 96756

전화번호   (808) 828-8888

홈페이지   koakea.com

- 리후에 공항에서는 차로 약 40분 소요

신비로운 대자연

카우아이 2박 3일 여행일정

	D-1	D-2	D-3
7:00		호텔 조식	
8:00	주내선 이동 HNL to LIH (비행시간 약 40분)	와이메아 캐니언 드라이브	
9:00			조식 후 호텔 체크아웃
10:00	리후에 공항에서 렌터카 픽업 및 펀 그루토로 이동(약 15분)		카우아이 커피 컴퍼니
11:00	풀고사리 동굴 투어 (약 1시간 30분)		
12:00		점심(와이메아 지역 쉬림프 스테이션)	점심(칼라헤오 카페)
13:00	점심(카파 지역의 Java Kai)	포트알랜 항구로 이동 (약 15분 소요) 및 보트 체크인	남쪽 드라이브 스파우팅 혼 & 포이푸 비치
14:00			공항이동 렌터카 반납
15:00	북쪽 프린스빌 드라이브 나이아나 카이 보태니컬 가든 (옵션)		주내선 이동 LIH to HNL
16:00		나팔리코스트 선셋 디너크루즈	
17:00			
18:00	저녁(카파 지역의 Hukilau lanai)		
19:00	호텔 체크인 및 휴식		

Day 1

08:00

주내선 이동 Go!
와이키키에서 호놀룰루 공항으로 이동 한 뒤(차로 약 30분)
주내선을 타고 카우아이 리후에 공항으로 출발(비행기로 약 40분)

10:00

리후에 공항 도착 후 공항 내 렌터카 대여!
일정에 차질이 없도록 차량은 미리 예약하는
게 좋으며 한국운전면허증, 국제운전면허증,
운전자 본인 명의 신용카드를 지참하자.

11:00

신비로운 풀고사리 동굴 체험!
공항에서 북쪽으로 약 15분 거리에
있는 와일루아 펀 그루토 선착장 체크
인(투어 시작 시간 30분 전까지) 와이
루아 강을 가르며 즐기는 하와이 훌
라!
아름다운 세레나데를 들으며 신비의
풀고사리 동굴 앞에서 사랑을 다짐해
보자.

13:00

점심은 카파 지역의 Java Kai

14:00

느긋하게 북동쪽 드라이브.

한 폭의 엽서같은 칼라우에아 전망대를 지나 하날레이 계곡 전망대에서 인증샷을 남긴 후 칭영 빌리지 쇼핑센터에서 아기자기한 소품도 구경하고 출출한 배를 간식으로 달랜다. 드라이브 중간 중간 만나는 아름다운 장소도 카메라에 담는다.

아이와 함께 여행하는 경우 멋진 조각상들과 아름다운 자연이 조화를 이룬 나아이나 카이 보태니컬 가든 투어도 고려해보자.

18:00

다시 카파 지역으로 내려와 저녁은 분위기 있는 후킬라우 라나이에서!

하와이 분위기를 맘껏 느끼며 신선한 현지 재배 음식의 맛, 그리고 아름다운 데코레이션에 눈도 입도 마음도 즐겁다.

19:00

호텔 체크인 및 휴식

～ *Day 2* ～

07:00 호텔 조식을 즐긴 뒤 호텔 주변은 산책해보자.

08:00 카우아이 여행의 하일라이트, 와이메아 캐니언 드라이브!
사진으로 다 담기에 아쉬움이 남는 협곡의 파노라마.
정상까지 드라이브를 즐기며 전망대별 다른 뷰를 감상해보자.

12:00

점심은 쉬림프 스테이션.
와이메아에서 내려오는 길에 갈릭향
그득한 통통한 새우로 배를 채우자.

13:00

포트알랜 항구로 이동해서 나팔리 절경을 즐기기 위한 보트 선착장에 체크인한다.

14:00

나팔리 코스트 선셋 디너크루즈.
자연이 빚은 솜씨에 다시 한번 감탄하며 배 위에서 해안 절경을 감상한다.
저녁은 크루즈에서 간단히 아메리칸 스타일 뷔페로 즐기고, 동승한 외국 관광객들과
흘러나오는 음악에 몸을 맡기는 것도 추억이 될 것이다.

~~~ Day 3 ~~~

09:00 조식 후 호텔 체크아웃

10:00 카우아이 커피 컴퍼니.
느긋하게 커피향을 즐기며 다양한 샘플을 맛보며 커피 농장을 둘러본다.

12:00 카우아이의 마지막 점심은 칼라헤오 카페에서 든든하게 해결하자.

13:00 공항에 가기 전 남쪽 드라이브.
용솟음치는 물기둥 스파우팅 혼과 거북이
와 물개들이 늘어지게 휴식하는 포이푸 비
치까지 둘러보자.

14:00 공항에서 렌터카 반납 후 주내선을 타고 호놀룰루로 돌아온다.
Mahalo Kauai!

신비로운 대자연

카우아이 당일 투어

	D-1
5:00	주내선 이동 HNL to LIH (비행시간 약 40분)
6:00	
7:00	리후에 공항에서 렌터카 픽업 후 와일루아 폭포 감상
8:00	남쪽 드라이브
9:00	포이푸 비치 & 스파우팅 혼
10:00	카우아이 커피 컴퍼니 커피 시음
11:00	점심(쉬림프 스테이션)
12:00	
13:00	와이메아 캐니언 & 칼라라우 밸리
14:00	
15:00	
16:00	공항이동 및 렌터카 반납
17:00	주내선 이동 LIH to HNL
18:00	
19:00	

05:00
주내선 이동 Go!
와이키키에서 호놀룰루 공항으로 이동 한 뒤(차로 약 30분) 주내선을 타고 카우아이 리후에 공항으로 출발(비행기로 약 40분)

07:00
리후에 공항 도착 후 공항 내 렌터카 대여 후 와일루아 폭포로 이동한다. 일정에 차질이 없도록 차량은 미리 예약하는 게 좋으며 한국운전면허증, 국제운전면허증, 운전자 본인 명의 신용카드를 지참하자.

08:00
카우아이 남쪽 드라이브.
아름다운 포이푸 비치에서
여유로운 시간을 보낸 뒤 용
솟음치는 물기둥 스파우팅
혼에서 인증샷을 찍자.
카우아이 커피 컴퍼니에서
아로마향 가득한 커피를 시
음하자.

11:30
점심은 와이메아 캐니언 가는길에 있는 쉬림프 스테이션

12:30
죽기전에 꼭 가봐야 하는 아름다운 와이메아 캐니언 드라이브.
정상 칼라라우 밸리까지 사수하자!

16:00
공항 이동 및 렌터카 반납

17:00
아쉬움을 뒤로하고 주내선 이동!

Section 03
펠레 여신의
전설이 깃든 섬,
빅아일랜드

112 *Volcano National Park*

지상 투어로 즐기는 화산의 섬

빅아일랜드, 용암 하이킹

하와이언들이 가장 사랑하는 여신 펠레의 본고장인 빅아일랜드의 본명은 하와이섬이다. 하와이 제도와 이름의 혼동을 막고자 빅아일랜드라고 부르며, 가장 나중에 생성된 화산섬이자 하와이 제도에서 가장 큰 섬이다.

빅아일랜드에는 지구상에서 가장 활발히 분출하는 킬라우에아 화산이 있는 곳으로 펠레 여신이 살고 있다 믿어지는 곳이다. 1983년 이래 계속해서 화산 폭발이 진행되고 있다. 현재는 제한구역이 넓어져 용암 하이킹을 제공하는 투어가 많이 없어진 상태이며, 예전에는 콸콸 흐르는 용암 근처로 크루즈 선이 운영되기도 했다. 현재는 하와이 최대 투어 업체인 '로버츠 하와이'의 볼케이노 투어가 가장 인기 있는 투어이다.

빅아일랜드에는 섬의 양쪽 끝으로 코나 공항과 힐로 공항으로 나누어지며 1일 투어 시에는 화산 국립공원이 자리한 힐로 공항으로 출발하게 된다. 힐로 공항에 도착해 가장 먼저 레인보우 폭포 공원을 들러 하와이 특산물인 마카다미아 넛 가공 공장인 마우나로아 공장을 견학, 투어의 꽃인 화산 국립 공원과 재거 박물관에서 화산에 대한 여러 자료들을 관람할 수 있다. 현재도 계속 화산 활동이 진행 중이기 때문에 화산 국립공원에는 내려다 보면 곳곳에서 연기가 피어 오르고 있으며 지형은 용암이 흘러내려 굳어진 형태로 독특하고 기괴한 모양의 암석들이 눈에

띤다. 화산 국립 공원에는 지하수 바로 아래 흐르는 용암의 열로 뜨거워진 지하수가 스팀처럼 뿜어 나오는 스팀벤트 주변에선 특유의 유황냄새가 코를 찌른다. 약 40여 분간의 하이킹이 시작되는 라바 튜브 트레일은 차량으로 이동할 때 보았던 불모지의 느낌을 단번에 깨주듯 울창한 열대 우림의 모습으로 맞이한다. 이 트레일을 지나 작은 동굴을 마주하는데, 이곳이 바로 용암이 땅속의 암석을 녹여 만든 용암동굴 라바 튜브다. 콸콸 흐르는 용암을 볼 수는 없으나 대자연이 오랜 세월 공들여 만들어온 또 계속해서 만들어가고 있는 천혜의 예술품을 관람할 수 있는 좋은 기회가 될 것이다.

- 약간의 하이킹이 포함되어 있고, 화산 근처 유황냄새가 자욱하여 임산부나 노약자는 참여하지 않는 것이 좋다.

좋아요	짧은 시간 내에 주요 포인트를 가이드 받아 관람 가능하다.
아쉬워요	영어 가이드만 진행된다.

가격	$415 (1인 기준, 세금 및 팁 불포함, 오아후 ↔ 빅아일랜드 힐로 왕복 비행편 포함)
소요시간	약 12시간 (투어 시기의 비행편에 따라 변경될 수 있음)

Roberts Hawaii

전화번호	(808) 922-3600
홈페이지	robertshawaii.com/island/oahu – 이 중 One day Hawaii island Hilo volcano tour

1일 투어 코스

하와이언 스타일 카페 (115) → 힐로 화산 국립공원 → 켄이치 레스토랑 디너 (115)

113 *Helicopter Tour*

하늘에서 즐기는 펠레 여신의 숨결, **헬기 투어**

빅아일랜드는 하와이 8개 섬 중 가장 넓은 섬으로 차량으로 관광하면 시간이 꽤 많이 걸린다. 장시간 운전을 원치 않는다면 헬기로 짧은 시간에 둘러볼 수 있다.

다양한 헬기 투어 업체들이 있으며 섬 전체를 둘러보는 투어와 화산 중심으로 관람하는 투어가 제공되는 것이 일반적이다. 빅아일랜드에서 인지도 높은 파라다이스 헬기 투어에서 제공하는 헬기 투어 중 서클 아일랜드 투어와 볼케이노 투어에 대해 알아보자.

서클 아일랜드 투어 Circle Island Experience

2시간 정도의 비행시간으로 섬 전체를 둘러보는 투어로, 코나 공항에서 시작하여 코나 커피농장 지역, 활화산인 마우나 로아, 미국에서 가장 남쪽에 위치한 푸날루우, 세계에 4개밖에 없는 그린 샌드 비치 파파코엘라를 지나 헬기 투어의 하이라이트인 킬라우에아 크레이터로 향한다. 킬라우에아 화산은 세계에서 가장 화산 활동이 많은 활화산으로 펠레 여신이 허락한다면 붉은 라바 플로우를 사진에 담을 수 있다. 이후 동쪽으로 방향을 틀어 힐로 쪽을 돌면서 옛날엔 라바가 흘렀을 그곳에 만들어진 여러 개의 폭포들과 라바 튜브, 자연이 조각해 놓은 절벽들과 초목들이 어우러져 숨막히게 아름다운 광경을 관람할 수 있다.

볼케이노 & 코할라 랜딩
Volcano & Kohala Landing

화산 중심으로 관람하는 일정이며 3개의 화산인 후아라라이, 마우나로아, 킬라우에아 화산을 중심으로 관람한다. 모두 활화산으로 후아라라이는 빅아일랜드 카일루아 타운이 이 화산의 남서쪽에 위치하고 있으며 마지막 화산 활동은 1801년이지만 여전히 활화산으로 현재 미국 지질학 연구가 진행되고 있는 곳이다. 마우나로아는 1900년부터 현재까지 15번의 화산 활동이 있었다. 이 화산은 화산 폭발 시 한번 폭발하면 긴 시간 지속되었던 것으로 유명하며 1984년도 폭발 때는 3주간 지속되었다. 킬라우에아는 세계에서 가장 자주 활동이 보고되는 화산으로 245년 동안 62번의 화산 활동이 기록되었으며, 1983년 1월에 시작된 활동은 현재까지 이어지고 있다. 이 3개의 화산과 더불어 빅아일랜드의 북서쪽인 코할라 지역을 관람하게 된다. 코할라 지역은 강우량이 많은 지역으로 하이킹으로는 수 시간 걸려야 접근이 가능한 곳이다. 이곳은 아름다운 폭포와 더불어 태초의 자연을 만나볼 수 있는 곳이다.

여행 TIP

- 체중 114kg~135kg 사이의 탑승자는 $50, 135kg 이상 158kg 이하는 투어 금액의 반, 158kg 이상은 2인 요금이 추가로 부과된다.
- 투어시간 최소 45분 전 체크인을 권장한다.
- 사진 촬영 시 반사되거나 하는 것을 방지하기 위해 어두운 색 의상을 추천한다.

가격　코나 ↔ 서클 아일랜드 익스피어런스 1인 $585 (세금 및 팁 별도)
코나 ↔ 볼케이노 카힐라 랜딩 1인 $599 (세금 및 팁 별도)

비행시간　두 가지 모두 약 2시간

체크인 주소　73-341 Uu St, Kailua-Kona, HI 96740 (코나 공항 내 파라다이스 헬리콥터 오피스)

전화예약　(808) 969-7392

영업시간　07:30~22:00

홈페이지　paradisecopters.com/helicoptertours

1일 투어 코스
메리맨즈 빅아일랜드 브런치 (115) → 오후 헬기 투어

빅아일랜드 숙소

실속파 숙소 V.S. 럭셔리 숙소

빅아일랜드의 숙소는 보통 섬의 서쪽 코나 지역에 밀집되어 있고, 동쪽 힐로 지역은 화산 국립공원 등 관광지로 구성되어 있다. 두 지역 사이는 차량으로 편도 약 3시간 소요되는 거리로 꽤 멀다. 공항 역시 코나 공항과 힐로 공항, 두 개의 공항이 있으며 빅아일랜드에서 숙박을 할 예정이면 코나 공항, 오전에 도착하여 오후 출발하는 당일 여행이라면 화산 국립공원 중심으로 투어가 진행되나 힐로 공항 이용도가 높다. 빅아일랜드의 숙소 컨디션은 그리 좋지 않은 편이라 최소 4성급을 권하며 2성급 이하는 절대 추천하지 않는다.

❶ 실속파 숙소
Ka'awa Loa Plantation

일종의 펜션 느낌의 숙소로 빅아일랜드 현지 분위기를 느낄 수 있다. 합리적인 가격에 풍광이 좋고 친근한 분위기로 현지인 또는 미국 본토, 유럽인들이 선호하는 숙소이다.

가격	$150 내외 (1박 기준)
주소	82-5990 NÃpo'opo'o Rd. Captain Cook, HI 96704
전화번호	(808) 323-2686
홈페이지	kaawaloaplantation.com

Kings' Land by Hilton Grand Vacations

와이콜로아 비치에서 2마일 정도 떨어진 곳으로 자쿠지, 인공폭포 및 워터슬라이드가 있는 오아시스식 수영장을 갖추고 있다. 근처 힐튼 와이콜로아 빌리지까지 무료 셔틀이 운행되며, 무료 와이파이가 제공된다.

가격	$250 내외 (1박 기준)
주소	69–699 Waikoloa Beach Dr, Waikoloa Village, HI 96738
전화번호	(808) 881–3000
홈페이지	www3.hilton.com/en/hotels/hawaii/kings–land–by–hilton–grand–vacations–KOAKLGV/index.html (힐튼 호텔 계열)

❷ 럭셔리 숙소

Fairmont Orchid, Hawaii

바닷가에 위치한 고급 숙소로 골프 코스, 테니스 코트, 수영장, 피트니스 센터를 갖춘 리조트 형식의 호텔이다.

주소	1 N Kaniku Dr, Waimea, HI 96743
전화번호	(808) 885–2000
홈페이지	fairmont.com/orchid–hawaii (페어몬트 호텔 계열)

Mauna Kea Beach Hotel

아름다운 해변가에 위치한 리조트 형식의 호텔로 작은 돌들이 많은 다른 비치에 비해 비교적 고운 모래사장이 있어 물놀이를 즐기며 휴식을 취하기에 좋은 호텔이다. 특히 현지인 특유의 친절한 서비스로 좋은 평을 받고 있다.

주소	62–100 Mauna Kea Beach Dr, Waimea, HI 96743
전화번호	(808) 882–7222
홈페이지	princeresortshawaii.com/mauna–kea–beach–hotel

115 *Delicious Foods in Big Island*

빅아일랜드 추천 레스토랑

전화번호	(808) 885-4295
홈페이지	hawaiianstylecafe.com
영업시간	월~토 07:00~13:30
	일 07:00~12:00

1일 투어 코스

하와이언 스타일 카페 → 힐로 화산 국립공원 (112)

 **아침**

하와이언 스타일 카페 Hwaiian Style Cafe

현지인들에게도 사랑받는 아침 식사 및 브런치 레스토랑으로 오전에만 운영되고 있다. 하와이 현지 분위기가 물씬 풍기며 친근한 서비스로 입소문이 나 있고 맛있고 든든한 식사를 즐길 수 있다.

좋아요	합리적인 가격과 푸짐한 양이 장점이다.
아쉬워요	대기시간이 긴 편이다.
추천메뉴	바나나 마카다미아넛 팬케이크(Banana Macadamia Nut Pancake), 로코모코(Loco Moco)
주소	65-1290 Kawaihae Rd, Waimea, HI 96743

점심

메리맨즈 빅아일랜드 Merriman's Big Island

마우이, 카우아이에도 지점이 있는 고급 레스토랑으로, 기본 메뉴는 아메리칸 스타일이지만 여러 퓨전 요리를 제공한다. 서비스, 분위기, 식사 모두 별 다섯개를 줘도 손색이 없다. 브런치, 점심, 저녁 모두 가능하며, 예약이 가능하니 미리 예약할 것을 권한다.

좋아요	멋진 풍광을 즐길 수 있다.
아쉬워요	저녁식사는 가격대가 조금 높은 편이다.

가격	점심 $15~20 / 저녁 $30~ (1인 식사기준, 세금 및 팁 별도)
추천메뉴	프레시 그릴 피쉬(Fresh Grill Fish)
주소	65-1227B Opelo Rd, Waimea, HI 96743
전화번호	(808) 885-6822
홈페이지	merrimanshawaii.com
영업시간	월~금 11:30~13:30/17:30~21:30, 토~일 10:00~13:00/17:30~21:00

1일 투어 코스

메리맨즈 빅아일랜드 브런치 → 오후 헬기 투어 (113)

🍂 저녁

켄이치 퍼시픽 스시 레스토랑
Kenichi Pacific Sushi Restaurant

코나 지역의 고급 스시 레스토랑으로, 스시를 비롯해 유럽식 요리방식으로 요리된 오리 콘피가 유명하다. '콘피'란 시럽 또는 기름에 재료를 넣고 오랫동안 끓이는 프랑스 남부식 요리이다. 부드러운 오리 다리를 즐길 수 있는 메뉴로 가장 인기 있는 메뉴이다. 독특한 메뉴를 맛보고 싶다면 적극 추천한다.

좋아요	깔끔하고 모던한 분위기, 최상의 스시를 제공한다.
아쉬워요	저녁 시간대만 운영된다.

가격	$30~ (1인 식사 기준, 세금 및 팁 별도)
추천메뉴	덕 콘피(Duck confit), 카파치오(Carpaccio)
주소	78-6831 Alii Dr, Kailua-Kona, HI 96740
전화번호	(808) 322-6400
홈페이지	kenichipacific.com
영업시간	월~목, 일 17:00~21:00, 금~토 17:00~21:30

1일 투어 코스

호텔에서 놀기 → 코나 시내 구경 → 켄이치 레스토랑에서 멋진 저녁식사

힐로 – 화산 국립공원

빅아일랜드 당일 투어

	D-1
5:00	
6:00	주내선 이동
7:00	
8:00	호놀룰루 공항에서 약 40여 분 비행 후 힐로공항 도착 후 렌터카 수령
9:00	하와이언 스타일 카페(115)에서 아침식사 후 힐로 화산 국립공원으로 출발
10:00	힐로 화산 국립공원,
11:00	라바튜브,
12:00	재거 박물관, 스팀벤트
13:00	
14:00	오헬로 카페에서 간단한 점심식사 후 공항근처 릴리우오칼라니 가든으로 출발
15:00	
16:00	릴리우오칼라니 가든 및 힐로 타운 둘러보기
17:30	힐로 공항에서 호놀룰루 공항으로 출발 또는 코나 숙소로 출발

~ *Day 1* ~

05:00 주내선으로 Go!

08:00 호놀룰루 공항에서 약 40여 분 비행 후 힐로공항 도착 후 렌터카 수령

09:00 공항에서 차로 5분 거리 하와이언 스타일 카페(115)에서 아침식사 후 힐로 화산 국립공원으로 출발.

10:00 힐로 화산 국립공원 → 라바튜브 → 재거 박물관 → 스팀벤트

13:00 재거 박물관에서 차로 15분 거리 오헬로 카페에서 간단한 점심식사 후 공항 근처 릴리우오칼라니 가든으로 출발

> **오헬로 카페** Ohelo Cafe
> (피자, 샌드위치, 버거 및 로컬 음식 판매)
>
> | | |
> |---|---|
> | 주소 | 19-4005 Haunani Rd. Volcano, HI 96785 |
> | 전화번호 | (808) 339-7865 |
> | 홈페이지 | ohelocafe.com |
> | 영업시간 | 매일 11:00~14:30, 17:30~21:30 |

16:00 릴리우오칼라니 가든 및 힐로 타운 둘러보기

> **릴리우오칼라니 보타닉컬 가든** Lili'uokalani Botanical Garden
>
> | | |
> |---|---|
> | 주소 | 123 N Kuakini St, Honolulu, HI 96817 |
> | 영업시간 | 07:00~17:00 |
> | 전화번호 | (808) 522-7066 |

17:30 힐로 공항에서 호놀룰루 공항으로 출발 또는 코나 숙소로 출발.

> **TiP** 헬기 투어 및 마우나케아 별보기 일정 등은 빅아일랜드 내 숙소를 잡고 머무는 경우에 하루에 한 가지씩 계획하여 진행하는 것이 좋다. 섬이 넓은 편이라 각 투어 포인트 간 이동 시간이 꽤 길다.

하와이 공항 이용 방법

호놀룰루 국제공항(HNL)은 하와이 주 공항 중 최대 규모로,
전 세계에서 하와이로 들어오는 대부분의 비행기들이 이 공항을 이용하고 있다.

하와이 입국

비행기에서 내린 후 공항 메인 터미널 3층에 도착하면 2층으로 이동하여 입국심사 후 짐을 찾고 세관검사를 받으면 된다. 이전에는 위키위키 버스로 터미널 3층까지 이동했지만, 현재는 이 버스가 없어져 도보로 이동해야 한다. 입국장은 미국 시민권자와 영주권자 전용 카운터, 일반 관광객 카운터가 따로 구분되어 있으며 일반 관광객 카운터로 가서 입국 수속을 하면 된다. 일행이 있을 경우 함께 입국 수속을 하는 것이 유리하며 출입국 신고서와 세관신고서는 비행기 안에서 미리 작성을 마치도록 한다.

※ **주의** 세관신고서 작성 시 하단의 서명은 여권 서명과 동일해야 한다.

❶ 입국 심사

입국심사에서 여권, I-94 출입국신고서(ESTA 신청자는 녹색용지 이용), 왕복항공권을 제시하면 심사관이 서류를 보며 입국 목적, 체류 기간 등 간단한 질문을 한다. 영어로 진행되며 의사소통이 어렵다면 한국 통역관을 부탁하면 된다.

Korean Interpreter, please. [코리안 인터프리터 플리즈]

여권에 입국 확인 스탬프를 찍고 출입국 신고서 중 입국신고서만 절취한 뒤 출국신고서는 여권에 붙여서 항공권과 함께 돌려받게 된다. 여권에 부착된 출국신고서는 출국 시에 꼭 필요한 것이니 떼어내지 않도록 하고 분실에 주의한다.

❷ 수화물 찾기

입국 심사 후 1층으로 내려가 Baggage Claim이라는 표시가 있는 곳으로 가서 본인의 항공편 명이 게시된 테이블에서 짐을 찾는다. 짐을 찾은 뒤 짐에 이상이 없는지 확인 후 이상이 있을 경우 바로 항공사 직원에게 도움을 요청하자.

❸ 세관 검사

세관으로 이동 후 여권, 세관신고서, 짐을 건네준다. 세관통과 시 화폐는 여행자수표를 포함하여 미화 $10,000 이상 소지자일 경우 반드시 신고해야 한다. 미신고 시 해당 금액 전액 몰수되며, 동행 가족의 보유액 합산이 1만 달러를 초과할 경우도 반드시 신고해야 한다.

세관통과 시 면세의 범위는 1인당 1리터 정도의 주류, 담배 200개피이며 농산물의 반입은 엄격히 통제되므로 주의해야 한다. 또한 최근 식품 반입 관련 CBP검색 절차가 강화되어 해외 여행 중 많이 소지하는 라면이나 소시지도 반입 불가다. 세관신고서에 기입하면 압수 및 폐기되며, 세관신고서에 기입되어 있지 않은 상태로 적발되면 압수 및 페널티(최하 $300) 금액을 징수한다. 와이키키 내 많은 상점 또는 현지 한국 마트를 통해 라면과 다양한 한국 제품을 구입할 수 있으니 위와 같은 위험을 감수하지 말자.

마약 유입 때문에 고추장, 된장, 한약 등은 자세히 확인하는 경우가 있으며 어떤 물건이든 세관원이 무엇이냐 물어보면 즉시 정확하게 답하고 보여달라고 요청하면 바로 내용물을 확인시키는 것이 좋다.

※ 호놀룰루 공항에서 바로 이웃 섬에 가는 경우 위의 절차를 마친 뒤 Gate 1 출구를 나가서 오른쪽을 보면 2층으로 올라가는 계단이 있다. 이 계단을 통해 2층 주내선 터미널(Interisland Terminal)로 이동 후 본인의 항공편 체크인 카운터에서 주내선 비행편 체크인을 하면 된다.

하와이 출국

출국은 입국에 비해 비교적 간단하다.

비행편 출발 시간으로부터 2~3시간 전에 도착 후 여권, 항공권, 짐을 제출하면 수속 후 여권, 탑승권, 짐표를 돌려주면 출국장으로 입장해 면세점을 지나 출발 30분 전까지 해당 GATE에서 탑승한다.

※ 주의 만약 항공사 카운터에서 출국신고서를 떼어가지 않을 경우 본인이 직접 떼어서 항공사 직원에게 제출해야 다음 번 미국 여행 시 불이익을 받지 않는다.

하와이 여행을 즐겁게! 하와이어 배워보기

하와이는 영어가 통용어이므로 하와이어를 알지 못해도
여행하는 데 불편함은 없으나 '알로하'라고 웃으면서 말을 건넨다면
좀 더 여유롭고 즐거운 여행이 되지 않을까?

제일 먼저 접하는 하와이어 알로하 'Aloha'

하와이에서 누군가와 눈이 마주쳤다면 알로하라고 먼저 인사해보자.

감사의 인사는 마할로 'Mahalo'

알로하 다음으로 많이 쓰이는 단어이다.

식당에서 자주 보이는 단어 오노 'Ono'

맛있다는 뜻이다.

하와이인들이 사랑하는 음식 아히 'Ahi'

'참치'를 뜻하며 싱싱한 아히포케(회무침)는 하와이에서 꼭 먹어봐야 할 음식 중 하나이다.

식당 메뉴에서 자주 보는 단어 푸푸 'Pupu'

식사 전에 하는 간단한 음식을 말하며 술을 판매하는 곳에서는 간단한 안주를 의미한다.

하와이를 잘 표현하는 단어 오하나 'Ohana'
하와이 사람들은 대부분 여행객을 따뜻하게 맞아준다. 모두 큰 가족이라는 오하나
정신 덕이 아닐까?

**급할 때 유용할 단어, 남자는 카네 'Kane',
여자는 와히네 'Wahine'**
화장실에 하와이어로 표시되어 있는 곳이 종종 있다.

어린이는 케이키 'Keiki'
식당 메뉴판에 어린이 메뉴에는 보통 케이키라는 표시가 있다.

**바다는 마카이 'Makai', 산은 마우카 'Mauka', 서쪽은 에바 'Ewa',
동쪽은 다이아몬드 헤드 'Diamond Head',
코코 헤드는 다이아몬드 헤드 뒤 동쪽 'Koko Head'**
동서남북이란 말 대신 현재도 방향을 나타낼 때 자주 쓰는 단어들로 각종 안내 표
지판에서도 종종 만날 수 있다.

지상의 천국 라니 'Lani'
'천국'이라는 뜻의 라니. 지상 천국 하와이를 마음껏 즐기자.

하와이에서 자주 볼 수 있는 무지개 아누에누에 'Anuenue'
하와이 여행에서 무지개를 본다면 다음 여행에 그 무지개를 타고 다시 돌아온다고
한다.

팁 멋있게 내는 방법

한국인이 낯설어 하는 문화가 바로 팁 문화이다. 대체 언제, 얼마를 어떻게 줘야 할지 몰라 당황스러운 경험이 있을 것이다.

팁은 쉽게 사람으로부터 제공 받은 서비스에 대한 답례로 생각하면 된다. 호텔에서는 $1~3 내외가 적당하며, 매일 룸을 나올 때 베개 머리 맡에, 벨보이가 짐을 들어줄 경우 짐을 인도 받은 뒤 짐 당 약 $1 내외로 건네주면 된다. 파킹을 도와줄 경우 키를 건네 받으면서 자연스럽게 고맙다고 말하면서 전달하면 된다.

레스토랑에서는 계산할 때 총 금액의 15~20%를 팁으로 추가 계산하는데, 현금 결제할 예정이라면 계산서에 함께 두고 오면 된다. 만약 거스름돈이 필요하다면 거스름돈을 요청한 뒤 팁만 별도로 테이블 위에 두자. 카드 결제를 원할 경우 카드를 테이블 위에 올려두면 직원이 결제 후 영수증을 가져다 준다. 사인하는 영수증에　TIP이라는 표시의 공란이 있다. 그곳에 원하는 팁 금액을 넣고 총 금액을 다시 쓴 뒤 사인한다. 그러면 나중에 총 금액이 결제 된다. 이때 $ 표시와 정확한 금액을 기재한 뒤 사인하도록 한다.

카드 결제를 했지만 만약 팁은 현금으로 내길 원한다면 Cash라고 쓰고, 테이블 위에 팁만 두면 된다. 주의할 점은 영수증에 가끔 팁이 포함되어 있는 경우가 있다. 'Gratitude(Tip) is included'라고 표시되어 있는 경우 이미 팁이 부과된 것이다. 또한 6인 이상 식사를 할 경우 레스토랑 자체에서 15% 정도의 팁을 의무적으로 부과하는 경우가 있다.

택시는 미터기 요금 외에 15% 정도를 팁으로 내며, 짐이 많아 들어준다면 개당 $1 정도를 관례상 팁으로 지불한다.

정말 쉬운 여행 영어 배워보기

호텔에서

체크인 시에는 예약번호와 본인 확인을 위한 여권(또는 아이디)을 제시하면 되고 보증으로 크레딧 카드 오픈을 받는다. 체크인은 보통 오후 3시가 기본이지만 룸이 준비된다면 얼리 체크인도 가능하다.

- **체크인 시** Check in, please.
- **빠른 체크인을 원할 경우** Early check in, please.
- **체크인 전 또는 후 짐 맡길 때** Please, keep my baggage.
  - → 짐 맡겨두는 곳은 보통 호텔 정면 입구에 있으며 Bell desk라고 부른다. 숙박 고객을 위해 짐 보관은 무료로 가능하다.
- **모닝콜 부탁 시** Give me a wakeup call at 6 AM, please.
  - → 모닝콜 시간을 얘기하면서 플리즈로 마무리한다. 많은 호텔은 룸 내 전화기에 모닝콜 기능이 있다.
  - → 숙박 기간 내 유료 호텔 서비스 사용 시 자동으로 결제되며 사용한 부분이 없다면 전액 환불된다. 4성급 이상의 고급 호텔은 체크아웃 시 리조트 피(Resort fee)가 1일 20달러 내외로 별도 부과된다. 서비스 내역은 호텔에 따라 다르나 보통 룸 내 커피 제공, 전화사용 등에 대한 기본적인 서비스이다.

길에서

- **장소 묻기** Excuse me. How can I find the OOO?
  - → 이때 지도상 목적지를 함께 제시하면 정확하다.
- **길을 잃었을 때** I'm lost.

식당에서

입구에 'Please wait to be seated.'란 문구가 있는 대부분의 식당은 담당 서버가 와서 자리를 안내해줄 때까지 차례를 기다리는 것이 예의이다. 착석 후 보통 음료를 먼저 주문한다.

- **담당 서버에게 인원수를 얘기할 때** (두 명일 경우) For 2 please.
- **주문 시** I'd like to have OOO.

→ 대부분의 레스토랑은 카운터로 직접 가서 결제하는 게 아니라, 담당 서버가 식사 자리에서 계산을 도와준다.

- **계산서 요청 시** Check, please.

→ 계산서를 가져다주면 금액 확인 후 지불하면 되는데, 보통 15% 팁은 담당 서버의 서비스를 보고 추가해주는 센스도 잊지 말자. 현금 결제는 금액을 놓고 나오면 되고 카드 결제 시에는 다시 한 번 팁 금액과 전체 금액을 작성한 뒤 사인해야 결제가 완료된 것이다.

쇼핑할 때

하와이 주 세금은 4.712%로 면세점 외에서 쇼핑할 경우 이 금액은 항상 추가적으로 부과된다. 타 주에 비해 하와이 주 택스 퍼센트는 낮은 편이다. 면세 상품 외의 경우 택스가 부과되어도 별도로 돌려받는 세금 혜택은 없으니 참고하자. 세일 품목은 환불, 교환 불가인 'Final sale'인지 확인해보자.

- **미리 입어보고 싶을 때** Can I try this on?
- **그냥 둘러보고 있다고 말할 때** I'm just looking around.
- **품목 선택 후** I'll take this.
- **구매 후 환불 요청 시** Return, please.

약국에서

상비약을 구비하지 못했을 때, 간단한 약품은 와이키키 곳곳의 ABC스토어에서도 구입 가능하다. 의사의 처방이 필요치 않은 약품은 '오버 더 카운터 메디케이션' 이라고 하며, 항생제 등은 의사의 처방이 필요하다.

주소   Kuhio Pharmacy 2330 Kuhio Ave # 15, Honolulu, HI
전화번호   (808) 923-4466

- **멀미약** Seasick Medicine
- **배탈약** Pepto-bizmol [펩토 비즈몰]
- **변비약** Constipation Medicine
- **진통제(두통약)** Tylenol [타이레놀], Advil [애드빌]
- **기침 감기** Cough Medicine
- **콧물 감기** Sinus Cold Medicine
- **소독약** Antiseptic
- **반창고** Band-aid

그 밖에 유용한 단어

- **출구** Exit
- **입구** Entrance
- **(문을) 미세요** Push
- **(문을) 당기세요** Pull
- **(화장실) 사용 중** Occupied
- **(화장실) 비어 있음** Vacant
- **금연석** No smoking seat
- **흡연석** Smoking seat
  → 호텔, 차 안, 공공장소, 택시, 레스토랑 등 대부분의 장소가 금연이므로 주의하자. 흡연은 길가에 대형 재떨이가 마련되어 있는 곳만 가능하다.

- **(좌석/주차공간) 지정된** Reserved
  → 이미 예약 또는 지정된 공간이므로 이용이 어렵다.

- **신분증 확인 필요** ID required
  → 하와이에서는 알코올 구매 및 시음 시 아이디 확인이 요구된다.

- **재고정리 세일** Clearance sale

→ 일반 세일보다 할인율이 더 높으니 그냥 지나치지 말자.

- **면세** Duty Free
- **품절** Sold out

영어 울렁증이 있어도 의사표시를 할 때는 자신 있게 말해보자. 유창하거나 완벽하지 않아도 좋다. 중요한 단어 하나만이라도 말할 수 있다면 절반은 성공이다.

Kerry Lee

처음 책을 집필하자는 제안을 받았을 때는 '내가 과연 할 수 있을까?'라는 부담감과 두려움으로 단번에 승낙하지 못했다. 하지만 어느덧 2번째 여행책을 출판하게 되면서 '아.. 정말 열심히 하면 안 되는 것은 없구나'라는 생각과 한층 더 성숙해진 나 자신이 스스로 대견스럽기도 했다.

하와이에 10년 넘게 살면서 바쁜 일상 속에 묻혀 미처 발견하지 못한 하와이의 숨은 매력들을 2권의 책을 집필하면서 더욱더 알아가는 계기가 되었고 또한 책을 집필해 갈수록 하와이 매력에 더욱 빠져드는 것을 느낄 수 있다. 이번 '하와이에 반하다' 개정판은 7년 동안의 하와이 여행 블로그를 운영하면서 작성한 천 개가 넘는 포스팅 중에 인기 많은 맛집과 여행지만을 선별한 알찬 정보들로 책에 수록하게 되었다. 평소 여행과 사진 찍기가 취미인 나는 주말마다 하와이의 숨겨진 명소들을 찾아다니며 혼자만 알고 있었던 하와이의 숨은 매력을 다시 한번 독자들과 함께 나눌 수 있는 기회가 되어서 뜻깊고 보람되었다.

그렇기에 파라다이스 하와이를 방문하는 많은 사람들에게 이 책이 여행의 길잡이가 되었으면 하는 바램을 해본다. 아이 키우면서 일하는 워킹맘으로 밤마다 아이 재워놓고 책 집필을 이어간다는 것은 남편의 도움 없이는 결코 쉽지만은 않았을 것이다. 언제나 묵묵히 나를 믿어주는 듬직하고 자상한 남편에게 가장 먼저 고맙다는 말을 전하고 싶다. 아이를 키우면서 오히려 아이에게 더 큰 사랑을 배우며 따뜻한 엄마가 되게 해준 에이든에게도 항상 감사하고 사랑한다고 말하고 싶다.

Jinmi Kim

사랑과 관심 속에 개정판으로 다시 독자들과 만난다고 생각하니 하와이를 처음 여행할 때처럼 설렌다. 비록 여행의 시작은 각자 다르지만, 모두에게 평생 추억할만한 아름다운 여행이길 바라며 이 책 '하와이에 반하다'가 그 행복한 여행의 시작이길 바란다.

더 미루거나 망설이지 말자. 지금이 내 인생에서 가장 반짝이는 때이며 지금이 가장 여행하기 좋은 때이다. 알로하!

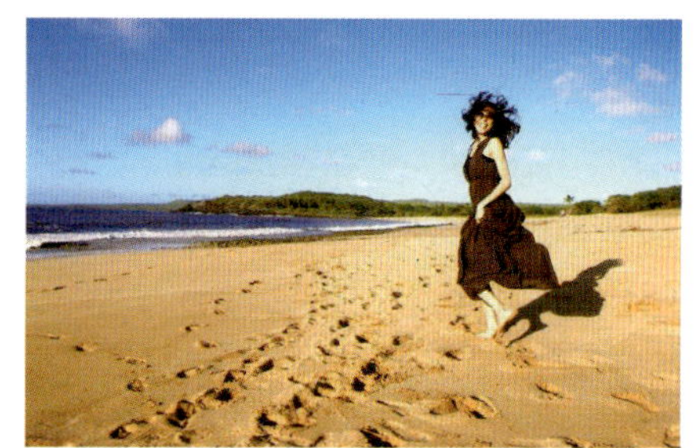

Vikki Jisook Ha Cramer

깨끗한 물과 공기, 그리고 따사로움과 시원함이 동시에 깃든 하와이는 여기를 찾아온 모든 이들에게 낭만의 판타지를 꿈꿀 수 있는 여유를 주는 곳이기에 많은 사람들에게 사랑받는 것이 아닐까 생각한다. 함께 작업한 동료작가들에게 함께 할 수 있는 기회를 줘서 또 한 번 감사하며, '하와이의 반하다' 가 이곳을 여행하는 모든 이들의 추억을 더욱 빛나게 해 주길 소망한다.

－호놀룰루에서 비키.

Index

부록!

하와이에서
사용 가능한 쿠폰

니만 마커스
Neiman Marcus

첫 구매 시 IPC 더블 포인트 제공. 2층 고객 서비스 센터에 구매 영수증을 함께 제시하세요.

유효기간 2017년 12월 31일까지

마리포사
Mariposa

디너 메인 메뉴 주문 시 디저트 무료제공. 주문 시 본 쿠폰을 담당 서버에게 제시하기 바랍니다. 다른 할인 및 프로모션과 중복 사용 불가.

유효기간 2017년 12월 31일까지

알라모아나 센터
Ala Moana Center

본 쿠폰을 고객 서비스 센터에 제시하시면 다양한 매장의 할인 혜택이 가득한 프리미어 패스포트 쿠폰북을 증정합니다.

유효기간 2017년 12월 31일까지

릴리하 베이커리
Liliha Bakery

$50 이상 또는 코코 퍼프 36개 이상 주문시 무료 토트백 제공. 다른 할인 및 프로모션과 중복 사용 불가.

유효기간 2017년 12월 31일까지

더 시그니처
프라임 스테이크 & 씨푸드
The Signature Prime Steak & Seafood

디너 메인 메뉴 주문 시 무료 소르베 메뉴당 1개 제공. 다른 할인 및 프로모션과 중복 사용 불가.

유효기간 2017년 12월 31일까지

하드 락 카페
Hard Rock Cafe

하드 락 카페 메뉴, 음료, 기념품 $25 이상 구매시 $5 할인. 알콜 음료는 할인 대상에서 제외. 다른 할인 및 프로모션과 중복 사용 불가. 하드 락 카페 호놀룰루 지점에서만 사용 가능. 1회 방문 시 1인에 한하여 사용.

유효기간 2017년 12월 31일까지

야미 코리안 바비큐
Yummy Korean BBQ

레귤러 플레이트 메뉴 주문 시 튀긴 만두 3개 테이블당 1개 제공. 다른 할인 및 프로모션과 중복 사용 불가.

유효기간 2017년 12월 31일까지

하와이에
반하다

All about
Hawaii

Complimentary dessert with purchase of dinner entree. Not valid with other promotions or discounts. Guests are required to present the coupon at the time of dining at Mariposa.

Expiration : Dec 31, 2017

Double IPC points for the first purchase. Present the coupon at the Customer Service to get redeemed.

Expiration : Dec 31, 2017

Present the coupon to your server at Liliha Bakery to receive a free tote bag with purchase of $50+ dollars or 3 dozens of coco puffs. Not valid with other promotions or discounts.

Expiration : Dec 31, 2017

Present the voucher to Guest Services to receive a Premier Passport.

Expiration : Dec 31, 2017

Print and present this coupon to your server at any Hard Rock Cafe Honolulu location to receive $5 OFF when you spend $25 on food, beverage or retail purchase. Not valid with other offers or promotions. Not valid on alcoholic beverages or charity merchandise. Valid at Hard Rock Cafe Honolulu only. One per person per visit.

Expiration : Dec 31, 2017

Present the coupon to your server at The Signature Prime Steak & Seafood to receive a free sorbet with one dinner entree order. One coupon per dinner entree. Not valid with other promotions or discounts.

Expiration : Dec 31, 2017

Present the coupon at Yummy Korean BBQ to receive 3 pieces of fried mandoo with the purchase of a regular plate. Not valid with other promotions or discounts.

Expiration : Dec 31, 2017

루스 크리스 스테이크 하우스
Ruth's Chris Steak House

메인 메뉴 2개 주문 시 $17 상당 애피타이저 테이블당 1개 무료 제공. 다른 할인 및 프로모션과 중복 사용 불가.
· 하와이 모든 지점에서 사용 가능

유효기간 2017년 12월 31일까지

로마노스 마카로니 그릴
Romano's Macaroni Grill

메인 메뉴 2개 주문 시 디저트 테이블당 1개 무료 제공. 다른 할인 및 프로모션과 중복 사용 불가.
· 하와이 모든 지점에서 사용 가능

유효기간 2017년 12월 31일까지

헤븐리 데이 스냅
Heavenly Day Snap

사용장소	촬영 당일 쿠폰 제시
사용조건	헤븐리 데이 촬영 예약 시 $100 상당의 앨범 무료 제공(프로모션/이벤트 중복 할인 불가. 사전 예약시 쿠폰 사용여부를 알려주세요.)
카톡 ID	heavenlyday1

유효기간 2017년 12월 31일까지

하와이 동네사진사 론킴
Ron Kim

사용조건	사전 예약 후 촬영 현장에서 쿠폰 제시 시 30,000원 할인 (프로모션/이벤트 중복 할인 불가. 사전 예약 시 쿠폰 사용여부를 알려주세요.)
예약문의	www.hawaiisajin.co.kr
e-mail	hawaiisajin@naver.com
카톡 ID	hawaiisajin

유효기간 2017년 12월 31일까지

키킨 케이준
Kickin Kajun

사용장소	1518 Makloa St, Honolulu, HI 96814(마칼로아점) 91-5431 Kapolei Parkway, Suite 426 Kapolei, Hawaii 96707(카폴레이점)
사용조건	씨푸드 콤보 주문 시 프라이드 오레오 디저트 증정 (주문시 쿠폰 제시해야 혜택가능)
전화번호	(808) 628-4771

유효기간 2017년 12월 31일까지

다이나믹 투어
Dynamic Tour

사용장소	투어 당일 가이드에게 쿠폰 전달
사용조건	옆 섬 1일 투어 예약 시 1인당 $20 할인 (사전 예약 시 쿠폰 사용 여부를 알려주세요.) (프로모션/이벤트 중복 할인 불가.)
카톡 ID	808HAWAII
이메일	info@dynamichawaii.com

유효기간 2017년 12월 31일까지

All about Hawaii

Complimentary dessert with the purchase of two entrees.
One per table. Not valid with other promotions or discounts
(RMG All Islands)

Expiration : Dec 31, 2017

Complimentary appetizer with the purchase of two entrees.
One per table. Not valid with other promotions or discounts
(RCSH All Islands)

Expiration : Dec 31, 2017

(Not valid with any other discounts or coupons. Must
present coupon at time of purchase.)

Expiration : Dec 31, 2017

(Not valid with any other discounts or coupons. Must
present coupon at time of purchase.)

Expiration : Dec 31, 2017

(Must Present coupon at time of purchase. Receive a free
friend oreo dessert with every seafood combo ordered.)

Expiration : Dec 31, 2017

(Must Present coupon at time of purchase. Receive a free
friend oreo dessert with every seafood combo ordered.)

Expiration : Dec 31, 2017

TRILOGY
TRILOGY
MAALAEA, HI
TRILOGY II